职教本科系列教材

Linux 服务器配置与管理

王海宾　张　静◎主　编

赵　庆　刘　霞　王慧斌◎副主编

電子工業出版社
Publishing House of Electronics Industry
北京 · BEIJING

内 容 简 介

本教材将 Linux 服务器配置与管理从应用的角度进行拆分，内容包括系统环境准备、Linux 服务器安全基础，以及 FTP、NFS、CIFS、DNS、Web、邮件、日志、DHCP、NTP 等服务器的配置与管理和企业应用。本教材采用通俗易懂的语言对每个模块进行讲解与剖析，并精选大量实例贯穿于知识点的讲解之中，在每章的末尾配有实训环节，突出了 Linux 服务器学习的实用性与可操作性，并配有课堂思政环节来体现育人目标。本教材注重实践，每个知识点都配有实例与实训，在所有实例与实训中都有详细的操作步骤，读者按照步骤进行操作即可完成相应学习。

本教材既适合作为职业本科、工程类本科和高职高专院校的计算机应用技术类、计算机网络技术类、云计算、嵌入式等相关专业的教材，也适合作为 Linux 操作系统管理员、新一代信息技术从业者、Linux 操作系统爱好者的入门必备书。

未经许可，不得以任何方式复制或抄袭本书之部分或全部内容。
版权所有，侵权必究。

图书在版编目（CIP）数据

Linux 服务器配置与管理 / 王海宾，张静主编.
北京 ： 电子工业出版社，2024. 9. -- ISBN 978-7-121
-48941-9

Ⅰ. TP316.89

中国国家版本馆 CIP 数据核字第 20245D9D32 号

责任编辑：刘　洁
印　　刷：三河市双峰印刷装订有限公司
装　　订：三河市双峰印刷装订有限公司
出版发行：电子工业出版社
　　　　　北京市海淀区万寿路 173 信箱　　　邮编：100036
开　　本：787×1092　　1/16　　印张：15.5　　字数：397 千字
版　　次：2024 年 9 月第 1 版
印　　次：2024 年 9 月第 1 次印刷
定　　价：49.80 元

凡所购买电子工业出版社图书有缺损问题，请向购买书店调换。若书店售缺，请与本社发行部联系，联系及邮购电话：（010）88254888，88258888。

质量投诉请发邮件至 zlts@phei.com.cn，盗版侵权举报请发邮件至 dbqq@phei.com.cn。

本书咨询联系方式：（010）88254580，zuoya@phei.com.cn。

PREFACE 前言

随着计算机技术的不断发展与进步，以“大智移云”为代表的新一代信息技术逐渐成为行业的主流，这都离不开 Linux 操作系统。大数据依赖的数据库及大数据应用平台无一例外地部署在 Linux 操作系统上；人工智能以大数据的分析结果作为智能决策的依据；物联网与移动互联网依赖的是开放的操作系统平台，虽然移动互联网已经可以依赖 Android 操作系统了，但究其根本也离不开 Linux 操作系统；云计算倡导的代码复用、组件重用、服务重用也必须依赖自由软件界的这颗“璀璨明珠”——Linux 操作系统。

《Linux 服务器配置与管理》是电子工业出版社出版的 Linux 操作系统基础畅销书《Linux 应用基础与实训——基于 CentOS 7》的姊妹篇，其编写团队、编写思路、呈现形式一脉相承。另外，本教材是编写团队于 2015 年在电子工业出版社出版的《手把手学习 Linux 服务器配置与管理》的再版，在紧跟前沿技术、对标 IT 行业需求、适应职业教育本科教学需要、对标立体化教材标准等方面进行了修订与升级。

1. 写作目的

Linux 服务器是基于 Linux 操作系统搭建的、满足用户网络需求的网络服务器。Linux 操作系统最主要的应用就是作为服务器，并且在整个网络服务器市场中占有重要的地位。作为新时代即将从事 IT 相关工作的大学生和专业人员，应该认真学习并研究 Linux 操作系统，并能够搭建各类 Linux 服务器。

目前，各大高校的计算机及相关专业基本都开设了 Linux 服务器配置与管理的相关课程。高校限于实践条件，一般很难为每个学生提供多台 Linux 主机进行实践，而是让学生基于虚拟环境进行实践。因此，本教材的所有实例与实训都是以虚拟机中的 Linux 操作系统为实验环境的。目前市场上的教材只介绍 Linux 相关知识，而忽略了读者实践的虚拟环境，读者无法完全按照教材中的步骤完成操作。本教材基于虚拟环境构建各类 Linux 服务器，保障了操作的真实性和可执行性。

2. 教材特色

随着《国家职业教育改革实施方案》的出台和《中华人民共和国职业教育法》的修订，

职业教育本科的诞生预示着职业教育在真正意义上成为了类型教育，职业教育发展进入“快车道”。职业教育的典型特点是“注重实践”。本教材顺应了这一趋势，在其中的理论知识够用的前提下，更加注重实践。本教材的内容中贯穿了实例与实训，通俗易懂，并从应用的角度将 Linux 服务器的配置与管理分为 10 章，使主线更加清晰。本教材的特色主要体现在以下几方面。

- 手把手教学

本教材以实践为主线，每个知识点都配有实例与实训，在所有实例与实训中都有详细的操作步骤，读者按照步骤进行操作即可完成相应的学习。

- 编写团队水平较高

本教材的编写团队具有较高的学术水平、较强的实践能力和丰富的教学经验。在编写团队中，2 名成员为“Linux 顶级认证 RHCE”称号的拥有者；1 名成员为从事 Linux 运维与培训工作近 20 年的企业高级工程师；3 名成员为具有 10 年以上 Linux 教学经验的资深教师；主编为河北科技工程职业技术大学的系主任、教学名师、专业带头人，具有丰富的 Linux 教学与实践经验。

- 立体化教材

本教材具有配套的在线资源，包括教案、授课计划、课程标准、视频、PPT、习题等。采用慕课形式，实现“教、学、做”的完美统一。

- 思政导航

本教材积极推进课程思政建设，落实立德树人根本任务。每章都配有课堂思政环节，从而体现了育人目标，指明了育人方向，保证了育人效果。

本教材篇幅合理，以实际操作为基础，并辅以相应的理论知识，既有利于教师教学，又适合读者自学。

3. 主要内容

本教材按照实践中 Linux 服务器配置与管理的过程，将 Linux 服务器的介绍过程分为 10 章。

第 1 章为系统环境准备，主要包括虚拟环境的安装与配置，以及网络配置、YUM 仓库的配置。第 2 章为 Linux 服务器安全基础，主要包括 Linux 操作系统的安全策略、SELinux 的配置与管理、firewalld 的原理与应用、iptables 的原理与应用。第 3 章为 FTP 服务器的配置与管理，主要包括 FTP 的基础知识、环境搭建，vsftpd 的基本配置，配置匿名用户、本地用户和虚拟用户登录 FTP 服务器。第 4 章为 NFS 服务器的配置与管理，主要包括 NFS 的基础知识、NFS 服务器的配置、NFS 在域中的应用。第 5 章为 CIFS 服务器的配置与管理，主要包括 CIFS 的基础知识、CIFS 的环境搭建、CIFS 服务器的配置文件、基于匿名登录和基于用户名/密码的 CIFS 服务器的搭建与配置。第 6 章为 DNS 服务器的配置与管理，主要包括 DNS 的基础知识、DNS 环境搭建、cache-only 服务器、配置 DNS 服务器的正向解析与反向解析，从 DNS 服务器及 DNS 服务器的其他配置。第 7 章为 Web 服务器的配置与管理，主要包括 Web 的基础知识、Apache 的环境搭建、Apache 配置文件、默认站点的搭建与配置、虚拟主机搭建、站点访问控制、LAMP 集成配置。第 8 章为邮件服务器的配置与管理，主要包括邮件的基础知识、postfix 邮件服务器的搭建、Dovecot 的安装和配置、邮件客户端软件。第 9 章为其他常用服务器的配置与管理，主要包括日志服务器、DHCP 服务器、NTP 服务器和远程管理服务器的基础知识及环境配置。第 10 章为企业应用，主要包括 iSCSI 网络驱动器设备、MariaDB 数据库管理系统和阿里云 LNMP 的环境搭建。

4. 读者对象

- 计算机相关专业、想深入学习 Linux 服务器的在校本科、专科大学生。
- 掌握一定的 Linux 应用基础，想进一步研究 Linux 服务的自学者。
- 想学习 Linux 技术，进而从事 Linux 运维相关工作的求职人员。
- 以“大智移云”为就业方向的学习者。
- 嵌入式与移动互联网相关软件开发程序员。

5. 编写情况

本教材由王海宾进行整体规划与内容组织；由王海宾与张静负责内容统稿并担任主编，由赵庆、刘霞、王慧斌担任副主编。

本书的第 3、7 章由王海宾编写；第 5、8 章由张静编写；第 4、10 章由赵庆编写；第 1、2 章和部分实训内容由刘霞编写；第 6、9 章和部分实训内容由王慧斌编写；所有电子课件由赵庆和崔哲编写制作。实训任务 1 到 10 由千易云（北京）教育科技有限公司首席工程师啜立明和孙新博编写。在本书的编写过程中得到业界广大同仁的大力支持在此一并表示感谢。

限于编者的业务水平及实践经验，书中难免有疏漏之处，恳请读者提出宝贵意见和建议，以便今后改进和修正。

编者

CONTENTS 目录

第 1 章　系统环境准备 1

1.1　虚拟环境的安装与配置 1

1.1.1　获取 CentOS 7 操作系统的镜像文件 1

1.1.2　安装虚拟机 2

1.1.3　创建虚拟机 5

1.1.4　安装 CentOS 7 Linux 操作系统 9

1.2　网络配置 12

1.2.1　使用图形界面 12

1.2.2　修改配置文件 14

1.2.3　虚拟机中 Linux 操作系统的网络配置 15

1.3　YUM 仓库的配置 18

1.3.1　YUM 仓库的本地配置 18

1.3.2　YUM 仓库的网络配置 21

1.3.3　YUM 仓库操作基础 22

1.4　小结 25

1.5　课堂思政 25

实训 1　基础环境配置..........................26

第 2 章　Linux 服务器安全基础 28

2.1　Linux 操作系统的安全策略 28

2.1.1　构建安全的文件系统 28

2.1.2　构建安全日志服务 29

2.1.3　做好系统的备份 29

2.1.4　配置 SELinux..........................29

2.1.5　配置防火墙 29

2.2　SELinux 的配置与管理 30

2.2.1　查看 SELinux..........................30

2.2.2　SELinux 策略 31

2.2.3　SELinux 模式 32

2.2.4　SELinux 应用实例 33

2.3　firewalld 的原理与应用 36

2.3.1　firewalld 的基本原理 36

2.3.2　firewalld 的语法 37

2.3.3　firewalld 的配置实例 38

2.3.4　富规则 39

2.4　iptables 的原理与应用 39

2.4.1　iptables 的基本原理 39

2.4.2　iptables 的语法 41

2.4.3　iptables 的配置实例 44

2.5　小结... 46

2.6　课堂思政...................................... 47

实训 2　网络安全配置与管理............ 48

第 3 章　FTP 服务器的配置与管理........50

3.1　FTP 的基础知识.......................... 50

3.1.1　FTP 服务器简介 50

3.1.2　FTP 工作模式 51

3.1.3　FTP 命令行 52

3.2 FTP 的环境搭建 53
3.2.1 环境准备 54
3.2.2 安装 vsftpd 服务 54
3.2.3 启动 vsftpd 服务 55
3.2.4 设置 SELinux 55
3.2.5 设置防火墙 56
3.3 vsftpd 的基本配置 56
3.4 配置匿名用户登录 FTP 服务器 59
3.5 配置本地用户登录 FTP 服务器 64
3.6 配置虚拟用户登录 FTP 服务器 68
3.7 小结 72
3.8 课堂思政 72
实训 3 FTP 服务器的搭建、配置与管理 73

第 4 章 NFS 服务器的配置与管理 75

4.1 NFS 的基础知识 75
4.1.1 NFS 简介 75
4.1.2 RPC 简介 76
4.1.3 NFS 的应用范围及优点 77
4.1.4 使用 NFS 需要注意的问题 77
4.1.5 NFS 服务器 78
4.2 NFS 服务器的配置 78
4.2.1 NFS 服务器的组件及相关文件 78
4.2.2 主配置文件的语法及参数 79
4.2.3 NFS 服务器的配置 80
4.2.4 NFS 服务器相关命令 81
4.2.5 NFS 客户端的设置及测试 81
4.3 NFS 在域中的应用 83
4.3.1 NIS 服务器的配置 83
4.3.2 NIS 客户端的配置 85
4.3.3 配置 autofs 与 NFS 87
4.4 总结 88
4.5 课堂思政 89
实训 4 NFS 服务器的搭建、配置与管理 89

第 5 章 CIFS 服务器的配置与管理 91

5.1 CIFS 的基础知识 91
5.1.1 Samba 的发展过程 91
5.1.2 SMB 协议 92
5.1.3 NetBIOS 协议 92
5.1.4 CIFS 服务器 92
5.1.5 Samba 服务器的工作模式 93
5.1.6 文件共享的方式 94
5.2 CIFS 的环境搭建 94
5.2.1 环境准备 95
5.2.2 安装 Samba 95
5.2.3 启动 Samba 95
5.2.4 设置 SELinux 96
5.2.5 防火墙设置 96
5.3 CIFS 服务器的配置文件 96
5.4 基于匿名登录的 CIFS 服务器的搭建与配置 98
5.5 基于用户名/密码的 CIFS 服务器的搭建与配置 101
5.6 课堂思政 105
5.7 总结 105
实训 5 CIFS 服务器的搭建、配置与管理 105

第 6 章 DNS 服务器的配置与管理 107

6.1 DNS 的基础知识 107
6.1.1 DNS 简介 107
6.1.2 为什么使用 DNS 108
6.1.3 DNS 的发展过程 108
6.1.4 DNS 的结构 109
6.1.5 DNS 的查询流程 110
6.1.6 DNS 的查询方式 111
6.1.7 DNS 的解析与授权 111
6.2 DNS 环境搭建 112
6.2.1 环境准备 112

6.2.2 DNS 服务器的安装 113
6.2.3 防火墙设置 113
6.2.4 DNS 基本配置 114
6.3 cache-only 服务器 115
6.3.1 cache-only 服务器简介 115
6.3.2 cache-only 服务器搭建 115
6.4 配置 DNS 服务器的正向解析与反向解析 117
6.5 从 DNS 服务器的配置 121
6.6 DNS 服务器的其他配置 123
6.6.1 DNS 负载均衡 123
6.6.2 泛域名解析 124
6.6.3 区域委派 125
6.6.4 BIND 的 ACL 功能 125
6.7 小结 126
6.8 课堂思政 126
实训 6 DNS 服务器的搭建、配置与管理 126

第 7 章 Web 服务器的配置与管理 128

7.1 Web 的基础知识 128
7.1.1 HTTP 128
7.1.2 Web 服务器 129
7.1.3 主流的 Web 服务器 130
7.1.4 Web 服务器架构 130
7.1.5 Apache 服务器简介 131
7.2 Apache 的环境搭建 132
7.2.1 环境准备 132
7.2.2 Apache 服务器基础 132
7.3 Apache 配置文件 133
7.4 默认站点的搭建与配置 136
7.5 虚拟主机搭建 139
7.5.1 搭建基于 IP 地址的虚拟主机 139
7.5.2 搭建基于域名的虚拟主机 144
7.5.3 搭建基于端口的虚拟主机 148
7.6 站点访问控制 150
7.7 LAMP 集成配置 153
7.8 总结 155
7.9 课堂思政 156
实训 7 Web 服务器的搭建、配置与管理 156

第 8 章 邮件服务器的配置与管理 158

8.1 邮件的基础知识 158
8.1.1 邮件系统与电子邮件 158
8.1.2 电子邮件的工作原理 159
8.1.3 电子邮件的发送和接收 160
8.1.4 电子邮件的功能组件 161
8.1.5 电子邮件的安全性 163
8.2 postfix 邮件服务器的搭建 164
8.2.1 环境准备 164
8.2.2 postfix 配置文件解析 164
8.2.3 搭建邮件服务器 167
8.2.4 虚拟别名域的设置 169
8.2.5 邮件别名的设置 170
8.2.6 设置主机过滤 172
8.3 Dovecot 的安装和配置 173
8.4 邮件客户端软件 177
8.4.1 Mail 177
8.4.2 Mutt 178
8.5 总结 180
8.6 课堂思政 180
实训 8 邮件服务器的搭建、配置与管理 181

第 9 章 其他常用服务器的配置与管理 183

9.1 日志服务器 183
9.1.1 日志服务的基础知识 183
9.1.2 日志服务的类型 184
9.1.3 日志服务的基本应用 184
9.1.4 Facility 与 Priority 187
9.1.5 日志服务器的应用 190
9.2 DHCP 服务器 191
9.2.1 DHCP 的基础知识 192
9.2.2 DHCP 服务器的配置 195

9.3 NTP 服务器 199
9.3.1 NTP 的基础知识 199
9.3.2 NTP 的环境搭建 201
9.3.3 主配置文件的设置 201
9.3.4 NTP 服务器的搭建与配置 202
9.4 远程管理服务器 203
9.4.1 远程管理 204
9.4.2 SSH 概述 204
9.4.3 SSH 服务器的配置 204
9.4.4 VNC 服务器的配置 207
9.5 小结 210
9.6 课堂思政 210
实训 9 其他常用服务器的配置与管理 210

第 10 章 企业应用 212

10.1 iSCSI 网络驱动器设备 212
10.1.1 iSCSI 技术概述 212
10.1.2 创建 RAID 213
10.1.3 配置 iSCSI 服务端 214
10.1.4 配置 iSCSI 客户端 219
10.2 MariaDB 数据库管理系统 221
10.2.1 数据库管理系统 221
10.2.2 MariaDB 简介 221
10.2.3 初始化 MariaDB 服务 222
10.2.4 使用 MariaDB 服务 224
10.2.5 数据库的备份与恢复 227
10.3 阿里云 LNMP 的环境搭建 229
10.3.1 注册登录阿里云 229
10.3.2 使用云起实验室连接 ECS 服务器 229
10.3.3 安装并配置 MySQL 231
10.3.4 安装 Nginx 232
10.3.5 安装 PHP 233
10.4 小结 234
10.5 课堂思政 234
实训 10 企业应用环境的搭建与应用 234

参考文献 236

第1章 系统环境准备

01

未来广告公司新进了几台计算机作为特定服务器，因此该公司决定在这几台计算机中安装比较适合搭建服务器的 Linux 操作系统——CentOS 7。Linux 是开源、性能优异、安全系数高的网络操作系统，许多大型的网络应用都是基于 Linux 服务器搭建的。本章将讲解虚拟环境的安装与配置、网络配置，以及 YUM 仓库的配置。

1.1 虚拟环境的安装与配置

1.1.1 获取 CentOS 7 操作系统的镜像文件

目前，CentOS 最新的版本是 CentOS 8，但是由于在 2020 年 12 月 8 日，CentOS 发布公告称不再更新与维护 CentOS Linux 系列，CentOS 8 的生命周期于 2021 年 12 月 31 日终止。而作为实践使用的 CentOS 7 操作系统的生命周期仍在继续，目前仍是主流。因此，本教材以 CentOS 7 操作系统为例，所有实践均基于 CentOS 7 操作系统进行开展。获取 CentOS 7 操作系统镜像文件的步骤如下。

安装配置虚拟环境

步骤 1： 进入 CentOS 官网主页，如图 1.1 所示。

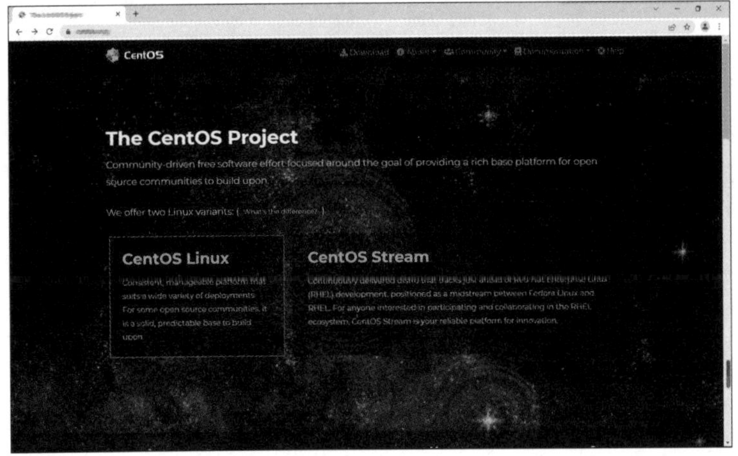

图 1.1　CentOS 官网主页

步骤 2：单击主页中的“CentOS Linux”按钮，打开“Download”界面，如图 1.2 所示。

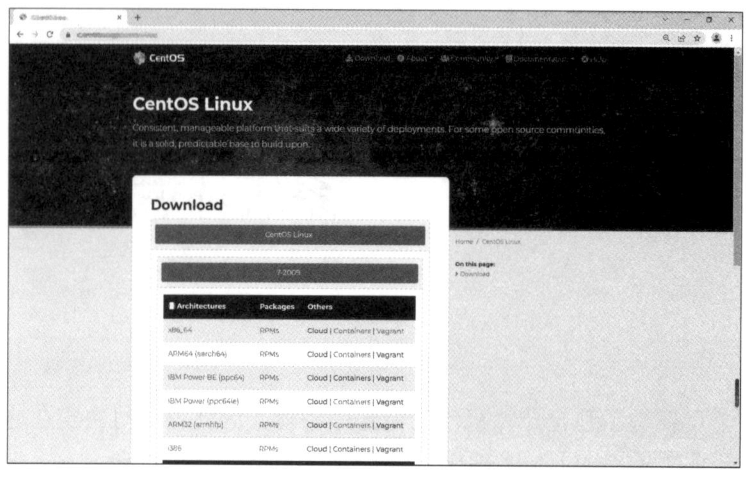

图 1.2 “Download”界面

步骤 3：在“Download”界面中列出了不同版本的、不同硬件支持的 CentOS，单击相应的链接即可进入下载页面，本教材的实践选用 x86_64 CentOS 版本。

1.1.2 安装虚拟机

虚拟机（Virtual Machine）是指通过软件模拟的、具有完整硬件系统功能的、运行在一个完全隔离环境中的完整计算机系统。通过虚拟机软件可以在一台物理计算机上模拟出多台虚拟机，这些虚拟机和物理计算机一样，用户可以在虚拟机上进行各种操作，如安装操作系统、安装应用程序、访问网络资源等。对用户而言，虚拟机只是运行在物理计算机上的一个应用程序；但对在虚拟机中运行的应用程序而言，它就是一台真正的物理计算机。因此，当用户在虚拟机中进行软件评测时，操作系统有可能崩溃，但崩溃的只是虚拟机上的操作系统，而不是物理计算机上的操作系统。使用虚拟机的“Undo”（恢复）功能，可以将虚拟机恢复到软件评测前的状态。

在本教材中，以安装 VMware Workstation 15.5 版本的虚拟机为例，具体安装步骤如下。

步骤 1：购买正版 VMware Workstation 15.5 虚拟机软件，双击安装文件，依次打开如图 1.3 所示的欢迎界面及安装向导界面。在安装向导界面中，单击“下一步”按钮。

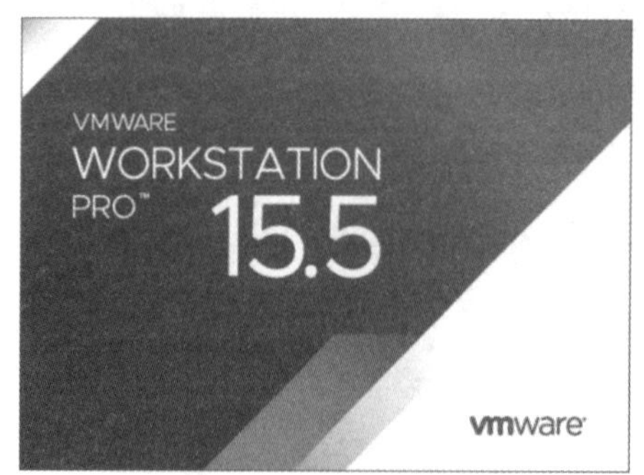

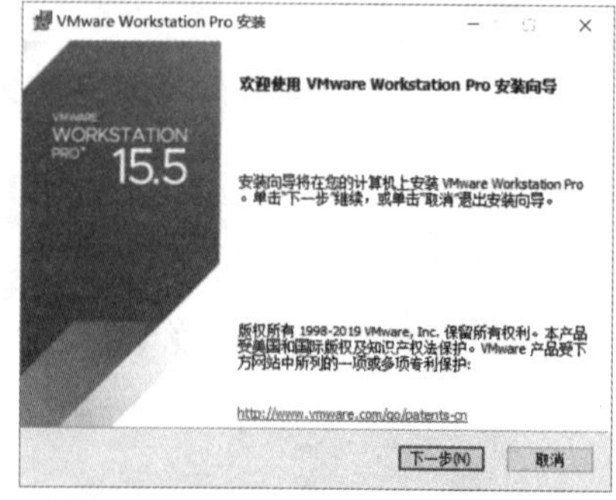

图 1.3 欢迎界面及安装向导界面

说明：如果物理计算机的操作系统为 Windows 10 及以上版本，则安装的虚拟机需要为 VMware Workstation 15.5 及以上版本，否则会因兼容问题导致物理计算机蓝屏。

步骤 2：在打开的“最终用户许可协议”界面中，勾选“我接受许可协议中的条款”复选框，接受许可协议，如图 1.4 所示，单击“下一步”按钮。

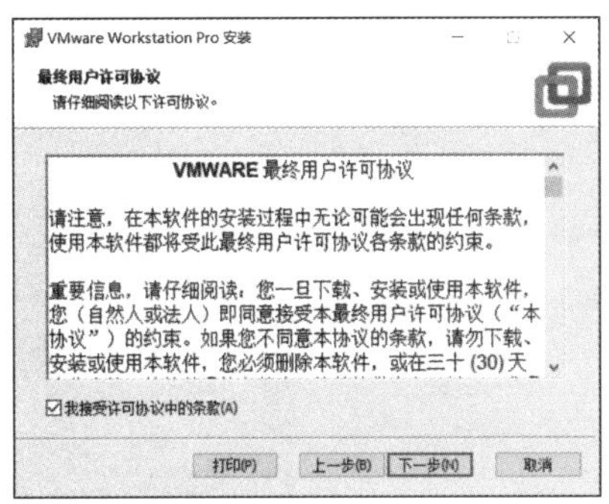

图 1.4　接受许可协议

步骤 3：先在除 C 盘外的盘中新建一个文件夹，如“D:\users”。再在打开的“自定义安装”界面中单击“更改”按钮，并在打开的“更改目标文件夹”界面中选择安装位置，如图 1.5 所示。单击“确定”按钮，完成安装位置的设置，在返回的“自定义安装”界面中单击“下一步”按钮。

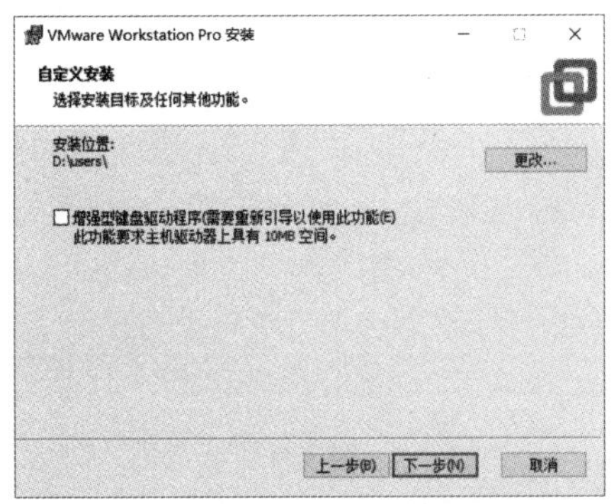

图 1.5　选择安装位置

步骤 4：在打开的“用户体验设置”界面中，可以通过勾选复选框来设置所需的用户体验，如图 1.6 所示，单击“下一步”按钮。

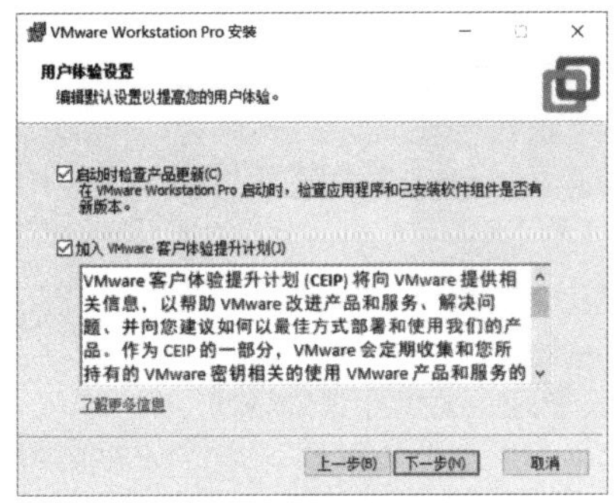

图 1.6　用户体验设置

步骤 5： 在打开的“快捷方式”界面中，可以通过勾选复选框来设置创建快捷方式的位置，单击“下一步”按钮，打开“已准备好安装 VMware Workstation Pro”界面，如图 1.7 所示，单击“安装”按钮。

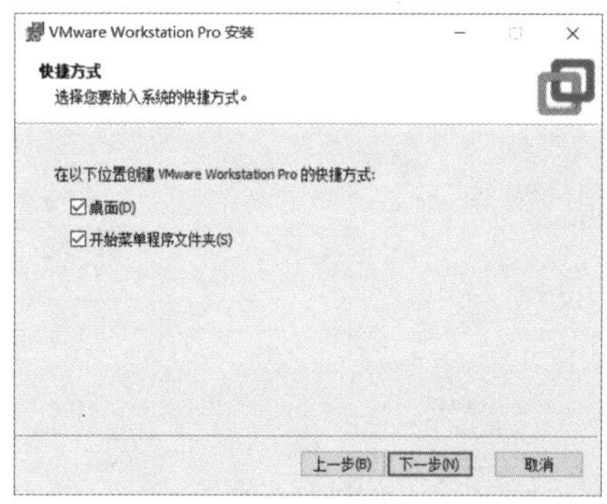

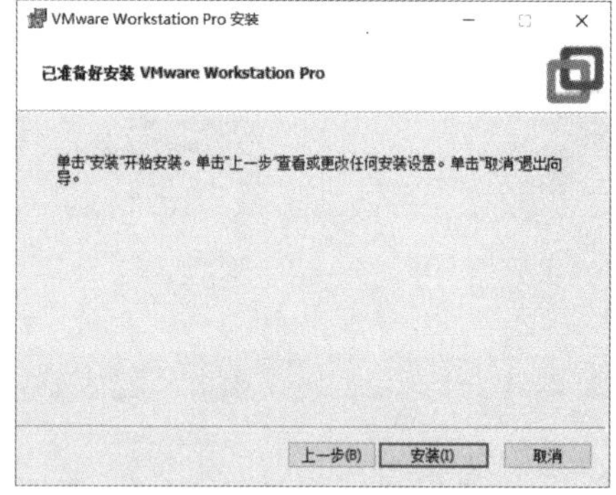

图 1.7　创建快捷方式

步骤 6： 打开的正在安装界面如图 1.8 所示。

步骤 7： 虚拟机安装完成后，在打开的“输入许可证密钥”界面中，输入许可证密钥，如图 1.9 所示。许可证密钥输入完成后，单击“输入”按钮。

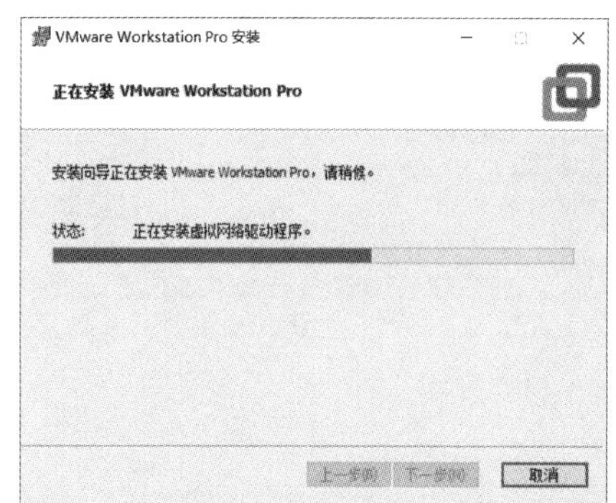

图 1.8　正在安装界面

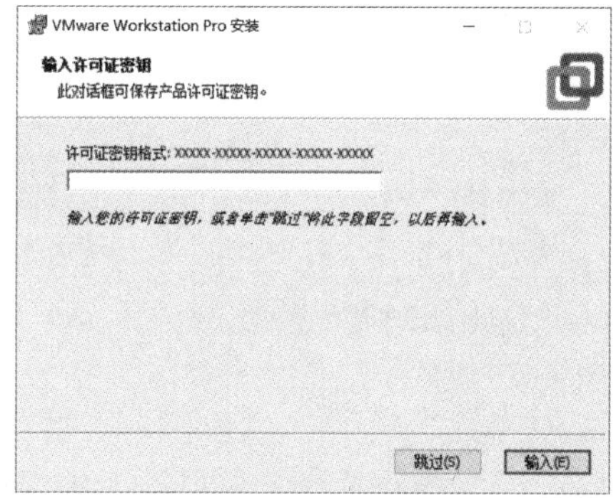

图 1.9　输入许可证密钥

说明： 请登录 VMware 官网，或者通过电话等方式购买许可证密钥。请使用正版授权软件，自觉保护软件著作权。

步骤 8： 在打开的“VMware Workstation Pro 安装向导已完成”界面中，单击“完成”按钮即可完成安装，如图 1.10 所示。

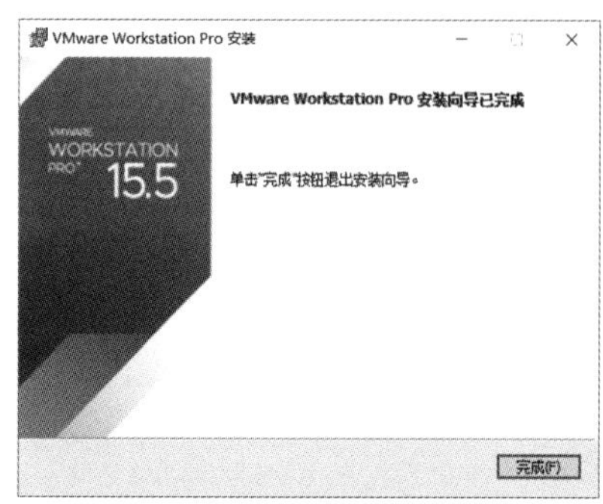

图 1.10　完成安装

1.1.3　创建虚拟机

创建虚拟机的步骤如下。

步骤 1：新建虚拟机。打开安装好的 VMware Workstation 15.5，在“文件”菜单中选择“新建虚拟机”命令，如图 1.11 所示。

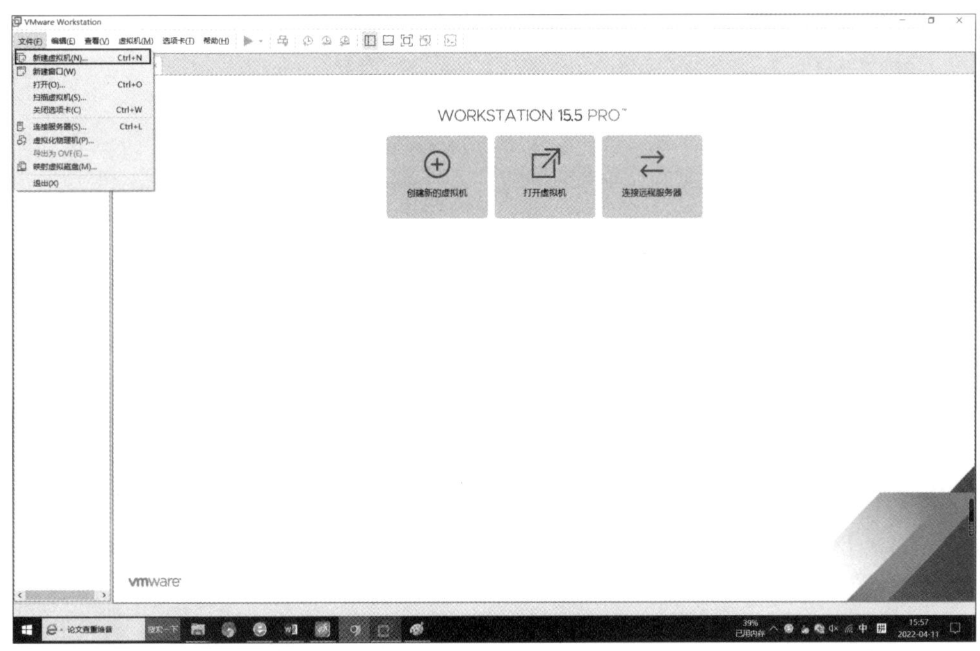

图 1.11　新建虚拟机

步骤 2：设置虚拟机的配置类型。在打开的新建虚拟机向导界面中，选中“自定义（高级）”单选按钮，如图 1.12 所示，单击“下一步”按钮。

步骤 3：选择虚拟机硬件兼容性。因为高版本软件可以向下兼容，所以在打开的“选择虚拟机硬件兼容性”界面中保持默认限制，如图 1.13 所示，单击“下一步”按钮。

图 1.12　设置虚拟机的配置类型

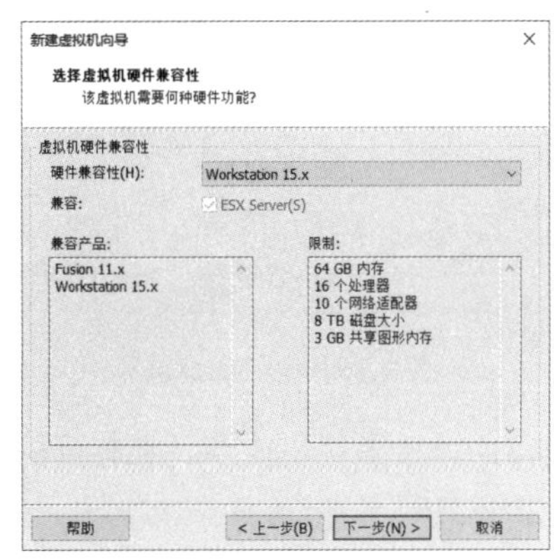

图 1.13　选择虚拟机硬件兼容性

说明：虚拟机硬件兼容性的默认限制为最大支持 64GB 内存、16 个处理器、10 个网络适配器、8TB 磁盘大小、3GB 共享图形内存。

步骤 4：安装客户机操作系统。先创建一个空的虚拟机，即在打开的“安装客户机操作系统”界面中选中“稍后安装操作系统”单选按钮，如图 1.14 所示，单击“下一步”按钮。

步骤 5：选择客户机操作系统与版本。在打开的“选择客户机操作系统”界面中设置“客户机操作系统”为“Linux”，“版本”为“CentOS 7 64 位”，如图 1.15 所示，单击“下一步”按钮。

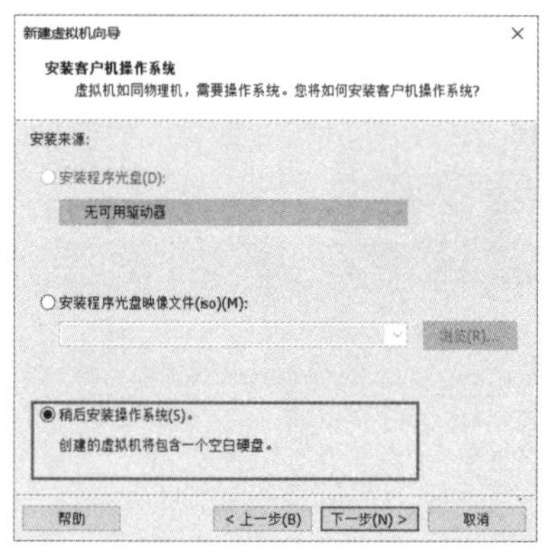

图 1.14　安装客户机操作系统

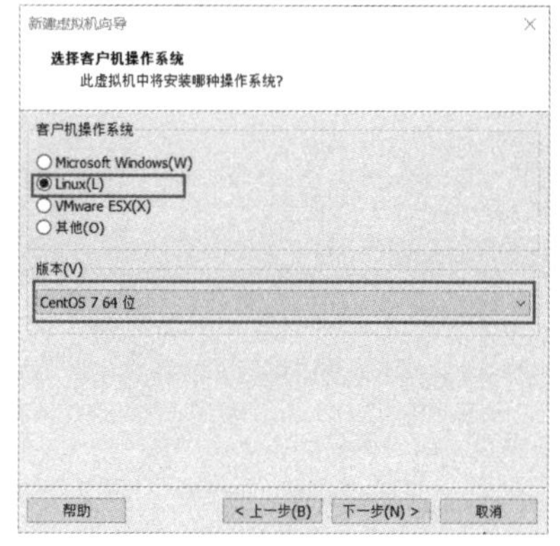

图 1.15　选择客户机操作系统与版本

步骤 6：命名虚拟机。在打开的“命名虚拟机”界面中输入自定义的虚拟机名称，如“CentOS 7”，并指定虚拟机的存储位置，如图 1.16 所示，单击“下一步”按钮。

步骤 7：配置处理器。在打开的“处理器配置”界面中设置“处理器数量”为“1”，“每个处理器的内核数量”为“2”，如图 1.17 所示。处理器及内核的数量越多，系统的速度越快，但系统的速度也依赖于物理计算机的硬件配置，建议占用物理计算机硬件配置的一半即可。设置完成后，单击“下一步”按钮。

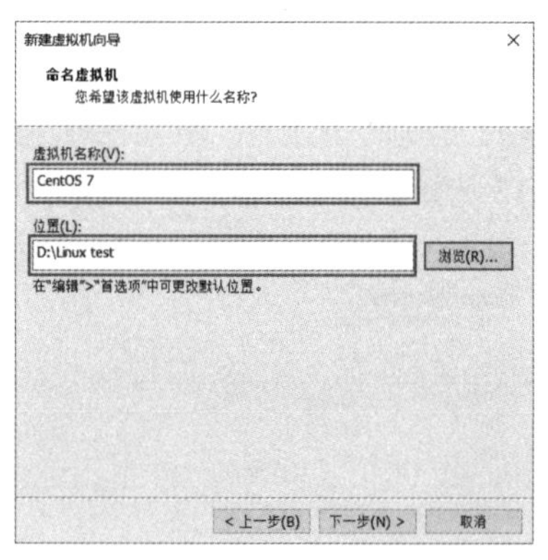

图 1.16　命名虚拟机

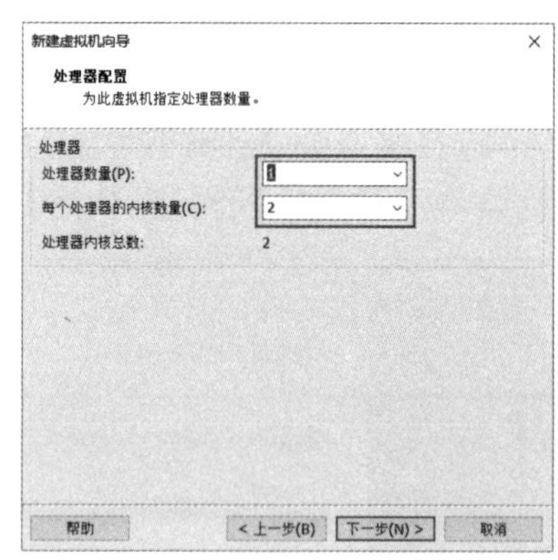

图 1.17　配置处理器

步骤 8：设置虚拟机内存。在打开的“此虚拟机的内存”界面中设置“此虚拟机的内存”为“2048MB”（即 2GB），如图 1.18 所示。虚拟内存和处理器一样，也依赖于物理计算机的硬件配置，建议最多占用物理计算机内存的一半。设置完成后单击“下一步”按钮。

步骤 9：设置网络类型。在打开的“网络类型”界面中设置以“使用网络地址转换（NAT）”模式连接网络，如图 1.19 所示。不同的网络连接模式的特点如下。

（1）桥接网络：虚拟机的 IP 地址必须和物理计算机（即主机）所在的网段一致，但不能与局域网中其他主机的 IP 地址相同，否则会出现 IP 地址冲突问题。

（2）网络地址转换（NAT）：虚拟机默认与主机的 VMnet8 在同一个虚拟网段，与主机所在局域网的网段不同；虚拟机无法与局域网中的其他主机或虚拟机互通。

（3）仅主机模式网络：可以根据需要给虚拟机分配一个 VMnetX（X 为虚拟网络编号），处于同一 VMnet 的虚拟机之间可以互通。

在主机与外网连通的情况下，使用桥接网络和 NAT 模式的虚拟机可以访问外网；使用仅主机模式网络的虚拟机不可以访问外网，但是在以上 3 种模式下，虚拟机和主机都可以互通。

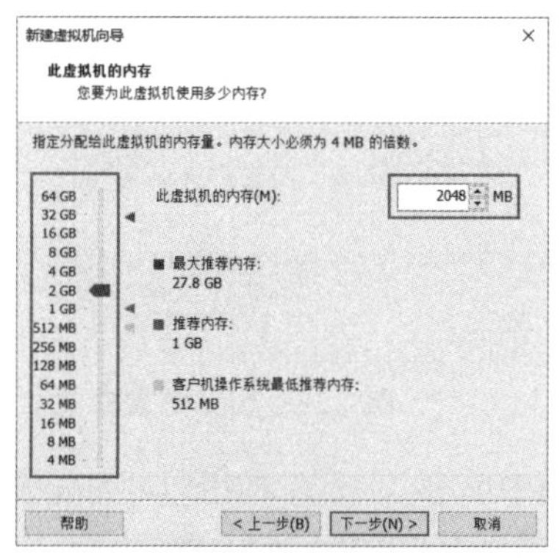

图 1.18　设置虚拟机内存

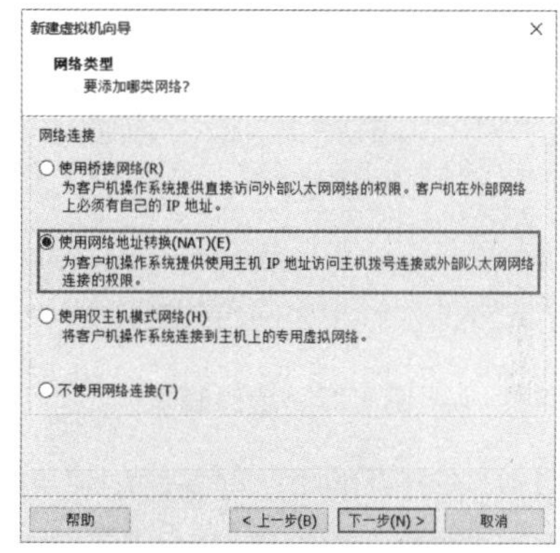

图 1.19　设置网络类型

步骤 10：选择 I/O 控制器类型。在打开的“选择 I/O 控制器类型”界面中，I/O 控制器类型一般为默认配置的“LSI Logic”，如图 1.20 所示，单击“下一步”按钮。

步骤 11：选择磁盘类型。在打开的“选择磁盘类型”界面中默认的虚拟磁盘类型有 4 种，在此设置“虚拟磁盘类型”为“SCSI”，如图 1.21 所示，单击“下一步”按钮。

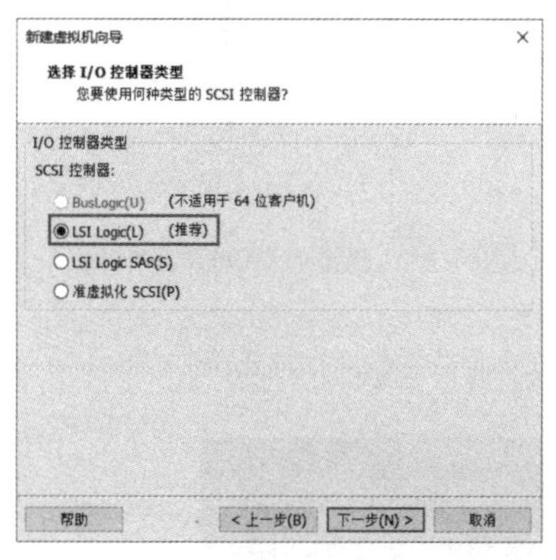

图 1.20　选择 I/O 控制器类型

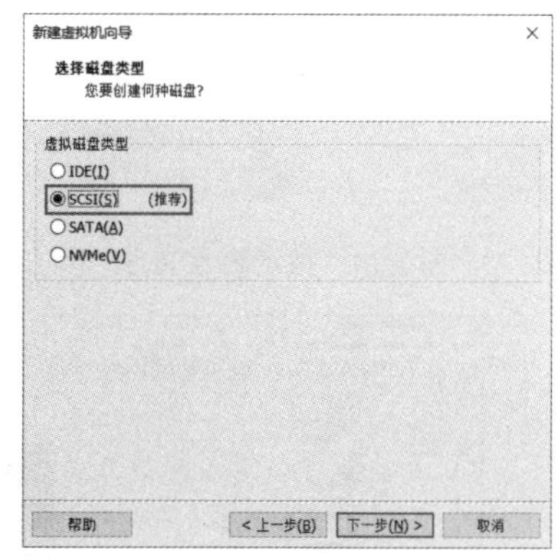

图 1.21　选择磁盘类型

步骤 12：选择磁盘。在打开的“选择磁盘”界面中，选择使用的磁盘相当于选择物理机的磁盘，此处选中“创建新虚拟磁盘”单选按钮，如图 1.22 所示，单击“下一步”按钮。

步骤 13：指定磁盘容量。默认磁盘容量为 20GB，一般不够用，建议将磁盘容量设置得略大一些。在打开的“指定磁盘容量”界面中设置“最大磁盘大小（GB）”为“50”，如图 1.23 所示。选中“将虚拟磁盘拆分成多个文件”单选按钮，将虚拟磁盘拆分成多个文件，防止物理计算机的磁盘类型为 FAT32 格式，无法存储超过 4GB 的文件。设置完成后，单击

“下一步”按钮。

步骤 14： 指定磁盘文件。使用多个磁盘文件来创建虚拟机磁盘，根据文件名自动命名磁盘文件。一般情况下保持“指定磁盘文件”界面中的默认设置即可，如图 1.24 所示，单击“下一步”按钮。

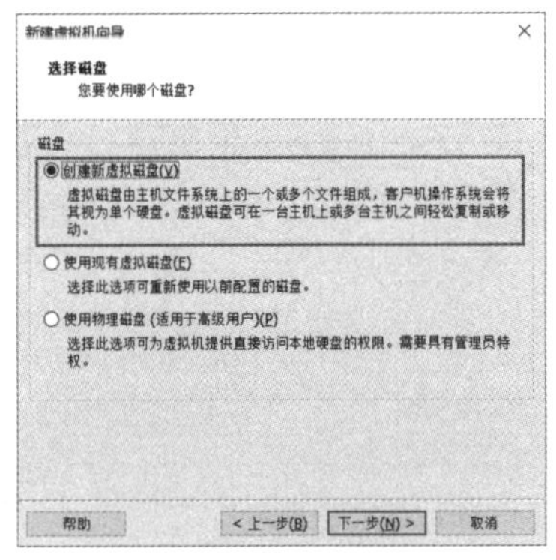

图 1.22　选择磁盘

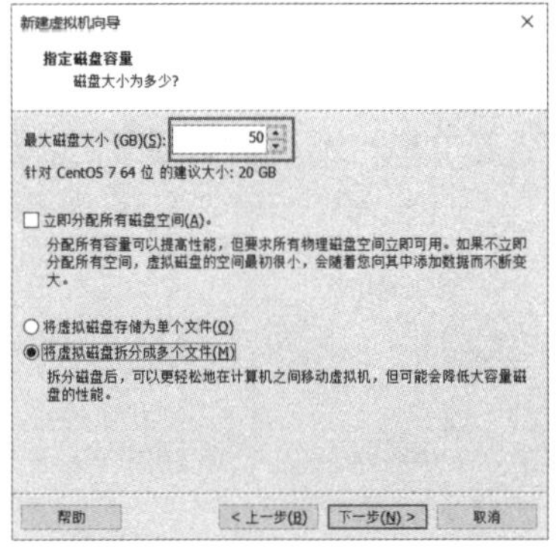

图 1.23　指定磁盘容量

步骤 15： 在打开的“已准备好创建虚拟机”界面中单击“完成”按钮即可完成虚拟机的创建，如图 1.25 所示。此时可以在打开的虚拟机界面中看到新建虚拟机的设置，如图 1.26 所示。

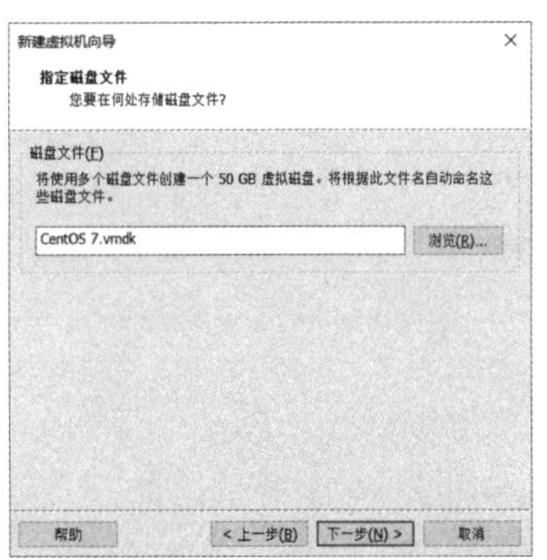

图 1.24　指定磁盘文件

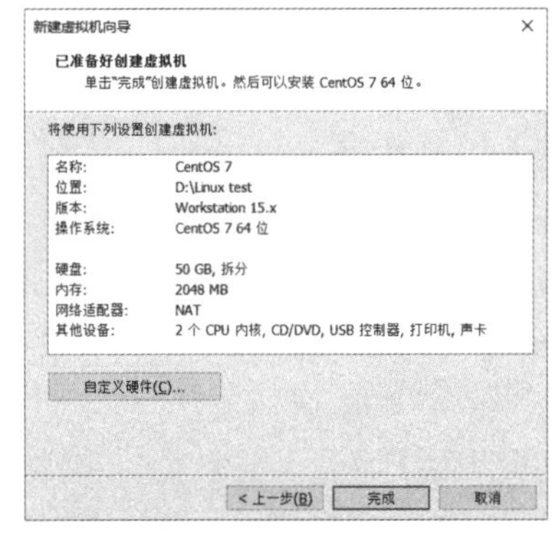

图 1.25　已准备好创建虚拟机

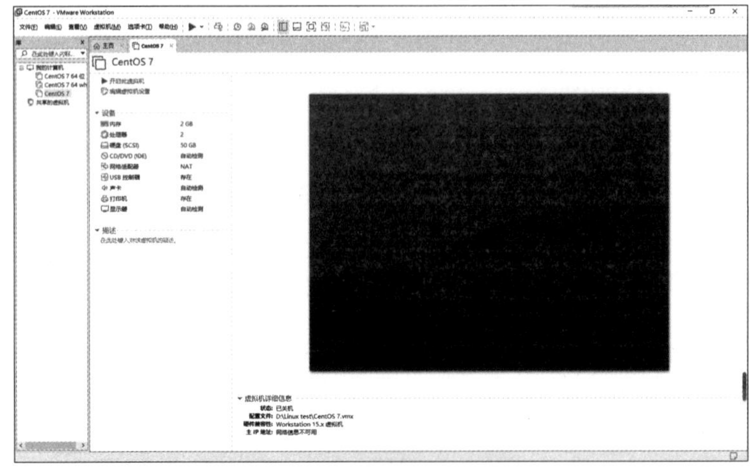

图 1.26　新建虚拟机的设置

1.1.4　安装 CentOS 7 Linux 操作系统

在虚拟机中，安装 CentOS 7 Linux 操作系统，步骤如下。

步骤 1： 导入系统的安装源。在创建的虚拟机界面中，单击“编辑虚拟机设置”文字链接，打开“虚拟机设置”对话框，在“硬件”选项卡左侧的列表框中选择“CD/DVD（IDE）”选项，在右侧选中“使用 ISO 映像文件”单选按钮，并单击“浏览”按钮，找到 ISO 映像文件的存放处，单击“确定”按钮即可导入系统的安装源，如图 1.27 所示。

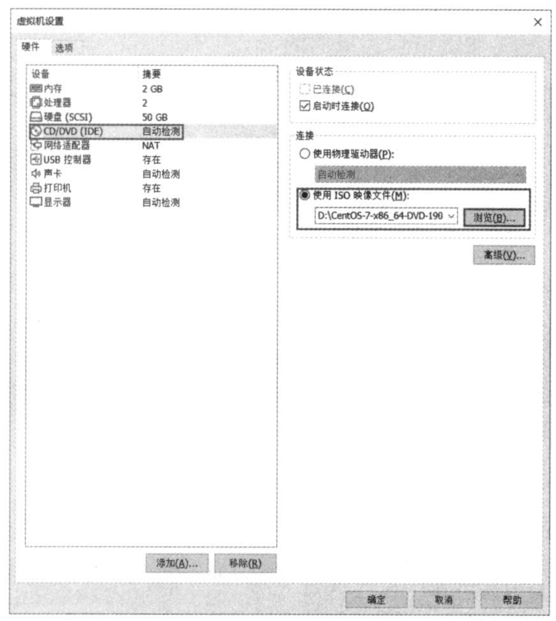

图 1.27　导入系统的安装源

步骤 2： 启动虚拟机。单击“开启此虚拟机”文字链接或▶按钮，即可启动虚拟机。选择“Install CentOS 7”选项后，如图 1.28 所示，按回车键即可进入图形安装界面。如果需要使用文本安装方式，则输入“LINUX TEXT”，建议初学者使用图形安装方式。

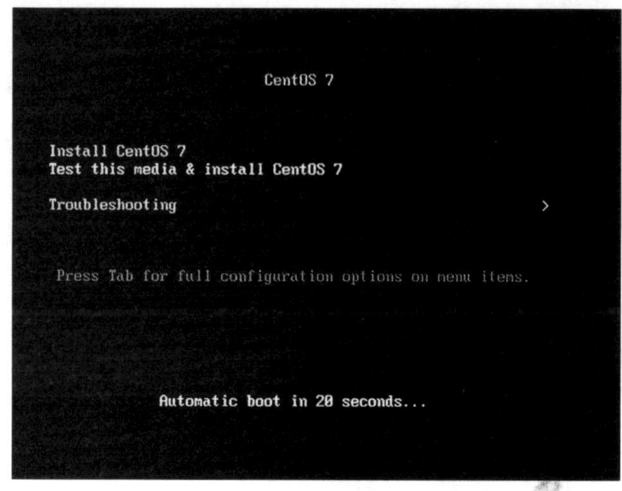

图 1.28　选择“Install CentOS 7”选项

步骤 3： 进入语言设置界面，设置语言为“简体中文”，单击“继续”按钮即可。

步骤 4： 进入“安装信息摘要”界面，可以进行本地化设置、软件设置和系统设置，如图 1.29 所示。

步骤 5： 设置系统时间，设置时区为“亚洲/上海”，并手动设置时间。

步骤 6： 将键盘布局设置为默认键盘布局即可，如图 1.30 所示。

图 1.29 “安装信息摘要”界面

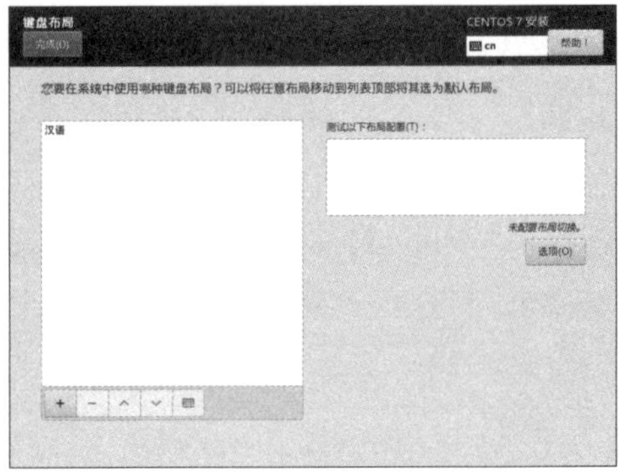

图 1.30 设置键盘布局

步骤 7： 选择安装源。因为在启动系统前就已经导入了安装源，所以直接选中“自动检测到的安装介质”单选按钮即可，如图 1.31 所示。

步骤 8： 选择软件，在“软件选择”界面的左侧列表框中选中“带 GUI 的服务器”单选按钮，这样安装的 Linux 操作系统带有图形界面，适合初学者学习使用，如图 1.32 所示。

图 1.31 选择安装源

图 1.32 选择软件

说明： 在“软件选择”界面的右侧列表框中，列出了若干个作为服务器使用的附加选项。当安装 FTP 服务器软件并进行相关配置后，服务器就承担了 FTP 服务器的功能；当安装 DNS 服务器软件并进行相关配置后，服务器就变成了 DNS 服务器；当安装不同软件包并进行不同配置后，该软/硬件系统就承担了相应服务器的功能。因为后续还要讲解服务器软件的安装，所以在这里没有进行任何设置。

步骤 9： 选择分区方式。分区可以采用自动配置分区和手动配置分区两种方式，在此采用手动配置分区方式，即在“安装目标位置”界面的“其他存储选项”区域中选中“我要配置分区”单选按钮，如图 1.33 所示。单击“完成”按钮即可进入具体的配置分区界面。

步骤 10： 创建系统分区。创建 Linux 操作系统必须有 3 个分区，如图 1.34 所示。一是

“/boot”引导分区，设置格式为“xfs”，大小为“500MB”；二是“swap”分区，类似 Windows 操作系统中的虚拟内存，设置大小为实际内存的 1.5～2 倍；三是 Linux 操作系统的“/”主分区，设置格式为“xfs”，将剩余的所有空间分配给“/”主分区即可。在操作系统安装完成后，可以看到一些应用软件安装在主分区中。

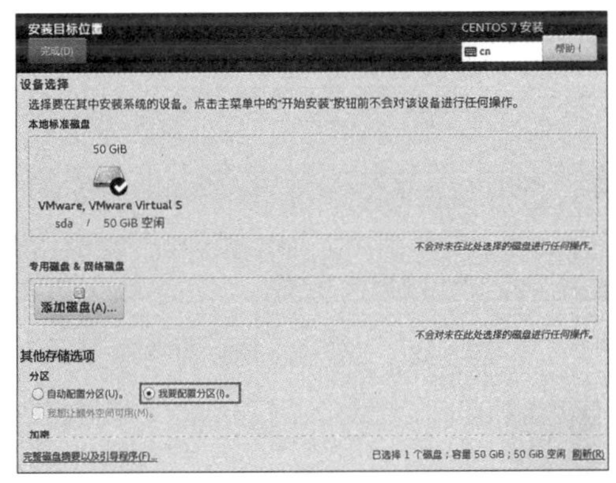

图 1.33　选择分区方式

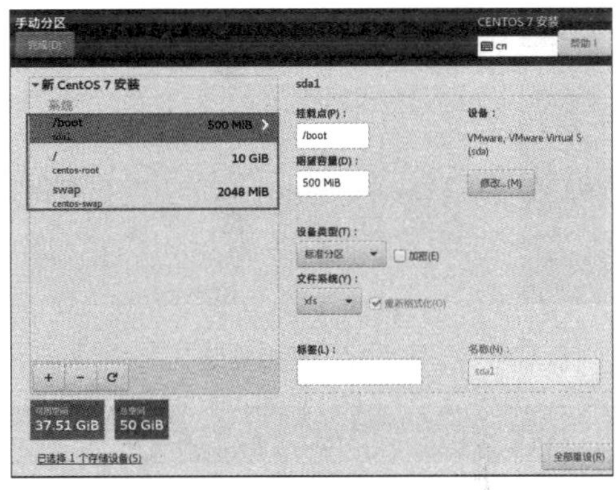

图 1.34　创建系统分区

步骤 11： 更改摘要。在手动分区完成后，会出现如图 1.35 所示的“更改摘要”界面，单击“接受更改”按钮即可。

步骤 12： 配置主机名和网络状态。主机名可以自定义，设置主机名为“LinuxServer”，网络为“打开”状态，如图 1.36 所示。

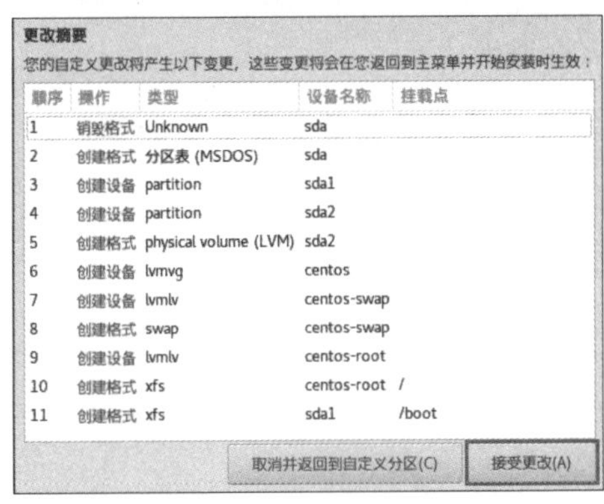

更改摘要

您的自定义更改将产生以下变更，这些变更将会在您返回到主菜单并开始安装时生效：

顺序	操作	类型	设备名称	挂载点
1	销毁格式	Unknown	sda	
2	创建格式	分区表 (MSDOS)	sda	
3	创建设备	partition	sda1	
4	创建设备	partition	sda2	
5	创建格式	physical volume (LVM)	sda2	
6	创建设备	lvmvg	centos	
7	创建设备	lvmlv	centos-swap	
8	创建格式	swap	centos-swap	
9	创建设备	lvmlv	centos-root	
10	创建格式	xfs	centos-root	/
11	创建格式	xfs	sda1	/boot

取消并返回到自定义分区(C)　接受更改(A)

图 1.35　更改摘要

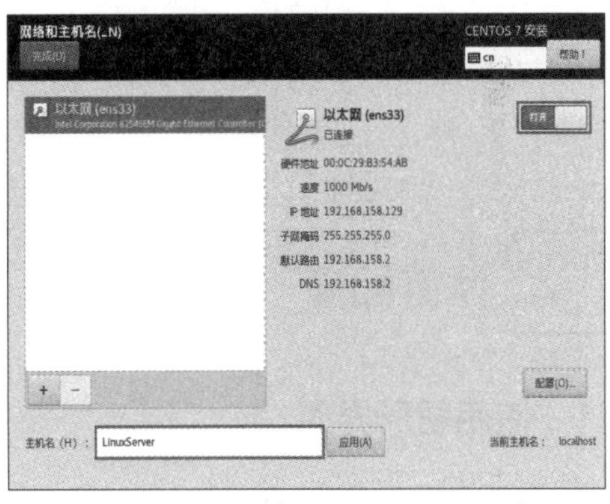

图 1.36　配置主机名和网络状态

步骤 13： 在“安装信息摘要”界面中单击“开始安装”按钮即可开始安装，如图 1.37 所示。

步骤 14： 设置超级用户的密码，即 root 用户的密码，如图 1.38 所示。密码需要满足 Linux 操作系统用户密码规则。如果密码设置得过于简单，则会在页面下方出现提示，单击“完成”按钮两次即可。

步骤 15： 创建一个普通用户。与在 Windows 操作系统中的操作类似，如图 1.39 所示。不过当用户密码设置得过于简单时，操作系统也会提示，单击“完成”按钮两次即可。

步骤 16： 重启操作系统。安装完成后的界面如图 1.40 所示。执行完安装后设置，单击“重启”按钮即可重新启动操作系统。

至此，完成 CentOS 7 Linux 操作系统的安装。

图 1.37　开始安装

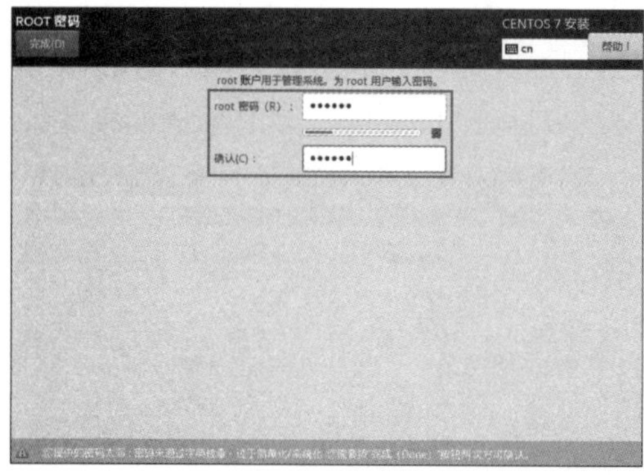

图 1.38　设置 root 用户的密码

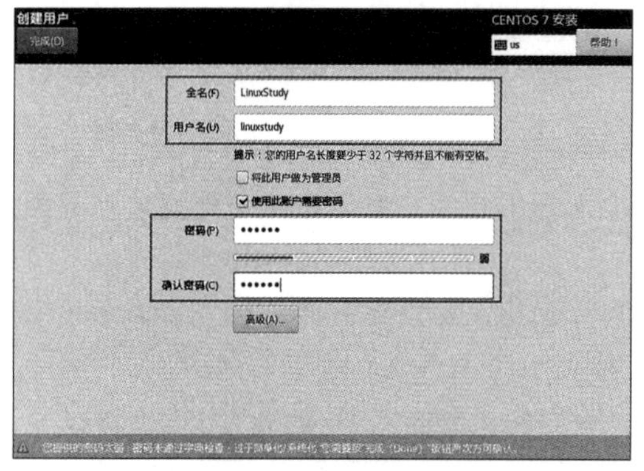

图 1.39　创建普通用户

图 1.40　安装完成后的界面

1.2　网络配置

1.2.1　使用图形界面

网络配置

网络配置最简单的方法与 Windows 操作系统中网络配置的方法类似。在 CentOS 7 操作系统的终端中输入“nm-connection-editor”命令可直接打开图形界面。打开的图形界面如图 1.41 所示。

在图形界面中，先选择“ens33”选项，再单击界面左下角齿轮状的图标按钮，进入如图 1.42 所示的编辑界面。选择“IPv4 设置”选项卡，可以设置虚拟机的 IP 地址，如图 1.43 所示。单击“方法”下拉按钮，在弹出的下拉列表中有多种可供选择的方法来设置 IP 地址，如图 1.44 所示。其中，“自动(DHCP)”指的是 IP 地址、子网掩码、网关、DNS 服务器等信息由 DHCP 服务器自动分配；“自动(DHCP)仅地址”指的是 IP 地址、子网掩码、网关等信息由 DHCP 服务器自动分配，其他信息通过手动指定；“手动”指的是所有信息都通过手动指定。这里选择手动指定方式，并指定 IP 地址为 192.168.150.10，子网掩码为 255.255.255.0，网关为 192.168.150.2，DNS 服务器为 8.8.8.8。

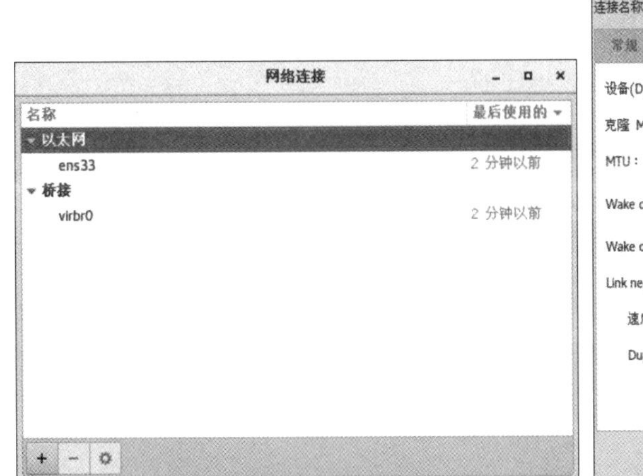

图 1.41　打开的图形界面

图 1.42　编辑界面

图 1.43　IPv4 设置

图 1.44　选择设置 IP 地址的方法

在配置完成后，单击“保存”按钮，关闭对话框即可完成网络配置。在配置完成后，先使用“ifdown”命令关闭网卡，再使用“ifup”命令激活网卡，最后使用“ip addr”命令查看配置的网络信息。

```
[root@LinuxServer ~]# ifdown ens33
成功断开设备 "ens33"。
[root@LinuxServer ~]# ifup ens33
连接已成功激活（D-Bus 活动路径：/org/freedesktop/NetworkManager/ActiveConnection/9）
[root@LinuxServer ~]# ip addr
1: lo: <LOOPBACK,UP,LOWER_UP> mtu 65536 qdisc noqueue state UNKNOWN group default qlen 1000
    link/loopback 00:00:00:00:00:00 brd 00:00:00:00:00:00
    inet 127.0.0.1/8 scope host lo
      valid_lft forever preferred_lft forever
```

```
    inet6 ::1/128 scope host
       valid_lft forever preferred_lft forever
2: ens33: <BROADCAST,MULTICAST,UP,LOWER_UP> mtu 1500 qdisc pfifo_fast
state UP group default qlen 1000
    link/ether 00:0c:29:b3:54:ab brd ff:ff:ff:ff:ff:ff
    inet 192.168.150.10/24 brd 192.168.150.255 scope global noprefixroute
ens33
       valid_lft forever preferred_lft forever
    inet6 fe80::19a3:98c5:8db5:4ae/64 scope link noprefixroute
       valid_lft forever preferred_lft forever
```

说明：ens33 的 inet 地址为 192.168.150.10/24，即指定的地址；“/24”表示 24 位子网掩码。使用“ip addr”命令可以显示所有网卡的地址信息。

1.2.2 修改配置文件

与大多数 Linux 服务器的配置一样，网卡的配置文件保存在/etc/sysconfig/ network-scripts 目录下，文件名以“ifcfg-”开头。可以使用编辑器修改该文件，从而实现网络的配置。在修改配置文件之前，先查看 ifcfg-ens33 文件的配置信息。

```
[root@LinuxServer ~]# cat /etc/sysconfig/network-scripts/ifcfg-ens33
TYPE=Ethernet
PROXY_METHOD=none
BROWSER_ONLY=no
BOOTPROTO=none
DEFROUTE=yes
IPV4_FAILURE_FATAL=no
IPV6INIT=yes
IPV6_AUTOCONF=yes
IPV6_DEFROUTE=yes
IPV6_FAILURE_FATAL=no
IPV6_ADDR_GEN_MODE=stable-privacy
NAME=ens33
UUID=b5216d34-d0fd-458e-90ff-8b29b98a6a0e
DEVICE=ens33
ONBOOT=yes
IPADDR=192.168.150.10
PREFIX=24
GATEWAY=192.168.150.2
DNS1=8.8.8.8
IPV6_PRIVACY=no
```

说明：（1）TYPE=Ethernet 代表网络的类型为以太网。

（2）BOOTPROTO=none，BOOTPROTO 有 4 种选择，分别是 none、static、bootp、dhcp，即引导时不使用协议、使用静态分配、使用 BOOTP 协议、使用 DHCP 协议。

（3）IPV6INIT=yes 代表启用 IPv6 协议。

（4）NAME=ens33 代表网络设备名为 ens33。

（5）UUID 代表网络设备的识别码，该码是唯一的。

（6）ONBOOT=yes 代表引导时激活设备。

（7）DEVICE=ens33 代表使用的是物理网卡名称。

（8）IPADDR 代表 IP 地址。

（9）PREFIX 代表子网掩码的位数。

（10）GATEWAY 代表网关，DNS1 代表 DNS 服务器的地址。除此之外，还可以使用 HWADDR 代表网卡的物理地址，即 MAC 地址。

实例：通过 Vim 编辑器修改文件相应的部分，可以完成网络配置。按照如下内容修改网络参数，重启网络服务，并查看网络信息。

```
[root@LinuxServer ~]# cat /etc/sysconfig/network-scripts/ifcfg-ens33
……（部分输出省略）
DEVICE=ens33
ONBOOT=yes
IPADDR=192.168.100.10
PREFIX=24
GATEWAY=192.168.100.100
DNS1=192.168.100.10
[root@LinuxServer ~]# ifdown ens33
成功断开设备 "ens33"。
[root@LinuxServer ~]# ifup ens33
连接已成功激活（D-Bus 活动路径：/org/freedesktop/NetworkManager/ActiveConnection/10）
[root@LinuxServer ~]# ip addr show ens33
2: ens33: <BROADCAST,MULTICAST,UP,LOWER_UP> mtu 1500 qdisc pfifo_fast state UP group default qlen 1000
    link/ether 00:0c:29:b3:54:ab brd ff:ff:ff:ff:ff:ff
    inet 192.168.100.10/24 brd 192.168.100.255 scope global noprefixroute ens33
       valid_lft forever preferred_lft forever
    inet6 fe80::19a3:98c5:8db5:4ae/64 scope link noprefixroute
       valid_lft forever preferred_lft forever
```

说明：“ip addr show ens33”代表显示 ens33 网卡的 IP 地址信息。

1.2.3　虚拟机中 Linux 操作系统的网络配置

在前面的内容中已经详细介绍了 Linux 操作系统下的网络配置，但是在目前的教学环境中，通常在虚拟机中安装 Linux 操作系统，因此需要基于虚拟机配置 Linux 操作系统的网络信息。本节将按步骤介绍虚拟机中 Linux 操作系统的网络配置。

在虚拟机中安装的 CentOS 7 操作系统有三种模式可以实现上网功能，分别为桥接模式、NAT 模式、host-only 模式。由于桥接与 host-only 模式的网络配置过程较复杂且存在一定问题，因此本教材在实践时使用 NAT 模式进行网络设置。

步骤 1：右击物理计算机 Windows 10 操作系统桌面上的“网络”图标，在弹出的快捷菜单中选择“属性”命令，在打开的“网络和共享中心”界面中选择左侧的“更改适配器设置”选项，打开“网络连接”界面，如图 1.45 所示。可以看到除了物理机网络连接，还有两个以“VM”开头的网络连接。

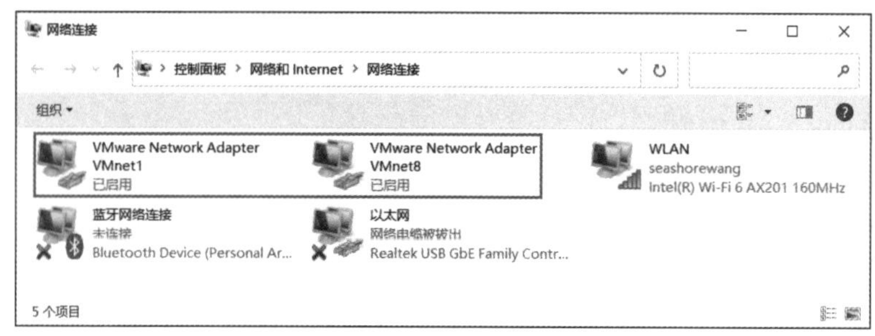

图 1.45　配置物理计算机的网络

说明：VMnet1 采用 host-only 模式配置网络，也就是说，选用 VMnet1 相当于 VMware 提供了一台虚拟交换机，仅将虚拟机与真实系统连接，虚拟机可以与真实系统共享文件，但是虚拟机无法访问外部互联网。而 VMnet8 采用 NAT 模式配置网络，相当于提供了一台虚拟交换机，将虚拟机与真实系统连接，同时这台虚拟交换机又与外部互联网相连，这样虚拟机和真实系统既可以共享，又都可以访问外部互联网，而且虚拟机是借用真实系统的 IP 地址上网的，不会受到 IP-MAC 绑定的限制。

右击“VMware Network Adapter VMnet8”图标，在弹出的快捷菜单中选择“属性”命令，在打开的“VMware Network Adapter VMnet 8 属性”对话框中勾选“Internet 协议版本 4（TCP/IPv4）”复选框，如图 1.46 所示。

双击“Internet 协议版本 4（TCP/IPv4）”选项，在弹出的“Internet 协议版本 4（TCP/IPv4)属性”对话框中选中“使用下面的 IP 地址”单选按钮，设置“IP 地址”为“192.168.150.1”（最后一位为 1~224 内的数字），“子网掩码”为“255.255.255.0”，不用设置 DNS 服务器，如图 1.47 所示，单击“确定”按钮。

图 1.46　VMnet8 属性对话框

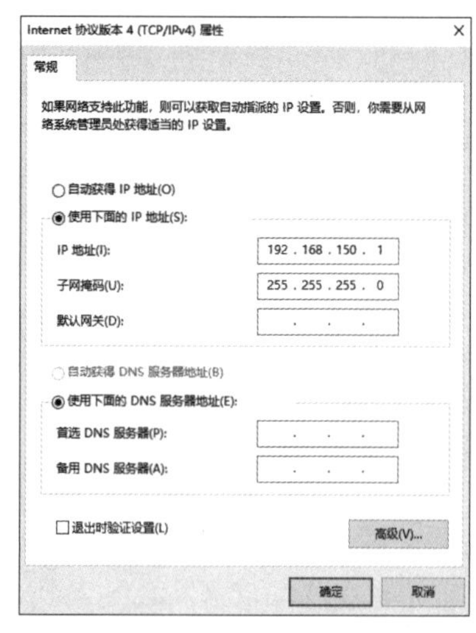

图 1.47　设置 VMnet8 的 IP 地址和子网掩码

步骤 2：打开 VMware 虚拟机，选择“编辑”菜单中的“虚拟网络编辑器”命令，如图 1.48 所示。

在打开的“虚拟网络编辑器”对话框中选择“VMnet8”选项，设置“子网 IP”为“192.168.150.0”，“子网掩码”为“255.255.255.0”，如图 1.49 所示。单击“NAT 设置”按钮，打开“NAT 设置”对话框，如图 1.50 所示。请读者注意，这里的“网关 IP”一般都以“.2”结尾。例如，这里是 192.168.150.2，这个 VMnet8 相当于局域网里的网关。

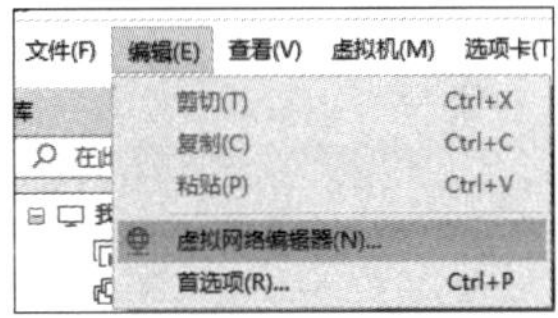

图 1.48　选择“虚拟网络编辑器”命令

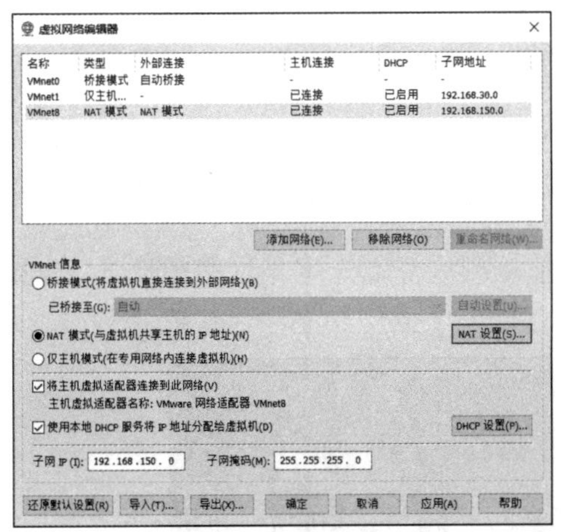

图 1.49　选择“VMnet8”选项

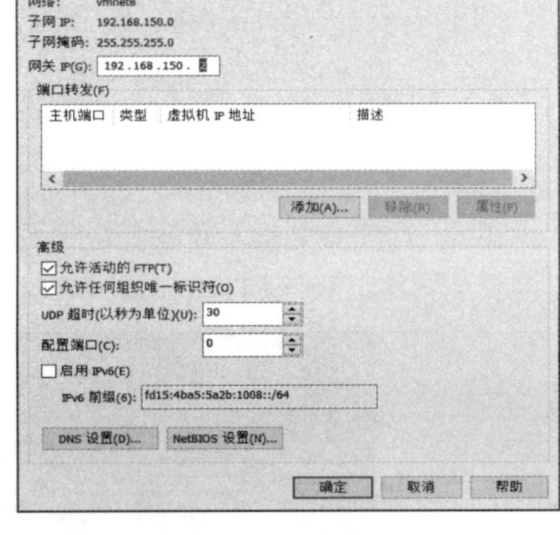

图 1.50　“NAT 设置”对话框

步骤 3：进入 VMware 虚拟机中的 Linux 操作系统，在终端中输入“nm-connection-editor”命令，进入编辑界面，选择设备 ens33，进入以太网设备编辑状态。选择手动将地址设置为与 VMnet8 在同一个网段的 IP 地址，即 192.168.150.X，“子网掩码”为“255.255.255.0”，默认网关就是上面的 VMnet8 的 IP 地址，即 192.168.150.2。如果物理计算机的 Windows 操作系统能够上网，则可以设置“DNS 服务器”为“8.8.8.8”或“8.8.4.4”，如图 1.51 所示，单击“保存”按钮保存网络配置信息。

图 1.51　网络配置

步骤 4： 重启网络服务，并查看网络信息。

```
[root@LinuxServer ~]# ifdown ens33
成功断开设备 "ens33"。
[root@LinuxServer ~]# ifup ens33
连接已成功激活（D-Bus 活动路径：/org/freedesktop/NetworkManager/ActiveConnection/4）
[root@LinuxServer ~]# ip addr show ens33
2: ens33: <BROADCAST,MULTICAST,UP,LOWER_UP> mtu 1500 qdisc pfifo_fast state UP group default qlen 1000
    link/ether 00:0c:29:b3:54:ab brd ff:ff:ff:ff:ff:ff
    inet 192.168.150.10/24 brd 192.168.150.255 scope global noprefixroute ens33
       valid_lft forever preferred_lft forever
    inet6 fe80::19a3:98c5:8db5:4ae/64 scope link noprefixroute
       valid_lft forever preferred_lft forever
```

步骤 5： 打开命令提示符窗口，使用 ping 命令测试某公网 IP 地址的连通性，如果收到回复则表示网络已经连通，测试及返回结果的代码如图 1.52 所示。

```
[root@LinuxServer ~]# ping 220.181.38.149 -c 4
PING 220.181.38.149 (220.181.38.149) 56(84) bytes of data.
64 bytes from 220.181.38.149: icmp_seq=1 ttl=128 time=11.6 ms
64 bytes from 220.181.38.149: icmp_seq=2 ttl=128 time=11.2 ms
64 bytes from 220.181.38.149: icmp_seq=3 ttl=128 time=11.3 ms
64 bytes from 220.181.38.149: icmp_seq=4 ttl=128 time=11.7 ms

--- 220.181.38.149 ping statistics ---
4 packets transmitted, 4 received, 0% packet loss, time 3004ms
rtt min/avg/max/mdev = 11.237/11.459/11.706/0.213 ms
```

图 1.52　测试及返回结果的代码

1.3　YUM 仓库的配置

所谓 Linux 服务器上的各类服务，就是在具备网络功能的 Linux 计算机中安装具有对应功能的软件，并进行相应设置，使之能够承担某种特定网络服务的功能，即某项特定的网络服务器，如 FTP 服务器、Web 服务器、邮件服务器等。为了便于服务软件的安装，本节将详细介绍 YUM 仓库的配置与操作基础。

1.3.1　YUM 仓库的本地配置

YUM 仓库的配置非常简单，下面详细介绍基于 VMware Workstation 15.5 环境的 CentOS 7 操作系统，配置本地 YUM 仓库的过程。

步骤 1： 装入 CentOS 7 操作系统安装光盘，设置虚拟光驱。单击“编辑虚拟机设置”文字链接，打开如图 1.53 所示的“虚拟机设置”对话框。

步骤 2： 选择“CD/DVD（IDE）”选项，选中“使用 ISO 映像文件”单选按钮，并找到 ISO 映像文件所在位置，装入光盘，如图 1.54 所示。

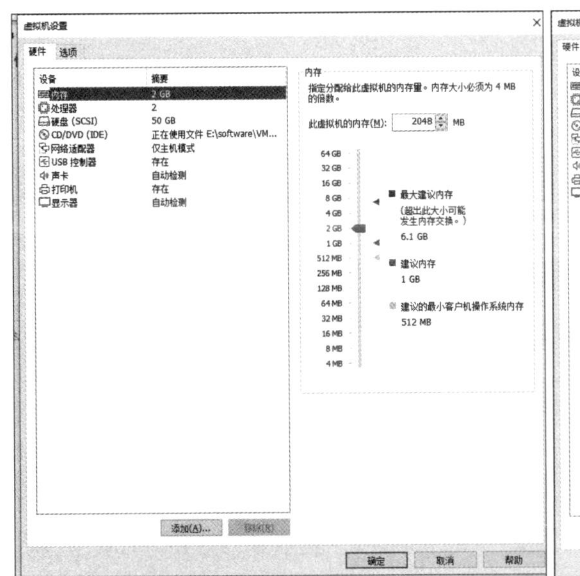

图 1.53　“虚拟机设置”对话框

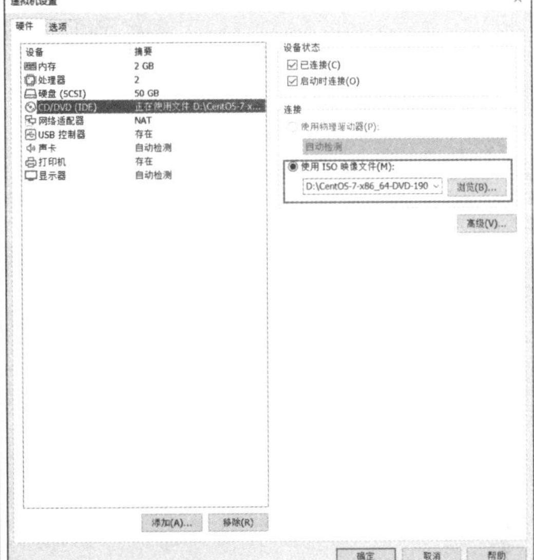

图 1.54　装入光盘

步骤 3： 将光盘挂载到/mnt/iso 目录下。

```
[root@LinuxServer ~]# mkdir /mnt/iso
[root@LinuxServer ~]# mount /dev/sr0 /mnt/iso/
mount: /dev/sr0 写保护，将以只读方式挂载
[root@LinuxServer ~]# df -h
文件系统                 容量    已用    可用    已用%   挂载点
/dev/mapper/centos-root  10G     3.7G    6.4G    37%     /
devtmpfs                 894M    0       894M    0%      /dev
tmpfs                    910M    0       910M    0%      /dev/shm
tmpfs                    910M    11M     900M    2%      /run
tmpfs                    910M    0       910M    0%      /sys/fs/cgroup
/dev/sda1                497M    172M    326M    35%     /boot
tmpfs                    182M    4.0K    182M    1%      /run/user/42
tmpfs                    182M    24K     182M    1%      /run/user/0
/dev/sr0                 4.3G    4.3G    0       100%    /mnt/iso
```

步骤 4： 删除/etc/yum.repos.d 目录下的所有文件。

```
[root@LinuxServer ~]# rm -rf /etc/yum.repos.d/*
```

说明： 为避免后缀名为“.repo”的配置文件之间的影响，这里删除了该目录下的所有后缀名为“.repo”的配置文件。对初学者来说，安装文件夹中提供了编写后缀名为“.repo”的配置文件的模板，可以先按照模板编写所需的后缀名为“.repo”的配置文件，再删除其他文件。

步骤 5： 在/etc/yum.repos.d 目录下创建后缀名为“.repo”的配置文件，并在该配置文件中编辑如图 1.55 所示的内容。

```
[root@LinuxServer ~]# touch /etc/yum.repos.d/local.repo
[root@LinuxServer ~]# ls /etc/yum.repos.d/
local.repo
[root@LinuxServer ~]# vim /etc/yum.repos.d/local.repo
```

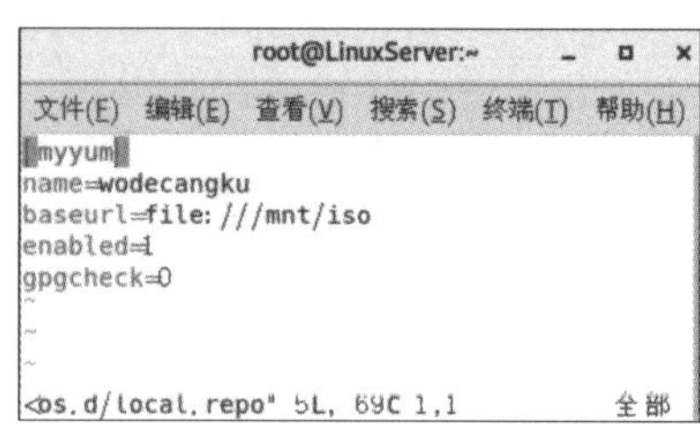

图 1.55　配置文件的内容

说明 1： YUM 仓库的配置文件必须保存到/etc/yum.repos.d 目录下。

说明 2： 文件名可以自定义，但后缀名必须为“.repo”，其中，“[ ]”是仓库名字，可以自行配置；“name= wodecangku”是对仓库的描述，可以选择性使用，名称可以自定义；“baseurl=file:///mnt/iso”表示在 baseurl 操作时可以指向本地、FTP 和互联网，配置分别是“file://”、“ftp://”和“http://”，在 Linux 操作系统中一切以根目录开始的目录必须加“/”，因此是“file:///mnt/iso”，即光盘所挂载到的目录；“enabled=1”表示是否启用 YUM 仓库，其中 1 表示启用，0 表示不启用；“gpgcheck=0”表示是否检查软件的 KEY，其中 0 表示不检查。

步骤 6：测试。

```
[root@LinuxServer ~]# yum -y install vsftpd
已加载插件：fastestmirror, langpacks
Loading mirror speeds from cached hostfile
正在解决依赖关系
--> 正在检查事务
---> 软件包 vsftpd.x86_64.0.3.0.2-25.el7 将被安装
--> 解决依赖关系完成
依赖关系解决
=====================================================================
 Package     架构         版本              源              大小
=====================================================================
正在安装:
 vsftpd     x86_64    3.0.2-25.el7      myyum            171 k
事务概要
=====================================================================
安装  1 软件包
总下载量：171 k
安装大小：353 k
Downloading packages:
Running transaction check
Running transaction test
Transaction test succeeded
Running transaction
  正在安装        : vsftpd-3.0.2-25.el7.x86_64                 1/1
  验证中          : vsftpd-3.0.2-25.el7.x86_64                 1/1
```

```
已安装:
  vsftpd.x86_64 0:3.0.2-25.el7
完毕!
```

说明：软件包从 YUM 仓库中获取。

1.3.2　YUM 仓库的网络配置

除了通过本地配置 YUM 仓库，还可以通过网络配置 YUM 仓库。通过网络配置 YUM 仓库是互联网中最常用的软件包管理方式。配置步骤如下。

步骤 1：下载新的 CentOS-Base.repo 文件到/etc/yum.repos.d 目录下。

```
[root@LinuxServer ~]# wget -O /etc/yum.repos.d/CentOS-Base.repo https://mirrors.aliyun. com/repo/Centos-7.repo
--2022-04-12 10:36:43-- https://mirrors.aliyun.com/repo/Centos-7.repo
正在解析主机 mirrors.aliyun.com (mirrors.aliyun.com)... 106.117.213.86, 27.128.214.219, 27.128.214.220, ...
正在连接 mirrors.aliyun.com (mirrors.aliyun.com)|106.117.213.86|:443... 已连接。
已发出 HTTP 请求，正在等待回应... 200 OK
长度：2523 (2.5K) [application/octet-stream]
正在保存至："/etc/yum.repos.d/CentOS-Base.repo"
2022-04-12 10:36:44 (296 KB/s) - 已保存 "/etc/yum.repos.d/CentOS-Base.repo" [2523/2523]
```

说明：wget 是 Linux 操作系统中的一个下载文件的工具，用于开发开放源代码。

步骤 2：运行“yum makecache”命令来生成元数据缓存。

```
[root@ LinuxServer ~]# yum makecache
已加载插件：fastestmirror, langpacks
Loading mirror speeds from cached hostfile
 * base: mirrors.aliyun.com
 * extras: mirrors.aliyun.com
 * updates: mirrors.aliyun.com
base                                                  | 3.6 kB     00:00
extras                                                | 2.9 kB     00:00
updates                                               | 2.9 kB     00:00
元数据缓存已生成
```

步骤 3：测试。

```
[root@ LinuxServer ~]# yum repolist
已加载插件：fastestmirror, langpacks
Loading mirror speeds from cached hostfile
 * base: mirrors.aliyun.com
 * extras: mirrors.aliyun.com
 * updates: mirrors.aliyun.com
源标识                  源名称                                      状态
base/7/x86_64          CentOS-7 - Base - mirrors.aliyun.com       10,070
extras/7/x86_64        CentOS-7 - Extras - mirrors.aliyun.com        397
updates/7/x86_64       CentOS-7 - Updates - mirrors.aliyun.com       744
repolist: 11,211
```

1.3.3 YUM 仓库操作基础

1. 安装

在 YUM 仓库中，常用的安装命令如下。

- yum install：全部安装。
- yum install package1：安装指定的安装包 package1。
- yum groups install group1：安装程序组 group1。

实例：安装 samba 服务。

```
[root@client ~]# yum -y install samba
已加载插件：fastestmirror, langpacks
Loading mirror speeds from cached hostfile
正在解决依赖关系
--> 正在检查事务
---> 软件包 samba.x86_64.0.4.8.3-4.el7 将被 安装
--> 正在处理依赖关系 samba-libs = 4.8.3-4.el7，它被软件包 samba-4.8.3-4.el7.x86_64 需要
--> 正在处理依赖关系 samba-common-tools = 4.8.3-4.el7，它被软件包 samba-4.8.3-4.el7.x86_64 需要
--> 正在处理依赖关系 libxattr-tdb-samba4.so(SAMBA_4.8.3)(64bit)，它被软件包 samba-4.8.3-4.el7.x86_64 需要
--> 正在处理依赖关系 libxattr-tdb-samba4.so()(64bit)，它被软件包 samba-4.8.3-4.el7.x86_64 需要
--> 正在检查事务
---> 软件包 samba-common-tools.x86_64.0.4.8.3-4.el7 将被 安装
---> 软件包 samba-libs.x86_64.0.4.8.3-4.el7 将被 安装
--> 正在处理依赖关系 libpytalloc-util.so.2(PYTALLOC_UTIL_2.1.9)(64bit)，它被软件包 samba-libs-4.8.3-4.el7.x86_64 需要
--> 正在处理依赖关系 libpytalloc-util.so.2(PYTALLOC_UTIL_2.1.6)(64bit)，它被软件包 samba-libs-4.8.3-4.el7.x86_64 需要
--> 正在处理依赖关系 libpytalloc-util.so.2(PYTALLOC_UTIL_2.0.6)(64bit)，它被软件包 samba-libs-4.8.3-4.el7.x86_64 需要
--> 正在处理依赖关系 libpytalloc-util.so.2()(64bit)，它被软件包 samba-libs-4.8.3-4.el7.x86_64 需要
--> 正在检查事务
---> 软件包 pytalloc.x86_64.0.2.1.13-1.el7 将被 安装
--> 解决依赖关系完成
依赖关系解决
==========================================================================
 Package              架构          版本            源             大小
==========================================================================
正在安装:
 samba               x86_64     4.8.3-4.el7     clientyum       680 k
为依赖而安装:
 pytalloc            x86_64     2.1.13-1.el7    clientyum        17 k
 samba-common-tools  x86_64     4.8.3-4.el7     clientyum       448 k
 samba-libs          x86_64     4.8.3-4.el7     clientyum       276 k
```

```
事务概要
================================================================
安装  1 软件包 (+3 依赖软件包)
总下载量：1.4 M
安装大小：3.7 M
Downloading packages:
(1/4): pytalloc-2.1.13-1.el7.x86_64.rpm               | 17 kB  00:00:00
(2/4): samba-4.8.3-4.el7.x86_64.rpm                   | 680 kB  00:00:00
(3/4): samba-common-tools-4.8.3-4.el7.x86_64.rpm      | 448 kB  00:00:00
(4/4): samba-libs-4.8.3-4.el7.x86_64.rpm              | 276 kB  00:00:00
----------------------------------------------------------------------
总计                                         9.7 MB/s | 1.4 MB  00:00
Running transaction check
Running transaction test
Transaction test succeeded
Running transaction
  正在安装    : pytalloc-2.1.13-1.el7.x86_64                    1/4
  ......
  正在安装    : samba-4.8.3-4.el7.x86_64                        4/4
  验证中      : pytalloc-2.1.13-1.el7.x86_64                    1/4
  ......
  验证中      : samba-libs-4.8.3-4.el7.x86_64                   4/4
已安装:
  samba.x86_64 0:4.8.3-4.el7
作为依赖被安装:
  pytalloc.x86_64 0:2.1.13-1.el7      samba-common-tools.x86_64 0:4.8.3-
4.el7
  samba-libs.x86_64 0:4.8.3-4.el7
完毕!
```

说明：在使用 YUM 仓库安装时，系统会找到所有依赖的软件包，在 YUM 仓库中下载所有软件包并自动安装。

Linux 操作系统对相似或提供相关功能的软件包还有公共的分组，可以使用“yum groups list”命令列出软件仓库中的分组。

2. 更新和升级

在 YUM 仓库中，常用的更新和升级命令如下。

- yum update：全部更新。
- yum update package1：更新指定软件包 package1。
- yum check-update：检查可更新的程序。
- yum upgrade package1：升级指定软件包 package1。

实例：更新 samba 服务。

```
[root@client ~]# yum update samba
已加载插件：fastestmirror, langpacks
Loading mirror speeds from cached hostfile
No packages marked for update
```

说明：由于没有新的安装包，因此无法更新。

3. 查找和显示

在 YUM 仓库中，常用的查找和显示命令如下。

- yum info package1：显示安装包 package1 的信息。
- yum list：显示所有已经安装和可以安装的软件包。
- yum list package1：显示指定软件包 package1 的安装情况。
- yum groups info group1：显示程序组 group1 的信息。
- yum search string：根据“string”关键字查找安装包。

使用“yum list”命令可以显示系统已安装的软件包和仓库中可用的软件包，如表 1.1 所示，其命令格式为“yum list [...]”。

表 1.1　“yum list”命令

子命令	说明
yum list [all | package1] [package2] [...]	显示所有已安装和仓库中可用的软件包
yum list available [package 1] [...]	显示仓库中所有可用的软件包
yum list updates [package 1] [...]	显示仓库中比系统已安装软件包新的软件包
yum list installed [package1] [...]	显示已安装的软件包
yum list recent	显示新加入仓库的软件包

实例：列出所有符合条件的软件包。

```
[root@client ~]# yum list samba
已加载插件：fastestmirror, langpacks
Loading mirror speeds from cached hostfile
已安装的软件包
samba.x86_64              4.8.3-4.el7                          @clientyum
```

4. 删除

在 YUM 仓库中，常用的删除命令如下。

- yum remove package1：删除软件包 package1。
- yum groups remove group1：删除程序组 group1。
- yum deplist package1：查看软件包 package1 的依赖情况。

实例：删除 samba 服务。

```
[root@client ~]# yum remove samba
已加载插件：fastestmirror, langpacks
正在解决依赖关系
--> 正在检查事务
---> 软件包 samba.x86_64.0.4.8.3-4.el7 将被 删除
--> 解决依赖关系完成
依赖关系解决
==========================================================================
 Package     架构          版本                源                   大小
==========================================================================
正在删除：
```

```
 samba      x86_64      4.8.3-4.el7      @clientyum      1.9 M
事务概要
================================================================================
移除  1 软件包
安装大小：1.9 M
是否继续？[y/N]：y
Downloading packages:
Running transaction check
Running transaction test
Transaction test succeeded
Running transaction
  正在删除     : samba-4.8.3-4.el7.x86_64                                1/1
  验证中       : samba-4.8.3-4.el7.x86_64                                1/1
  删除         :
  samba.x86_64 0:4.8.3-4.el7
完毕！
```

5. 清除缓存

在 YUM 仓库中，常用的清除缓存命令如下。

- yum clean packages：清除缓存目录下的软件包。
- yum clean headers：清除 YUM 包管理器缓存中的头文件，删除所有已下载的包头文件。
- yum clean all：清除所有缓存。

实例：清除缓存。

```
[root@client ~]# yum clean all
已加载插件：fastestmirror, langpacks
正在清理软件源： clientyum
Cleaning up list of fastest mirrors
Other repos take up 160 M of disk space (use --verbose for details)
```

1.4 小结

本章详细介绍了搭建 Linux 服务器之前的基本准备和基础知识，主要包括虚拟环境的安装与配置、网络配置和 YUM 仓库的配置。其中，虚拟环境的安装与配置中包含了虚拟机的安装与创建、CentOS 7 操作系统的下载与安装；网络配置中包括使用图形界面和配置文件两种方法，并重点介绍了虚拟机中 Linux 操作系统的网络配置；YUM 仓库的配置中介绍了 YUM 仓库的本地配置和网络配置两种方法，以及 YUM 仓库操作基础部分，涉及 YUM 仓库中的安装、更新和升级、查找和显示、删除及清除缓存命令。

1.5 课堂思政

本章在介绍 VMware Workstation 15.5 的安装过程中，强调了要到官网或通过其他形式购买正版软件，引导读者自觉保护知识产权。

知识产权是基于创造成果和工商标记依法产生的权利的统称。最主要的三种知识产权是著作权、专利权和商标权。保护知识产权，有利于调动人们从事科技研究和文艺创作的积极性。知识产权保护制度致力于保护权利人在科技和文化领域的智力成果，只有对权利人的智力成果及其合法权利给予及时、全面的保护，才能调动人们的创造主动性，促进社会资源的优化配置。

2021 年 9 月，中共中央、国务院印发了《知识产权强国建设纲要（2021－2035 年）》，提出实施知识产权强国战略，回应新技术、新经济、新形势对知识产权制度变革提出的挑战，加快推进知识产权改革发展，协调好政府与市场、国内与国际，以及知识产权数量与质量、需求与供给的联动关系，全面提升我国知识产权综合实力，大力激发全社会创新活力，建设中国特色、世界水平的知识产权强国，对于提升国家核心竞争力，扩大高水平对外开放，实现更高质量、更有效率、更加公平、更可持续、更为安全的发展，满足人民日益增长的美好生活需要，具有重要意义。

实训 1　基础环境配置

一、实训目的

- 掌握安装虚拟机和 CentOS 7 操作系统的基本操作步骤。
- 掌握 Linux 操作系统中网络配置的方法。
- 掌握 Linux 操作系统中 YUM 仓库配置与操作的方法。

二、项目背景

计算机专业的大学生小 A 已经大二了。在大一的学习中，小 A 掌握了 Linux 操作系统的基础知识，现在小 A 已经做好了学习 Linux 服务器相关知识的心理准备，现在小 A 需要搭建学习 Linux 服务器的基础环境，主要包括安装 Linux 操作系统，连通 Linux 网络，搭建 YUM 仓库等。

三、实训内容

主要实训内容包括：虚拟机的原理与常用虚拟机软件的应用；VMware Workstation 15.5 的安装与配置；基于 VMware Workstation 15.5 创建虚拟机；基于创建的虚拟机安装 CentOS 7 操作系统；配置新安装的 CentOS 7 操作系统的网络，使其具备作为服务器的基本网络功能；搭建 YUM 仓库并进行测试。

四、实训步骤

任务 1：安装虚拟机和 CentOS 7 操作系统

1．安装 VMware Workstation 15.5。

2．安装 CentOS 7 操作系统。

任务 2：配置网络

1．使用图形界面配置 Linux 操作系统的 IP 地址、子网掩码、默认网关、DNS 服务器。

2．使用配置文件配置 Linux 操作系统的 IP 地址、子网掩码、默认网关、DNS 服务器。

3．配置虚拟机，实现将其作为网络服务器使用的基本网络环境。

任务 3：配置 YUM 仓库

1．配置 YUM 本地仓库并测试。

2．配置 YUM 网络仓库并测试。

02 第2章 Linux 服务器安全基础

未来广告公司在服务器管理的过程中发现，Linux 服务器的应用都是基于网络服务的，无论是面向局域网还是互联网，公开服务都面临着一定的安全风险。开放性和安全性就像是一架天平的两端，Linux 操作系统运维工程师需要在开放性和安全性之间找到一个平衡点。Linux 操作系统安全既不能完全开放不设防，也不能过度安全而影响服务的正常运行。既然开放是必须的，那么就需要通过制定安全策略、使用安全技术等手段来保障服务器的安全。Linux 操作系统安全的知识与技术很多，本教材以够用、实用为出发点，选择 Linux 操作系统的安全策略、SELinux 的配置与管理、firewalld 和 iptables 的原理与应用进行讲解。

2.1 Linux 操作系统的安全策略

不同的组织和个人对于信息安全的理解不尽相同，但得到普遍认可的是信息安全一定要保证信息的机密性、完整性及可用性。对 Linux 操作系统而言，只有系统本身安全，才能保障系统上架构的服务和信息的安全。而 Linux 操作系统是非常复杂且庞大的，根据信息安全的木桶原理，无论有多少防护措施，系统的整体安全水平取决于防护最薄弱的部分。因此，作为 Linux 操作系统管理员，一定要从整体出发，全面、系统地制定安全策略，才能有效地保障 Linux 操作系统的安全。

2.1.1 构建安全的文件系统

Linux 操作系统的典型特点是“一切皆文件”，为了提高 Linux 操作系统的安全性，可以从文件系统的层次进行设置，从而提高文件系统的安全性。主要包括以下几方面。

（1）Linux 操作系统中的文件类型有普通文件、目录（文件夹）、设备文件（大部分在 /dev 目录下）、软链接文件、套接字及管道文件等，不同文件的关注点也不相同。例如，普通文本文件关注读写权限；二进制可执行文件关注 SUID 权限；目录文件关注 SGID 和 Sticky 权限。除了常规的读写执行权限，还可以使用“chattr”命令将关键文件设置为“不可修改和删除”。inode 文件包含了 Linux 操作系统文件的详细信息，记录了文件的元数据（metadata），可以使用“stat”命令查看文件的 inode 信息。

（2）如果文件系统是 Ext4，则可以设置 Ext 4 文件系统的“只添加”和“不可变”两种文件属性，这两种属性可以在一定程度上提高系统的安全级别。

（3）在 CentOS 7 操作系统中，默认的文件系统类型为“xfs”，“xfs”是一种高性能日志文件系统，可以防止意外宕机造成的损坏，最高可以支持 18EB 的文件。

（4）加密文件系统 EFS，使用 dm-crypt 系统来创建加密文件系统的方法。dm-crypt 系统有着无可比拟的优越性，它的运行速度更快、易用性更强、适用范围更广，能够运行在各种块设备上，即使这些块设备设置了 RAID 和 LVM 也可以正常运行。

2.1.2　构建安全日志服务

Linux 操作系统的很多操作（如系统的启动与停止、各种服务的配置与启停等）都会写入系统的日志。大部分服务器系统的日志都存储在本地计算机中，一般存储在本地计算机的/var/log 目录下。对普通的 Linux 操作系统来说，这种方法不存在问题，但是如果将这种方法应用于服务器，则存在一定的安全隐患。这是由于黑客为了让系统管理者无法判断入侵者的来源及所做的各项破坏操作，他一般会在入侵计算机后立即删除或修改相应的日志文件。因此，一般在比较大型的 Linux 网络服务器应用中会专门配置一台网络日志服务器，以实现对系统日志的统一远程管理，即使黑客获取了超级用户的权限，也很难破坏日志。

2.1.3　做好系统的备份

在 Linux 操作系统安装完成后，或者在 Linux 操作系统中安装并配置某项服务后，应该及时对整个 Linux 操作系统进行备份（目前的 ghost 版本，都支持 Linux 操作系统中各种分区格式的备份）。当系统被入侵或出现问题时，可以根据备份对系统的完整性进行验证，从而及时发现系统存在的问题。当系统出现重大问题时，还可以使用相应软件对系统进行恢复。对大型的 Linux 网络服务器进行整个系统的备份似乎不太现实，但是我们可以对 Linux 服务器中的重要数据进行日常备份。例如，备份 Linux 操作系统的大管家“/etc”目录，在该目录中几乎放置了 Linux 操作系统的大部分配置文件，如与系统登录相关的 passwd、shadow、group 等重要文件。因此，经常备份重要文件的目录是一个好习惯。

2.1.4　配置 SELinux

SELinux（Security-Enhanced Linux）是 Linux 2.6 版本的内核中提供的强制访问控制（Mandatory Access Control，MAC）系统。对目前可用的 Linux 安全模块来说，SELinux 是功能最全面、测试最充分的系统，它是在 MAC 研究的基础上建立的。SELinux 在类型强制服务器中合并了多级安全性或一种可选的多类策略，并采用了基于角色的访问控制概念。SELinux 是一种基于域-类型（domain-type）模型的 MAC 安全系统，它由美国国家安全局（National Security Agency，NSA）编写，并设计将内核模块包含在 Linux 内核中，相应的某些与安全相关的应用也被打上了 SELinux 的补丁，最后还有一个相应的安全策略。因此，合理地配置 SELinux 可以有效提高系统的安全级别。

2.1.5　配置防火墙

防火墙能够在两个或两个以上的网络之间建立访问规则，即网络隔离。被隔离的网络可以通过包传送技术进行通信，通过防火墙的安全机制，可以决定哪些数据可以通过，哪些数据需要组织，进而达到提高系统安全的目的。

配置防火墙

CentOS 7 操作系统中默认采用的防火墙是 firewalld，同时兼容 iptables。这两者都属于包过滤防火墙，无论采用的是哪种防火墙，其底层依赖的仍是 Netfilter 这个 Linux 内核子系统。使用防火墙，可以对进出系统的数据包进行过滤、网络地址转换（Network Address Translation，NAT）及地址伪装等。

防火墙在进行数据包过滤决定时，需要检查一组设置好的规则，按照规则设定的动作执行放行或拒绝操作，这些规则存储在专用的数据包过滤表中，而这些表集成在 Linux 内核中。在数据包过滤表中，规则被分组存储在链（chain）中。而 Netfilter/iptables IP 数据包过滤系统是一款功能强大的工具，可用于添加、编辑和移除规则。因此，合理、有效地设置防火墙，将在一定程度上提高系统的安全性。

2.2 SELinux 的配置与管理

认识 SELinux

SELinux 是由 NSA 在 Linux 社区的帮助下共同开发的一种 MAC 系统，在 2.6 及以上版本的内核中都集成了 SELinux 模块。在 MAC 的限制下，进程只能访问任务中所需要的资源。SELinux 被称为安全增强的 Linux。SELinux 允许管理员使用策略（policy）和规则（rule）对主体（subject）进行限制，从而规范访问对象（object）的行为。SELinux 通过安全上下文（context）实现访问控制，安全上下文分为进程安全上下文（domain）和文件安全上下文，进程安全上下文和文件安全上下文是一对多的关系，只有两者的安全上下文匹配，才允许进程访问文件资源。而两者的对应关系就是由策略中的规则决定的。

SELinux 比较难理解，下面以游客游览景点为例来说明 SELinux 中各个相关概念的关系。如果游客（主体）去游览某个著名景点（对象），该景点内有 10 个场馆，每个场馆都需要单独买票（文件安全上下文），游客买了 1 张通票（进程安全上下文），其中包含了 7 个场馆的游览权限（策略），则游客只能游览通票上规定的这 7 个场馆（规则），如果游客想游览通票上没有规定的其他 3 个场馆，就会被禁止。

2.2.1 查看 SELinux

使用“ps -Z”命令可以查看进程的域，使用“ls -Z”命令可以查看文件的安全上下文。

实例 1：查看文件的安全上下文。

```
[root@linuxserver ~]# ls -Z /
lrwxrwxrwx. root  root  system_u:object_r:bin_t:s0        bin -> usr/bin
dr-xr-xr-x. root  root  system_u:object_r:boot_t:s0       boot
drwxr-xr-x. root  root  system_u:object_r:device_t:s0     dev
drwxr-xr-x. root  root  system_u:object_r:etc_t:s0        etc
drwxr-xr-x. root  root  system_u:object_r:home_root_t:s0  home
......
```

说明：在上述查看结果中，第三列加粗显示的部分就是 SELinux 的安全上下文，通常分为四段：第一段是 system_u，表示用户；第二段是 object_r，表示角色；第三段表示类型，如果类型匹配，则可以允许进程访问文件；第四段的 s0 只有在 SELinux 策略类型为 MLS 时才有效，默认系统的 SELinux 策略类型为“targeted”。

- system_u 表示该文件是由系统进程或服务创建的，如果是用户（包括 root 用户）创建的文件，则为 unconfined_u，通过用户确认身份类型，一般与角色搭配使用。
- object_r 一般表示文件目录的角色，system_r 一般表示系统进程的角色。在 targeted 策略环境中，用户的角色一般为 system_r。用户的角色类似用户组，不同的角色具有不同的权限，一个用户可以具备多个角色，但是同一时间只能使用一个角色。在 targeted 策略环境中，角色没有实质作用，所有进程文件的角色都是 system_r。
- bin_t、boot_t 表示类型，文件和进程分别有对应的类型，SELinux 依据类型的相关组合来限制存取权限。

实例 2：查看进程中的 SELinux 安全域。

```
[root@linuxserver ~]# ps -ef -Z
…………
LABEL                          UID  PID PPID C STIME TTY  TIME     CMD
system_u:system_r:kernel_t:s0  root  2    0  0 11:04 ?  00:00:00 [kthreadd]
system_u:system_r:kernel_t:s0  root  3    2  0 11:04 ?  00:00:00 [kworker/0:0]
system_u:system_r:kernel_t:s0  root  4    2  0 11:04 ?  00:00:00 [kworker/0:0H]
system_u:system_r:kernel_t:s0  root  6    2  0 11:04 ?  00:00:00 [ksoftirqd/0]
system_u:system_r:kernel_t:s0  root  7    2  0 11:04 ?  00:00:00 [migration/0]
system_u:system_r:kernel_t:s0  root  8    2  0 11:04 ?  00:00:00 [rcu_bh]
……
```

说明：上述查看结果中 LABEL 列的内容就是 SELinux 安全域，该列的内容中使用三个冒号分为四部分：system_u 表示用户（user）；system_r 表示角色（role）；kernel_t 表示 SELinux 默认预设规则、类型（type）；s0 表示多层安全（Multi-Level Security，MLS）和多策略安全（Multi-Category Security，MCS）的相关内容，这里不关注。

2.2.2　SELinux 策略

SELinux 策略

SELinux 策略分别为目标策略和多层安全策略。目标策略是指对 Apache、Postfix、bind 等分布式网络服务进行保护的安全策略，其安全上下文对应的类型字段即 unconfined_t，该策略的可导入性高、可用性好，但不能对服务整体进行保护；而多层安全策略是另一种强制访问控制策略，特别适合对政府机密数据的访问控制，SELinux 为 MLS 提供了可选的支持，即使默认的 SELinux 安全机制使用的是基础访问控制方式，也可以提供额外的多层安全策略风格的强制访问控制。

在操作系统中的所有文件都可以被称为资源，操作系统的运营就是调度这些设备、管理这些文件。而在 SELinux 中通过上下文来限制资源，通过域来限制进程。SELinux 是一种基于域-类型模型的 MAC 安全系统，进程等主体会被划分到一个 SELinux 域中，从而确保服务程序不会越权访问资源。

SELinux 通过定义策略来控制哪些域能访问哪些上下文；SELinux 有很多预置策略，通常不需要自定义策略（除非需要对自定义服务、程序进行保护）；RedHat 使用预置的目标策略。

目标策略只有目标进程受到 SELinux 的限制，其他进程在非限制模式下才能运行，目标策略只影响网络应用程序。在 RHEL 中，受限的网络服务有 200 个左右，常见的有 dhcpd、httpd、mysqld、named、ntpd（时间伺服服务器）、squid（代理服务器）、rpcbind、syslogd 等。

SELinux 策略要点如下。

（1）SELinux 是一个内核级的安全机制，在 2.6 版本的 Linux 内核中都默认集成了 SELinux。

（2）可以通过配置来临时或永久性地开启或关闭 SELinux。

（3）SELinux 对主体访问客体的权限和自由进行了限制，遵循最小权限原则。

（4）SELinux 通过预设安全上下文中的规则来实现访问控制功能。

2.2.3　SELinux 模式

SELinux 配置文件为/etc/selinux/config，该文件的软链接为/etc/sysconfig/selinux。

```
[root@linuxserver ~]# ls /etc/selinux/config -l
-rw-r--r--. 1 root root 543 4月  18 09:13 /etc/selinux/config
[root@linuxserver ~]# ls /etc/sysconfig/selinux -l
lrwxrwxrwx. 1 root root 17 1月  22 2021 /etc/sysconfig/selinux -> ../selinux/config
```

该文件内容如下。

```
[root@linuxserver ~]# cat -nb /etc/selinux/config

     1  # This file controls the state of SELinux on the system.
     2  # SELINUX= can take one of these three values:
     3  #     enforcing - SELinux security policy is enforced.
     4  #     permissive - SELinux prints warnings instead of enforcing.
     5  #     disabled - No SELinux policy is loaded.
     6  SELINUX=enforcing
     7  # SELINUXTYPE= can take one of three values:
     8  #     targeted - Targeted processes are protected,
     9  #     minimum - Modification of targeted policy. Only selected processes are protected.
    10  #     mls - Multi Level Security protection.
    11  SELINUXTYPE=targeted
```

说明：在上述查看结果中，第 6 行中的“SELINUX=enforcing”表示目前系统执行的是强制策略；第 11 行中的“SELINUXTYPE=targeted”表示系统目前采用的 SELinux 策略类型为 targeted，只有设置的目标进程会被保护。

SELinux 有以下三种工作模式。

（1）强制模式（Enforcing）：只要违反策略的行动都会被禁止，并作为内核信息记录。

（2）允许模式（Permissive）：虽然违反策略的行动不会被禁止，但会显示警告信息。

SELinux 配置命令

（3）禁用模式（Disabled）：禁用 SELinux，即不使用 SELinux。

在通常情况下，由于 SELinux 的复杂性，很多工程师在理解不深刻的情况下，会关闭 SELinux 以避免出现各种服务无法访问的问题，但是在生产过程中并不建议这样做，因为这样可能带来额外的安全风险。目前，在很多操作系统为 Linux 的云主机上，SELinux 也是关闭的。云主机通过云服务提供商各自的云安全功能和助手来实现系统的保护功能。

SELinux 策略类型有以下三种。

（1）targeted：主要保护系统进程和服务进程，服务进程只能在自己所处的域中运行，在未授权的情况下，服务进程无法访问域外的资源。

（2）minimum：该策略是修改后的 targeted 策略，主要用于性能较低的计算机。在该策略下可以选择需要保护的进程，从而降低系统消耗。

（3）mls：该策略为多层安全保护，采用最严格的保护策略，所有进程都会被限制。

实例 1：在 Linux 操作系统中，通过命令查看当前 SELinux 模式。

```
[root@linuxserver ~]# getenforce
Enforcing
```

说明：由上述查看结果可知，当前系统默认处在 Enforcing 模式下。

实例 2：在 Linux 操作系统中，通过命令临时改变 SELinux 模式。

```
[root@linuxserver ~]# setenforce 0
[root@linuxserver ~]# getenforce
Permissive
```

说明：“setenforce [0/1]”命令用来在当前 Linux 操作系统中临时修改 SELinux 模式，其中 Enforcing 模式对应的值为 1，Permissive 模式对应的值为 0，值得注意的是，这种修改方式只在当前的环境变量中有效。当系统重启后，SELinux 模式仍然为“Enforcing”，因为“setenforce [0/1]”这种修改方式只是临时性的，没有写入配置文件。如果需要设置永久生效，则可以编辑/etc/selinux/config 文件，将 SELinux 模式改为“Permissive”，重启系统后即可生效。

2.2.4　SELinux 应用实例

SELinux 应用实例

实例：使用 Web 服务器测试 SELinux 对系统服务的影响，Web 服务器的详细配置将在后续章节中讲解，下面使用以下脚本文件来搭建 Web 服务器进行测试。

步骤 1：执行如下脚本文件来搭建 Web 服务器。

```
[root@linuxserver ~]# vim createWeb.sh
#!/bin/bash
#Start a WebService for SELinux test.

yum install httpd -y
mkdir -p /usr/www/html
sed -i 's/DocumentRoot "\/var\/www\/html"/DocumentRoot "\/usr\/www\/html"/'
/etc/httpd/conf/httpd.conf
```

```
cat << EOF > /etc/httpd/conf.d/testselinux.conf
<Directory "/usr/www/html">
   Options Indexes FollowSymLinks
   AllowOverride None
   Require all granted
</Directory>
EOF
echo "This is a webservice!" > /usr/www/html/index.html
systemctl restart httpd
firewall-cmd --add-port=80/tcp
[root@linuxserver ~]# chmod a+x createWeb.sh
[root@linuxserver ~]# ./createWeb.sh
已加载插件：fastestmirror, langpacks
Loading mirror speeds from cached hostfile
 * base: mirrors.aliyun.com
 * extras: mirrors.aliyun.com
 * updates: mirrors.aliyun.com
正在解决依赖关系
--> 正在检查事务
---> 软件包 httpd.x86_64.0.2.4.6-97.el7.centos.5 将被安装
--> 解决依赖关系完成
……  //安装过程省略
已安装:
  httpd.x86_64 0:2.4.6-97.el7.centos.5

完毕!
success
```

说明：在本例中，将 Web 服务器的根目录改为了/usr/www/html，该目录的安全上下文是不允许 Web 服务器的进程访问的。

步骤 2：在 SELinux 为 Permissive 模式时测试访问效果。

```
[root@linuxserver ~]# getenforce
Permissive
[root@linuxserver ~]# curl http://192.168.150.100
This is a webservice!
```

说明：当 SELinux 模式为 Permissive 时，即使 Web 服务器根目录的安全上下文不匹配，也不影响对 Web 服务器进程的访问。

步骤 3：在 SELinux 为 Enforcing 模式时测试访问效果。

```
[root@linuxserver ~]# setenforce 1
[root@linuxserver ~]# getenforce
Enforcing
[root@linuxserver ~]# reboot
```

SELinux 限制了服务器的访问请求，在 Windows 客户端浏览器中的访问结果如图 2.1 所示。

图 2.1　SELinux 限制了服务器的访问结果

说明：当 SELinux 模式为 Enforcing 时，如果 Web 服务器根目录的安全上下文与 Web 服务器进程域不匹配，则不允许访问。

步骤 4：修改 Web 服务器根目录的安全上下文后，测试访问效果。

```
[root@linuxserver ~]# yum install policycoreutils* -y
#安装过程省略
……
[root@linuxserver ~]# semanage fcontext -a -t httpd_sys_content_t "/usr/www(/.*)?"
[root@linuxserver ~]# restorecon -Rv /usr/www
restorecon reset /usr/www context unconfined_u:object_r:usr_t:s0->unconfined_u:object_r:httpd_sys_content_t:s0
restorecon reset /usr/www/html context unconfined_u:object_r:usr_t:s0->unconfined_u:object_r:httpd_sys_content_t:s0
restorecon reset /usr/www/html/index.html context unconfined_u:object_r:usr_t:s0->unconfined_u:object_r:httpd_sys_content_t:s0
[root@linuxserver ~]# ls -Z /usr/www/html -d
drwxr-xr-x. root root unconfined_u:object_r:httpd_sys_content_t:s0 /usr/www/html
```

在 Windows 客户端中，使用浏览器访问的结果如图 2.2 所示。

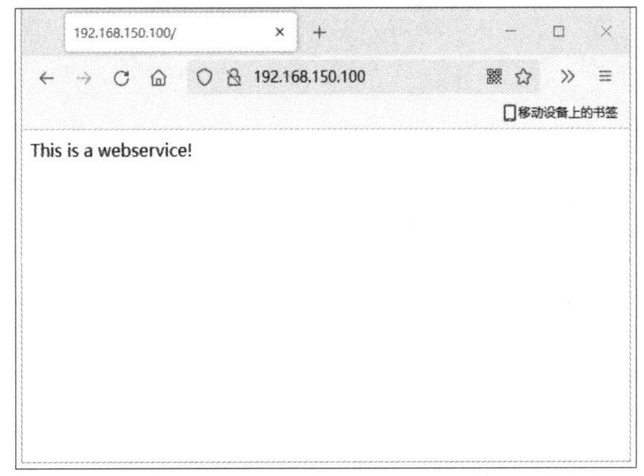

图 2.2　修改安全上下文后的访问结果

说明：当 SELinux 模式为 Enforcing 时，必须修改 Web 服务器根目录的安全上下文，使其与 Web 服务器进程域匹配才可以访问。

2.3 firewalld 的原理与应用

firewalld 配置

在配置网络时，有时并不希望所有的网络终端都能访问我们的计算机，因此可以通过一种技术对网络访问进行限制，这就是防火墙（firewalld）技术。防火墙技术是通过有机结合各类用于安全管理与筛选的软件和硬件设备，帮助计算机网络在其内、外网之间构建一道相对隔绝的保护屏障，以保护用户资料与信息安全的一种技术。

Linux 操作系统为增加系统安全性提供了防火墙保护功能，防火墙的作用是对进出系统的数据包设置准入、准出的限制，正确配置的防火墙可以极大地增加系统的安全性。防火墙作为网络安全措施中的一个重要组成部分，一直受到人们的普遍关注。Linux 操作系统中的防火墙实际上是一种软件防火墙，作为一个内核模块集成在系统内核中。通过安装特定的防火墙内核，Linux 操作系统将接收到的数据包按照一定的策略处理。用户要做的就是使用特定的配置软件（如 firewall-cmd、iptables 等）去定制适合自己的“数据包处理策略”。

2.3.1 firewalld 的基本原理

在 firewalld 官网的介绍中，firewalld 是一种防火墙管理工具，支持动态地定义防火墙网络连接或接口的区域及其安全等级，从而达到对网络进行访问控制的目的。firewalld 同时支持 IPv4 和 IPv6 两种协议，管理员可以随时添加或修改防火墙规则。firewalld 的运行状态规则及永久规则是分离的，也就是说，管理员可以在允许或限制某个网络应用的访问权限时，不重启防火墙。如果想让设置的规则立即且永久地生效，则需要在配置完成后重新加载防火墙规则。firewalld 通过将系统网络接口加入区域（zone）的方式进行管理，系统预定义了若干个区域，每个区域中有若干个预设的规则，可以理解为系统提供了预定义的策略模板。管理员先根据需求将网络接口加入对应的区域，再通过修改该区域中的规则，就可以达到访问控制的目的。

在 firewalld 中预定义了 9 个区域，可以使用如下方法查看。

```
[root@linuxserver ~]# firewall-cmd --get-zones
block dmz drop external home internal public trusted work
```

说明：

（1）block：除了本系统发出的初始化连接，任何其他入栈的连接都会被拒绝。拒绝以显示的方式，通过发送“icmp-host-prohibited”和“icmp6-adm-prohibited”消息来通知被拒绝方。

（2）dmz：即非军事区域，该区域一般放置需要对外公开的服务器，该区域使用有限制的访问权限，只有被选中的入栈连接才有访问权限。

（3）drop：丢弃所有入栈流量并不予回应。

（4）external：即路由器等需要与外网相连的端口。外网是不可信任网络，在该区域的配置中一般需要对内网进行伪装（masquerade）。

（5）home：即内部区域，与该接口相连的网络是可信任网络。

（6）internal：与 home 类似，该区域用于连接内网可信任网络。

（7）public：与 external 类似，该区域用于连接不可信任的公共网络。

（8）trusted：所有入栈流量都会被接收。

（9）work：即工作区域，与 home 和 internal 类似，该区域用于连接可信任网络。

2.3.2 firewalld 的语法

在 CentOS 7 操作系统中，可以使用“Tab”键的辅助功能来查看 firewalld 的配置参数，如图 2.3 所示。

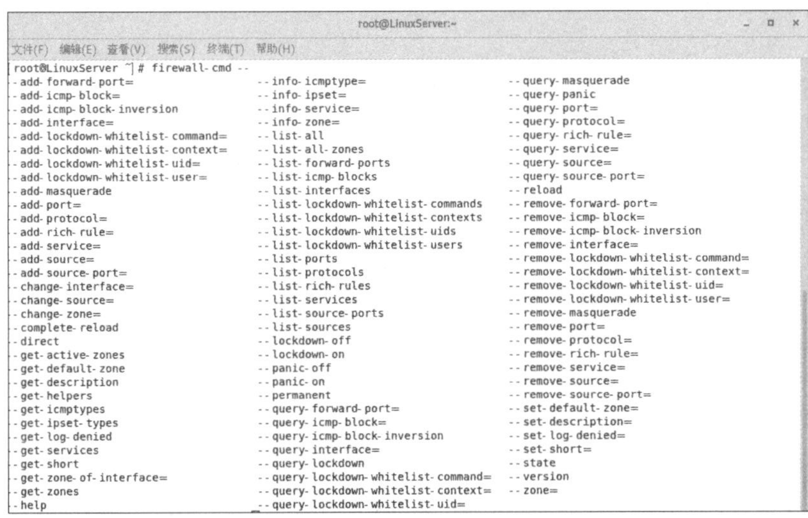

图 2.3 firewalld 的配置参数

firewalld 常用的配置参数及作用如表 2.1 所示。

表 2.1 firewalld 常用的配置参数及作用

参数	作用
--get-zones	显示所有已定义区域
--list-all-zones	显示所有区域及其配置信息
--list-all	显示当前区域的配置信息
--get-default-zone	查看默认区域
--get-services	显示所有支持的服务协议
--set-default-zone	在链内某个位置删除（delete）一条规则
--add-port	添加允许的端口，如“--add-port=80/tcp”，表示允许 HTTP 流量
--add-service	添加允许的服务
--add-rich-rule	添加富规则，该特性将在后面详细说明
--add-interface	在默认区域中添加接口
--remove-port	删除接口
--remove-service	删除服务
--permanent	配置的规则永久性生效，但是当前并不立即生效
--reload	重新加载配置，让永久性规则立刻生效

2.3.3 firewalld 的配置实例

下面通过实例来演示如何查看和配置防火墙区域、配置防火墙允许或拒绝服务。

实例 1： 查看和配置防火墙区域。

```
[root@linuxserver ~]# firewall-cmd --get-default-zone
public
[root@linuxserver ~]# firewall-cmd --list-all
public (active)
  target: default
  icmp-block-inversion: no
  interfaces: ens33
  sources:
  services: dhcpv6-client ftp ssh
  ports:
  protocols:
  masquerade: no
  forward-ports:
  source-ports:
  icmp-blocks:
  rich rules:
```

说明： 通过第一条命令可以看到，当前默认生效区域为 public 区域，该区域的默认动作是“default”，即没有明确允许的入栈流量都会被拒绝。系统的 ens33 接口属于该区域，当前区域允许的服务有 dhcpv6-client、FTP 及 SSH。

如果需要修改系统默认区域，则可以使用下面的配置来实现。

```
[root@linuxserver ~]# firewall-cmd --set-default-zone=work
success
[root@linuxserver ~]# firewall-cmd --get-default-zone
Work
```

实例 2： 配置防火墙允许或拒绝服务。

在 2.2.4 节中，使用脚本文件搭建 HTTP 服务器。在搭建好 HTTP 服务器后，通过修改防火墙规则，可以实现对 HTTP 访问的限制。

步骤 1： 拒绝 HTTP 访问。

```
在服务器端执行：
[root@linuxserver ~]# ./createWeb.sh
……输出省略
[root@linuxserver ~]# setenforce 0
[root@linuxserver ~]# firewall-cmd --remove-port=80/tcp
Success
在客户端测试：
[root@linuxclient1 ~]# curl http://192.168.150.100
curl: (7) Failed connect to 192.168.150.100:80; 没有到主机的路由
```

步骤 2： 永久放行 HTTP 服务。

```
在服务器端执行：
[root@linuxserver ~]# firewall-cmd --add-port=80/tcp --permanent
success
```

```
[root@linuxserver ~]# firewall-cmd --reload
Success
在客户端测试：
[root@linuxclient1 ~]# curl http://192.168.150.100
This is a webservice!
```

说明：通过上面的配置和测试结果，可以看到防火墙规则对 HTTP 服务的影响。

2.3.4　富规则

富规则是 firewalld 的一种特性，此特性允许管理员在不了解 iptables 语法的情况下配置复杂的防火墙规则。

添加富规则的命令如下。

```
firewall-cmd [--zone=<zone>] --add-rich-rule='<rule>' [--timeout=<seconds>]
```

通过上述命令可以为指定区域添加一条富规则，如果没有指定区域，则会将这条富规则添加到默认区域。如果指定了关键字“timeout”，则该富规则会在指定时间内活跃，超时后该富规则会被自动移除。

下面通过实例来演示富规则的配置。

实例：富规则的配置。

```
[root@linuxserver ~]# firewall-cmd --add-rich-rule='rule protocol value="esp" accept'
success
[root@linuxserver ~]# firewall-cmd --add-rich-rule='rule family="ipv4" source address="192.168.150.0/24" service name="tftp" log prefix="tftp" level="info" limit value="1/m" accept'
success
[root@linuxserver ~]# firewall-cmd --add-rich-rule='rule family="ipv4" source address="192.168.150.0/24" accept'
Success
```

说明：

（1）esp 协议是 ipsec 协议族中的一个协议，用于保护数据传输，可以提供数据加密和完整性检查。第一条命令表示允许任何新发起的入栈 esp 协议通过。

（2）第二条命令允许 IPv4 地址为“192.168.150.0/24”的网段发起的 TFTP 请求，并使用 syslog 将每分钟的请求记录在日志中。

（3）第三条命令相当于设置白名单，既允许所有源地址为“192.168.150.0/24”网段的主机访问。

2.4　iptables 的原理与应用

2.4.1　iptables 的基本原理

“墙”通常是建筑上常用的字眼，它一般作为建筑安全的一部分，用于隔离一些本来可能连续的空间。防火墙借用了“墙”的这层含义，用于限制计算机和网络之间的资源访问。iptables 防火墙所在的主机连接了两个或更多网络，用于对网络进行访问控制，以及对某些可能存在的隐患设置限制。

iptables 配置

Linux 一般都作为服务器的操作系统使用，对外提供一些基于网络的服务。通常要对服务器进行一些网络访问控制，类似防火墙的功能。常见的网络访问控制包括：哪些 IP 地址的服务器可以访问服务器，可以使用哪些协议、哪些接口，是否需要对数据进行修改等。例如，服务器可能受到来自某个 IP 地址的攻击，这时就需要禁止所有来自该 IP 地址的服务器的访问。Linux 内核集成了网络访问控制功能，可以通过 Netfilter 模块实现。

Linux 内核通过 Netfilter 模块来实现网络访问控制功能，在用户层可以通过 iptables 对 Netfilter 模块进行控制管理。Netfilter 模块可以对数据进行接收、丢弃、修改等操作。

Netfilter 模块支持通过以下方式对数据包进行分类。

- 源 IP 地址。
- 目标 IP 地址。
- 使用的接口。
- 使用的协议（如 TCP、UDP、ICMP 等）。
- 端口号。
- 连接状态（New、Established、Related、Invalid）。

iptables 是一个管理内核包过滤的工具，可以新增、插入、删除内核包过滤表或链中的规则。在 Linux 内核中，真正用来执行这些过滤规则的是 Netfilter 模块，它是 Linux 内核中一个通用的架构，提供一系列的表（table），每个表由若干条链（chain）组成，每条链中可以有一条或多条规则（rule）。iptables 中包含了 4 个表、5 条链（又被称为“点”，其含义相同）。表和链被称为 Netfilter 模块的两个维度。

表提供特定的功能，iptables 内置了 4 个表，即 filter 表、nat 表、mangle 表和 raw 表，分别用于实现包过滤、网络地址转换、包重构（修改）和数据跟踪处理。这 4 个表的优先级从高到低的顺序为 raw 表、mangle 表、nat 表、filter 表。

- filter 表：用于数据的过滤。
- nat 表：用于数据包的源、目标地址的修改。
- mangle 表：用于数据包的高级修改。
- raw 表：该项优先级最高，但一般不进行设置。设置该项一般是为了不再让 iptables 进行数据包的链接跟踪，由于不常用，因此这里不介绍。

链是数据包传播的路径，每条链其实就是众多规则中的一个检查清单，每条链中可以有一条或数条规则。当一个数据包到达一条链时，iptables 就会从链中的第一条规则开始检测，判断该数据包是否满足规则定义的条件，如果满足，系统就会根据该条规则定义的方法来处理该数据包，否则 iptables 将继续检查下一条规则。如果该数据包不符合链中的任意一条规则，iptables 就会根据该链定义的默认策略来处理该数据包。

iptables 包含了 5 条链，分别代表数据包在网络传输时的 5 种状态，即 PREROUTING、INPUT、FORWARD、OUTPUT、POSTROUTING。

- PREROUTING：路由前。
- INPUT：通过路由表后，流入本机的数据。

- FORWARD：通过路由表后，传输的目的地不是本机，需要转发。
- OUTPUT：由本机流出的数据。
- POSTROUTING：路由后。

iptables 规则是针对表和链的，不是所有链上的所有表都能进行防火墙的设置，不同的表在对应的链上能够进行的操作如下，过滤规则如表 2.2 所示。

- 对 filter 表起作用的 3 条链：INPUT、FORWARD、OUTPUT。
- 对 nat 表起作用的 3 条链：PREROUTING、OUTPUT、POSTROUTING。
- 对 mangle 表起作用的 5 条链：PREROUTING、INPUT、FORWARD、OUTPUT、POSTROUTING。

表 2.2 iptables 在表和链上的过滤规则

Filtering Point（chain）	table		
	filter	nat	mangle
INPUT	√		√
FORWARD	√		√
OUTPUT	√	√	√
PREROUTING		√	√
POSTROUTING		√	√

2.4.2 iptables 的语法

在 CentOS 7 操作系统中默认安装了 iptables 软件包，如果其他版本的系统中没有安装 iptables，则请先阅读本教材第 1 章中的 YUM 操作，再安装 iptables 相应软件包。因为在当前系统中已经安装 iptables，所以可以直接使用 iptables 进行防火墙规则的管理。iptables 工具的详细说明如下。

- **名称**：iptables。
- **使用权限**：root（其他用户需授权）。
- **使用方式**：iptables [-t 表格名称] 指令 条件 [目标|链]。
- **说明**：显示当前登录系统用户的信息，可以轻松地显示登录账号、使用的终端、登录时间、来源 IP 地址等。
- **参数**：iptables 的参数较多，分为指令集（见表 2.3）、目标集（见表 2.4）和条件集（见表 2.5）。

表 2.3 指令集

参数	含义	参数	含义
N	建立一条新的（自定义）链	-X	删除一条空的链
-P	改变一条链的规则	-L	列出一条链中的规则
-F	清除一条链中的所有规则	-A	在一条链的最后新增（append）一条规则，即追加规则
-I	在链内某个位置插入（insert）一条新规则	-R	在链内某个位置替换（replace）一条规则
-D	在链内某个位置删除（delete）一条规则		

表 2.4　目标集

参数	含义	参数	含义
ACCEPT	通过链检验，接受这个数据包	SNAT	改变封包来源地址字段的值
DROP	未通过链检验，立即丢弃这个封包	DNAT	改变封包目标地址字段的值
QUEUE	将封包重导至本机端的队列	MASQUERADE	动态地根据路由修改 Source Socket
RETURN	通过链检验，回到原来的链中	REDIRECT	重导封包至另一个地址或连接端口
TOS	改变封包 TOS 字段的值	TTL	改变封包 TTL 字段的值
REJECT	未通过链检验，丢弃数据包		

表 2.5　条件集

参数	含义	参数	含义
-i　-o	匹配网络接口	--sport	匹配数据包的源端口
-p	匹配所属协议	-d	匹配数据包目的地址
-m state	匹配联机类型	--dport	匹配数据包的目的端口
--tcp-flags --icmp-type	封包类型	INPUT OUTPUT FORWARD	封包在防火墙中的流向
-s	匹配数据包源地址	-j	跳至目标或自定链

使用 iptables 的过程中经常遇到追加规则的情况。可以使用“iptables -A”命令来追加新规则，其中“-A”表示 Append。因此，新的规则将被追加到链尾。一般而言，最后一条规则用于丢弃（DROP）所有数据包。下面对追加新规则进行详细讲解。

1. 语法

```
iptables -A chain firewall-rule
```

说明：“-A chain”用于指定要追加规则的链，“firewall-rule”为具体的规则参数。

2. 规则的基本参数

以下这些规则的基本参数分别用于描述数据包的协议、源地址、目的地址、允许经过的网络接口，以及如何处理这些数据包。

（1）-p 协议（protocol）。

- 用于指定规则的协议，如 TCP、UDP、ICMP 等，可以使用“all”来指定所有协议。
- 如果不指定“-p”参数，则默认为“all”。不建议直接使用“all”，这样存在风险。
- 可以使用协议名（如 TCP）或协议值来指定协议（如 6 代表 TCP）。协议与值的对应关系请查看/etc/protocols 文件。
- 还可以使用“－protocol”参数代替“-p”参数。

实例：查看/etc/protocols 文件中协议与值的对应关系，如图 2.4 所示。

（2）-s 源地址（source）。

- 用于指定数据包的源地址。
- 该参数可以用于指定 IP 地址、网络地址、主机名。
  - 例如，“-s 192.168.150.101”可以用于指定 IP 地址。
  - 例如，“-s 192.168.150.10/24”可以用于指定网络地址。

- 如果不指定“-s”参数，则代表所有地址。
- 还可以使用“-src”或“-source”参数。

```
[root@linuxserver ~]# cat /etc/protocols
# /etc/protocols:
# $Id: protocols,v 1.11 2011/05/03 14:45:40 ovasik Exp $
#
# Internet (IP) protocols
#
#       from: @(#)protocols     5.1 (Berkeley) 4/17/89
#
# Updated for NetBSD based on RFC 1340, Assigned Numbers (July 1992).
# Last IANA update included dated 2011-05-03
#
# See also http://www.iana.org/assignments/protocol-numbers

ip      0       IP              # internet protocol, pseudo protocol number
hopopt  0       HOPOPT          # hop-by-hop options for ipv6
icmp    1       ICMP            # internet control message protocol
igmp    2       IGMP            # internet group management protocol
ggp     3       GGP             # gateway-gateway protocol
ipv4    4       IPv4            # IPv4 encapsulation
st      5       ST              # ST datagram mode
tcp     6       TCP             # transmission control protocol
cbt     7       CBT             # CBT, Tony Ballardie <A.Ballardie@cs.ucl.ac.uk>
egp     8       EGP             # exterior gateway protocol
igp     9       IGP             # any private interior gateway (Cisco: for IGRP)
bbn-rcc 10      BBN-RCC-MON             # BBN RCC Monitoring
nvp     11      NVP-II          # Network Voice Protocol
pup     12      PUP             # PARC universal packet protocol
argus   13      ARGUS           # ARGUS
emcon   14      EMCON           # EMCON
xnet    15      XNET            # Cross Net Debugger
chaos   16      CHAOS           # Chaos
udp     17      UDP             # user datagram protocol
```

图 2.4　协议与值的对应关系

（3）-d 目的地址（destination address）。

- 用于指定目的地址。
- 该参数与“-s”用法相同。
- 还可以使用“-dst”或“-destination”参数。

（4）-j 执行目标（jump to target）。

- 表示跳转到执行动作。
- 用于指定当数据包与规则匹配时如何处理数据包。
- 可能的值是“ACCEPT”“DROP”“QUEUE”“RETURN”。
- 还可以指定其他链作为目标。

（5）-i 输入接口（input interface）。

- 用于指定要处理来自哪个接口的数据包，如果不指定“-i”参数，则处理来自所有接口的数据包。例如，“-i eth0”表示要处理经由 eth0 进入的数据包。
- 这些数据包即将进入 INPUT、FORWARD、PREROUTE 链。
- 如果出现“! -i eth0”，则处理所有经由除 eth0 外的接口进入的数据包。
- 如果出现“-i eth+”，则处理所有经由“eth”开头的接口进入的数据包。

3. 规则扩展参数

在对规则进行基本描述后，还可以指定端口、TCP 标志、ICMP 类型等内容。

（1）-sport 源端口（source port），针对“-p tcp”或“-p udp”。

- 在默认情况下，可以匹配所有端口。
- 用于指定端口号或端口名称，如“-sport 22”与“-sport ssh”。
- /etc/services 文件描述了映射关系。
- 从性能上讲，使用端口号更好。
- 可以使用冒号匹配端口范围，如“-sport 22:100”。

- 还可以使用“-source-port”。

（2）--dport 目的端口（destination port），针对“-p tcp”或“-p udp”。

- 该参数与“-sport”用法相同。
- 还可以使用“-destination-port”。

（3）--tcp-flags TCP 标志，针对“-p tcp”。

- 用于指定由逗号分隔的多个参数。
- 有效值可以是“SYN”“ACK”“FIN”“RST”“URG”“PSH”。
- 还可以使用“ALL”或“NONE”。

2.4.3 iptables 的配置实例

下面通过一些实例来验证 iptables 的应用。由于在 CentOS 7 操作系统中默认使用 firewalld 管理防火墙，所以在进行 iptables 配置时，需要先关闭 firewalld 服务。

实例 1：查看系统内的默认防火墙规则。

```
[root@linuxserver ~]# systemctl stop firewalld
[root@linuxserver ~]# iptables -L
Chain INPUT (policy ACCEPT)
target     prot opt source               destination

Chain FORWARD (policy ACCEPT)
target     prot opt source               destination

Chain OUTPUT (policy ACCEPT)
target     prot opt source               destination
```

说明：当前表中的三条链下没有添加任何规则。需要注意的是，由于未指定表，当前查看的是默认 filter 表中的规则。

实例 2：查看系统内的 nat 表的防火墙规则。

```
[root@linuxserver ~]# iptables -t nat -L
Chain PREROUTING (policy ACCEPT)
target     prot opt source               destination

Chain INPUT (policy ACCEPT)
target     prot opt source               destination

Chain OUTPUT (policy ACCEPT)
target     prot opt source               destination

Chain POSTROUTING (policy ACCEPT)
target     prot opt source               destination
```

说明：使用“-t”参数可以指定要查看和配置的表。

实例 3：添加和删除规则。

```
命令 1：
[root@linuxserver ~]# iptables -A INPUT -p tcp --dport 22 -j ACCEPT
[root@linuxserver ~]# iptables -L
```

```
Chain INPUT (policy ACCEPT)
target     prot opt source               destination
ACCEPT     tcp  --  anywhere             anywhere             tcp dpt:ssh

Chain FORWARD (policy ACCEPT)
target     prot opt source               destination

Chain OUTPUT (policy ACCEPT)
target     prot opt source               destination

命令 2:
[root@linuxserver ~]# iptables -D INPUT 1
[root@linuxserver ~]# iptables -L
Chain INPUT (policy ACCEPT)
target     prot opt source               destination

Chain FORWARD (policy ACCEPT)
target     prot opt source               destination

Chain OUTPUT (policy ACCEPT)
target     prot opt source               destination

命令 3:
[root@linuxserver ~]# iptables-save
# Generated by iptables-save v1.4.21 on Mon Apr 25 11:22:37 2022
*nat
:PREROUTING ACCEPT [2:520]
:INPUT ACCEPT [2:520]
:OUTPUT ACCEPT [5:780]
:POSTROUTING ACCEPT [5:780]
COMMIT
# Completed on Mon Apr 25 11:22:37 2022
# Generated by iptables-save v1.4.21 on Mon Apr 25 11:22:37 2022
*filter
:INPUT ACCEPT [642:146798]
:FORWARD ACCEPT [0:0]
:OUTPUT ACCEPT [116:14396]
COMMIT
# Completed on Mon Apr 25 11:22:37 2022
```

说明：如果没有通过“-t”参数指定表，则表示将规则添加到默认 filter 表中。

命令 1 表示在 INPUT 链中添加规则，允许任何人访问 SSH 服务。

命令 2 表示删除 INPUT 链中的第一条规则。

命令 3 表示保存 iptables 配置。

如果想要清除所有规则，则可以使用“iptables –F”命令。

iptables 的配置文件存放在/etc/sysconfig/iptables-config 目录中，该文件的默认配置如下。

```
[root@linuxserver ~]# cat /etc/sysconfig/iptables-config | grep -E -v -n
```

```
"^$|^#"
    6:IPTABLES_MODULES=""
    12:IPTABLES_SAVE_ON_STOP="no"
    18:IPTABLES_SAVE_ON_RESTART="no"
    25:IPTABLES_SAVE_COUNTER="no"
    30:IPTABLES_STATUS_NUMERIC="yes"
    36:IPTABLES_STATUS_VERBOSE="no"
    41:IPTABLES_STATUS_LINENUMBERS="yes"
```

由上述编号为“18”的行可以看出，防火墙在重启后规则不会被保存，可以将该值改为“yes”，这样在重启防火墙后，规则会被保存在/etc/sysconfig/iptables 目录中。

实例 4：使用 iptables 实现 HTTP 服务的访问控制。

```
    [root@linuxserver ~]# iptables -A INPUT -s 192.168.150.101 -p tcp --dport
80 -j ACCEPT
    [root@linuxserver ~]# iptables -A INPUT -p tcp --dport 80 -j REJECT
    [root@linuxserver ~]# iptables -L
    Chain INPUT (policy ACCEPT)
    target     prot opt source               destination
    ACCEPT     tcp  --  anywhere             anywhere             tcp dpt:ssh
    ACCEPT     tcp  --  192.168.150.101      anywhere             tcp dpt:http
    REJECT     tcp  --  anywhere             anywhere             tcp dpt:http
reject-with icmp-port-unreachable

    Chain FORWARD (policy ACCEPT)
    target     prot opt source               destination

    Chain OUTPUT (policy ACCEPT)
    target     prot opt source               destination
    在客户端测试：
    [root@linuxclient1 ~]# curl http://192.168.150.100
    This is a webservice!
    在本机测试：
    [root@linuxserver ~]# curl 192.168.150.100
    curl: (7) Failed connect to 192.168.150.100:80; 拒绝连接
```

说明：在本实例中添加了两条防火墙规则，第一条规则允许客户端访问（源 IP 地址为 192.168.150.101）HTTP 服务器，第二条规则拒绝所有主机访问 HTTP 服务器。通过测试发现被允许的客户端可以访问，而本机服务端（Server）的访问则被拒绝。需要注意的是，如果防火墙的拒绝规则里写的是“DROP”，则不会提示拒绝连接，而是显示访问超时。

2.5 小结

本章主要介绍了 Linux 操作系统中与服务器安全相关的基本知识。由于服务器就是供人访问的，因此开放性决定了服务器所面临的风险，管理员可以通过安全策略、SELinux、firewalld 防火墙和 iptables 防火墙等安全技术来保证服务器的安全性，从而将其部署在生产环境中。

1. Linux 操作系统的策略

- 文件系统安全。
- 日志系统。
- SELinux 策略。
- 防火墙策略。

2. SELinux 的配置与管理

- SELinux 管理与策略。
- SELinux 的三种模式：Enforcing、Permissive 与 Disabled。
- SELinux 的应用实例，以 httpd 服务为例。

3. firewalld 的原理与应用

- firewalld 的语法。
- firewalld 的应用实例，以 httpd 服务为例。
- firewalld 的富规则。

4. iptables 的原理与应用

- iptables 用于在两个或两个以上的网络上进行相关的拦截与限制。
- iptables 命令的使用规则为“iptables [-t 表格名称] 指令 条件 [目标|链]”，iptables 的参数分为指令、目标与条件三部分；
- iptables 的应用可以分为两方面，一是使用命令，二是修改配置文件。
- iptables 应用实例，以 httpd 服务为例。

2.6 课堂思政

本章的重点是如何通过技术手段保障 Linux 操作系统的安全，系统安全关系到网络信息安全。习近平总书记曾多次强调网络安全意识的重要性，并对强化网络安全意识提出具体要求。

2014 年 2 月 27 日，习近平在中央网络安全和信息化领导小组第一次会议上的讲话中讲到，网络安全和信息化对一个国家很多领域都是牵一发而动全身的，要认清我们面临的形势和任务，充分认识做好工作的重要性和紧迫性，因势而谋，应势而动，顺势而为。网络安全和信息化是一体之两翼、驱动之双轮，必须统一谋划、统一部署、统一推进、统一实施。做好网络安全和信息化工作，要处理好安全和发展的关系，做到协调一致、齐头并进，以安全保发展、以发展促安全，努力建久安之势、成长治之业。

2018 年 4 月，习近平在全国网络安全和信息化工作会议上的讲话中讲到，没有网络安全就没有国家安全，就没有经济社会稳定运行，广大人民群众利益也难以得到保障。要树立正确的网络安全观，加强信息基础设施网络安全防护，加强网络安全信息统筹机制、手段、平台建设，加强网络安全事件应急指挥能力建设，积极发展网络安全产业，做到关口前移，防患于未然。要落实关键信息基础设施防护责任，行业、企业作为关键信息基础设施运营者承担主体防护责任，主管部门履行好监管责任。要依法严厉打击网络黑客、电信网络诈骗、侵犯公民个人隐私等违法犯罪行为，切断网络犯罪利益链条，持续形成高压态势，维护人民群众合法权益。要深入开展网络安全知识技能宣传普及，提高广大人民群众网络安全意识和防护技能。

综上可见网络信息安全的重要性，作为注重实践操作能力的大学生，在掌握一定的网络基础知识的同时，还要在实践中锻炼动手能力。在实践的过程中，我们要对哪些行为是可以的、哪些行为是不可以的、哪些行为是越界的，有清晰的认知，务必树立安全意识，增强维护网络空间安全的责任感。

请同学们自行查看与学习《中华人民共和国网络安全法》，并认真践行。

实训 2　网络安全配置与管理

一、实训目的

- 掌握 SELinux、防火墙的原理。
- 掌握 SELinux 的配置与管理方法。
- 掌握 firewalld 防火墙的配置方法。
- 掌握 iptables 防火墙的配置方法。

二、项目背景

小 A 在掌握一定的 Linux 操作系统知识后，决定架设服务器以满足企业的各种需求。小 A 知道服务器架设的首要问题就是要保证安全，因此小 A 决定通过 SELinux、防火墙技术保障服务器安全。

三、实训内容

- 配置 SELinux。
- 配置 firewalld 防火墙。
- 配置 iptables 防火墙。

四、实训步骤

任务 1：配置 SELinux

小 A 学习了 SELinux 的原理、配置方法及应用，他参照 2.2.4 节中的内容完成应用实例的部分。

搭建一个 Web 服务器，WWW 服务器的默认网页存放位置是在/var/www/html 目录下，在这里新建一个 index.html 测试页面，并启动 WWW 服务器，刷新就能见到其内容了。请思考：如果将服务器的根目录存放在/usr/www/html 目录下，并在该目录中创建主页，网站能否正常显示？

任务 2：配置 firewalld 防火墙

1．配置防火墙的默认区域为 work 区域。

2．永久允许外网访问 HTTP 服务。

3．通过富规则设置白名单，允许 192.168.150.0/24 内网的主机访问 FTP 服务。

4．通过富规则设置记录所有内网访问 FTP 服务的主机的访问日志。

任务 3：配置 iptables 防火墙

1．通过 iptables 配置文件的设置，实现内网主机可以访问外网的 Telnet 服务器。

2．通过 iptables 配置文件的设置，实现允许外网访问 FTP 服务器。

3．通过 iptables 配置文件的设置，防止 SYN、DDoS、ping 攻击（由于实训存在难度，下面给出部分实训的步骤与具体内容）。

（1）配置防火墙防止 SYN、DDoS 攻击。

（2）在 iptables 配置文件中加入如图 2.5 所示的内容。

```
*filter
:INPUT ACCEPT [0:0]
:FORWARD ACCEPT [0:0]
:OUTPUT ACCEPT [0:0]
-A INPUT -m state --state ESTABLISHED,RELATED -j ACCEPT
-A INPUT -p icmp -j ACCEPT
-A INPUT -i lo -j ACCEPT
-A INPUT -m state --state NEW -m tcp -p tcp --dport 22 -j ACCEPT
-A INPUT -j REJECT --reject-with icmp-host-prohibited
-A FORWARD -p tcp --syn -m limit --limit 1/s --limit-burst 5 -j ACCEPT
-A FORWARD -p tcp --tcp-flags SYN,ACK,FIN,RST RST -m limit --limit 1/s -j ACCEPT
-A FORWARD -p icmp --icmp-type echo-request -m limit --limit 1/s -j ACCEPT

-A FORWARD -j REJECT --reject-with icmp-host-prohibited
```

图 2.5　在 iptables 配置文件中加入的内容

说明：

第 1 行中每秒最多允许 5 个新连接；第 2 行用于防止各种端口扫描；第 3 行用于防止“死亡之 ping”（ping of death）攻击，可以根据需要调整或关闭。

（3）拒绝 ping。

```
# iptables -A INPUT -p icmp -j DROP
```

（4）防止泛洪（SYNC Flood）攻击。

```
# iptables -A FORWARD -p tcp --syn -m limit --limit 1/s  -j ACCEPT
```

读者可以自行完成剩余步骤。

03 第3章 FTP服务器的配置与管理

未来广告公司新进了几台服务器，为满足业务需要，实现网络资源共享，公司决定架设文件服务器，供企业内部员工访问共享资源。文件服务器目前有基于 FTP 的 FTP 服务器、基于 NFS 协议的 NFS 服务器等，经技术部门商定架设基于 FTP 的 FTP 服务器来实现此功能。本章以 Linux 操作系统中的 vsftpd 为核心，详细介绍 FTP 的环境搭建、FTP 服务器的配置与管理。

3.1 FTP的基础知识

3.1.1 FTP服务器简介

FTP（File Transfer Protocol，文件传输协议）是 TCP/IP 族中的成员之一，是最古老的网络协议之一，主要用于文件的传输，尤其适用于比较大的文件传输。FTP 包括两部分，一为 FTP 服务器，二为 FTP 客户端。FTP 客户端和服务器之间的连接是可靠的、面向连接的，为数据的传输提供了可靠的保证。FTP 专门用于管理计算机之间的文件传送，通常被称为 FTP 传输服务。FTP 传输服务是 Internet 中应用非常广泛的服务之一。

使用 FTP 进行数据传输存在一定的安全隐患，因为 FTP 在互联网上的数据传输采用明文，所以存在被截获或被篡改的可能，但是由于 FTP 传输的跨平台性、高效性与便捷性，因此它仍然被广泛使用。

FTP服务器简介

FTP 与 HTTP 最大的不同就是它具有双向传输的功能。把文件从远程计算机复制到本地计算机的过程被称为“下载”（Download），把本地计算机的文件传送到远程计算机的过程被称为“上传”（Upload），用户可以通过 FTP 的上传和下载功能与网络上的计算机进行数据的交流。

FTP 服务器是在互联网上提供文件存储和访问服务的计算机，它们依照 FTP 来提供服务。简单地说，支持 FTP 的服务器就是 FTP 服务器。

在 Internet 上，FTP 服务器扮演着十分重要的角色。用户可以通过它与远程计算机传输或交换数据、下载或上传最新的文件。基本的 FTP 服务器根据服务的对象可以分为两种：一种是 Linux 操作系统下用户访问控制的 FTP 服务器，另一种是匿名 FTP 服务器。

3.1.2　FTP 工作模式

FTP 使主机之间可以共享文件。FTP 先使用 TCP 生成一个虚拟连接，可以用于控制信息的传输，再生成一个单独的 TCP 连接用于数据传输，控制连接使用类似的 Telnet 协议在主机间交换命令和消息。FTP 是 TCP/IP 网络上的两台计算机之间传输文件的协议，属于网络协议组的应用层。FTP 客户端可以向服务器发出命令来下载或上传文件、创建或改变服务器上的目录。

FTP 是 C/S 架构的服务，分为客户端和服务器。用户通过支持 FTP 的客户端程序，连接到远程主机上的 FTP 服务器程序。用户通过客户端程序向服务器程序发出命令，服务器程序执行用户发出的命令，并将执行的结果返回客户端。例如，用户发出命令，要求服务器向用户传输某文件的备份，服务器会响应这条命令，将指定文件传输至用户的客户端。客户端程序代表用户接收到这个文件，并将其存放在用户目录中。

FTP 使用 TCP 作为底层传输协议，保证了数据传输的可靠性。它使用的标准端口为 20 和 21，20 端口为数据接口，21 端口为指令接口。

1．FTP 的主动模式

FTP 主动模式的连接过程是客户端打开任意的非特权端口，即大于或等于 1024 的端口 *N*，并使用该端口向服务器的 FTP 端口（默认是 21 端口）发送连接请求，服务器接受连接，建立一条命令链路。当需要传输数据时，客户端在命令链路上用 PORT 命令告诉服务器："我打开了 *N*+1 端口，你过来连接我"，于是服务器从 20 端口向客户端的 *N*+1 端口发送连接请求，建立一条数据链路来传送数据，即 FTP 的主动模式，如图 3.1 所示。在 Linux 操作系统中配置 FTP 服务器，应该设置防火墙规则，允许上述端口通信，才能支持主动模式的 FTP。

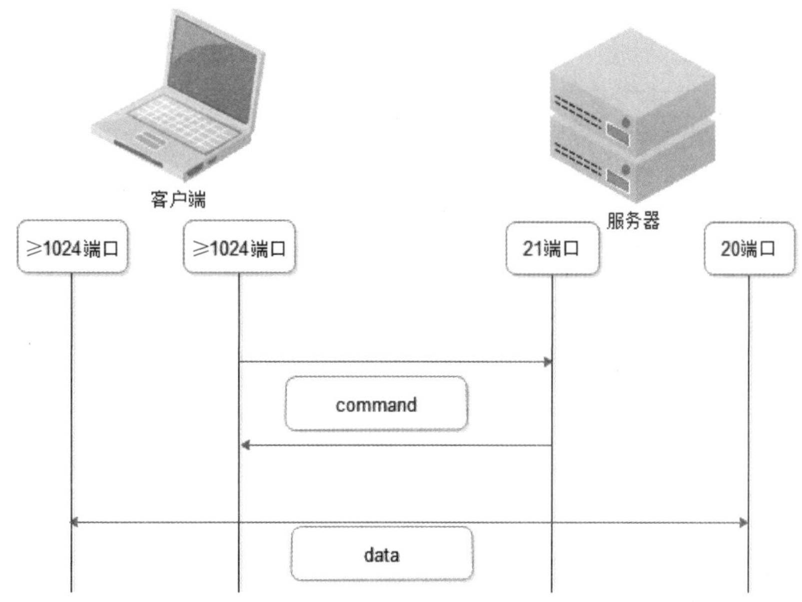

图 3.1　FTP 的主动模式

2. FTP 的被动模式

FTP 的被动模式（PASV）的连接过程是客户端打开任意的非特权本地端口 *N*，并使用该端口向服务器的 FTP 端口（默认是 21 端口）发送连接请求，服务器接受连接，建立一条命令链路。当需要传输数据时，服务器在命令链路上用 PASV 命令告诉客户端："我打开了某个大于或等于 1024 的端口 *X*，你过来连接我"，于是客户端从本地的 *N*+1 端口向服务器的 *X* 端口发送连接请求，建立一条数据链路来传送数据，如图 3.2 所示。

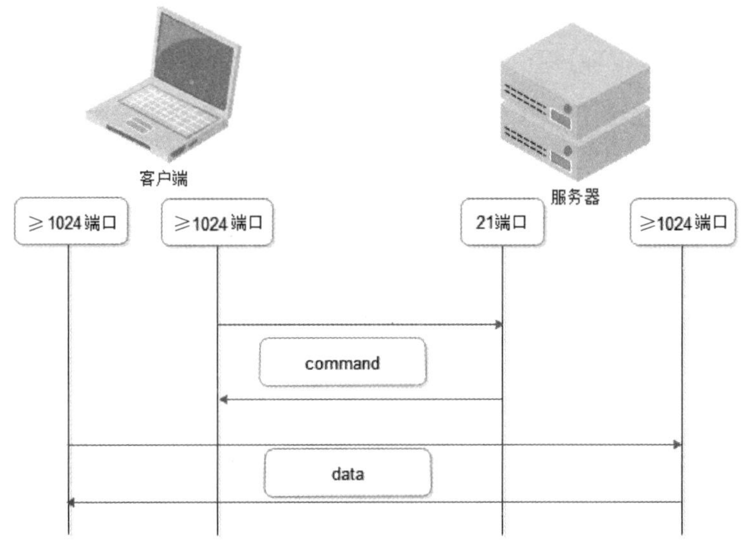

图 3.2　FTP 的被动模式

3.1.3　FTP 命令行

在日常的工作、学习过程中，FTP 的使用一般都是采用图形化界面的方式进行，其实 FTP 拥有完整的命令行格式，可以使用命令进行所有的图形化界面操作。FTP 命令是 Internet 用户使用最频繁的命令之一，无论是在 DOS 操作系统中还是在 Linux 操作系统中使用 FTP，都会使用大量的 FTP 内部命令。

FTP 命令行的格式为"ftp -参数 [主机名]"，FTP 命令行的具体应用如表 3.1 所示。

表 3.1　FTP 命令行的具体应用

子命令	用途	语法
open	与指定的 FTP 服务器连接	open computer[port]
close	结束会话并返回命令解释程序	close
quit	结束会话并退出 FTP	quit
disconnection	从远程计算机中断开，保留 FTP 提示	disconnect
user	指定远程计算机的用户	user username[passwod][account]
quote	修改用户密码	quote site pswd old password new password
pwd	显示远程计算机上的当前目录	pwd
cd	更改远程计算机上的工作目录	cd remote directory
dir	显示远程目录文件和子目录列表	dir[remote directory][local file]

续表

子命令	用途	语法
lcd	更改本地计算机上的工作目录	lcd[directory]
mkdir	创建远程目录	mkdir directory
delete	删除远程计算机上的文件	delete remote file
mdelete	删除远程计算机上的多个文件	mdelete remote file[...]
mdir	显示多个远程目录文件和子目录列表	
ls	显示远程目录文件和子目录的缩写列表	ls[remote directory][local file]
get	使用当前文件转换类型将远程文件复制到本地计算机	get[remote directory][local file]
mget	将多个远程文件复制到本地计算机	mget local file[…]
put	将一个本地文件复制到远程计算机	put local file[remote file]
mput	将多个本地文件复制到远程计算机	mput local file[…]
ascii	设置文件默认传送类型为 ASCII	ascii
binary	设置文件默认传送类型为二进制	binary
help/?	显示 FTP 命令说明，不带参数将显示所有子命令	help[command]?[command]

FTP 命令用于控制在本地计算机和远程计算机之间传送文件。在 CentOS 7 操作系统中，默认不能使用 FTP 命令，需要安装 FTP 软件包，才可执行 FTP 命令。

```
[root@LinuxServer ~]# ftp
bash: ftp: 未找到命令...
[root@LinuxServer ~]# ftp 192.168.150.100
bash: ftp: 未找到命令...
```

说明：在 CentOS 操作系统中默认不存在 FTP 命令，需要安装 FTP 软件包，才能使用 FTP 命令。

```
[root@LinuxServer ~]# yum install ftp
```

说明：使用 YUM 命令安装 FTP 软件包，由于篇幅有限，在此省略安装过程。

```
[root@LinuxServer ~]# ftp
ftp>
ftp> quit
```

说明：再次输入 FTP 命令，发现已经可以使用。

3.2　FTP 的环境搭建

在 Linux 操作系统中实现 FTP 服务的应用软件有很多，常见的有 vsftpd、Wu-ftpd 和 Proftp 等。CentOS 7 操作系统中默认安装的是 vsftpd。本教材中的 FTP 服务器的搭建采用 Linux 操作系统自带的 vsftpd 实现。

vsftpd（very secure ftp deamon）是基于 GPL 发布的、在类 UNIX 操作系统中使用的 FTP 服务器软件。vsftpd 最初发展的理念是构建一个以安全为重心的 FTP 服务器。vsftpd 具有良好的运行速度与系统稳定性，ASVII 模式中的 vsftpd 的下载速度是 Wu-ftpd 下载速度的两倍以上。vsftpd 可以支持 15000 个用户并发使用，支持基于 IP 地址的虚拟 FTP 服务器，支持虚拟用户和 PAM 认证，还支持独立和 xinetd 服务两种运行模式。

3.2.1 环境准备

在 VMware Workstation 中克隆两台虚拟机，并分别命名为“ftpserver”与“ftpclient”。选择“虚拟机”→“管理”→“克隆”命令进行克隆操作，具体的克隆步骤不再赘述。启动两台虚拟机，设置网络连接方式为“NAT”，服务器的 IP 地址为“192.168.150.100”，客户端的 IP 地址为“192.168.150.101”，能够互相 ping 通对方主机。在两台虚拟机中均配置好本地或网络 YUM 仓库。

修改 ftpserver 虚拟机的主机名为“ftpserver”，修改 ftpclient 虚拟机的主机名为“ftpclient”，命令如下。

```
[root@LinuxServer ~]# vim /etc/hostname
```

说明：主机名的配置文件为/etc/hostname，修改配置文件后重启操作系统，这样才能使配置生效。

3.2.2 安装 vsftpd 服务

安装 vsftpd 服务，命令如下。

```
[root@ftpserver ~]# rpm -qa | grep vsftpd
[root@ftpserver ~]# yum install vsftpd
已加载插件：fastestmirror, langpacks
Loading mirror speeds from cached hostfile
 * base: mirrors.aliyun.com
 * extras: mirrors.aliyun.com
 * updates: mirrors.aliyun.com
file:///mnt/iso/repodata/repomd.xml: [Errno 14] curl#37 - "Couldn't open file /mnt/iso/repodata/repomd.xml"
正在尝试其他镜像
正在解决依赖关系
--> 正在检查事务
---> 软件包 vsftpd.x86_64.0.3.0.2-29.el7_9 将被 安装
--> 解决依赖关系完成
依赖关系解决
==============================================================================
 Package           架构            版本                源              大小
==============================================================================
正在安装:
 vsftpd         x86_64        3.0.2-29.el7_9         updates         173 k
事务概要
==============================================================================
安装  1 软件包
总计：173 k
安装大小：353 k
Is this ok [y/d/N]: y
Downloading packages:
Running transaction check
Running transaction test
```

```
Transaction test succeeded
Running transaction
  正在安装    vsftpd-3.0.2-29.el7_9.x86_64                              1/1
  验证中      : vsftpd-3.0.2-29.el7_9.x86_64                            1/1
已安装:
  vsftpd.x86_64 0:3.0.2-29.el7_9
完毕!
```

说明：使用“rpm -qa”命令来查找软件包是否安装；“|”表示管道，将前面命令得出的结果作为后面的输入。

3.2.3 启动 vsftpd 服务

在 vsftpd 服务安装完成后，需要启动该服务。

实例：使用“systemctl”命令对 vsftpd 服务进行启动、停止、查看状态、重启等操作。

```
[root@ftpserver~]# systemctl start vsftpd
[root@ftpserver~]# systemctl status vsftpd
● vsftpd.service - Vsftpd ftp daemon
   Loaded: loaded (/usr/lib/systemd/system/vsftpd.service; disabled; vendor preset: disabled)
   Active: active (running) since 三 2022-04-13 14:23:55 CST; 7s ago
  Process: 5379 ExecStart=/usr/sbin/vsftpd /etc/vsftpd/vsftpd.conf (code=exited, status=0/SUCCESS)
 Main PID: 5380 (vsftpd)
    Tasks: 1
   CGroup: /system.slice/vsftpd.service
           └─5380 /usr/sbin/vsftpd /etc/vsftpd/vsftpd.conf
4月13日 14:23:55 ftpserver systemd[1]: Starting Vsftpd ftp daemon...
4月13日 14:23:55 ftpserver systemd[1]: Started Vsftpd ftp daemon.
[root@ftpserver ~]# systemctl stop vsftpd
[root@ftpserver ~]# systemctl status vsftpd
● vsftpd.service - Vsftpd ftp daemon
   Loaded: loaded (/usr/lib/systemd/system/vsftpd.service; disabled; vendor preset: disabled)
   Active: inactive (dead)
4月13日 14:24:08 ftpserver systemd[1]: Stopping Vsftpd ftp daemon...
4月13日 14:24:08 ftpserver systemd[1]: Stopped Vsftpd ftp daemon.
[root@ftpserver ~]# systemctl restart vsftpd
```

说明：“start”命令用于启动服务，“status”命令用于查看服务状态，“stop”命令用于停止服务，“restart”命令用于重启服务。

3.2.4 设置 SELinux

设置 SELinux，命令如下。

```
[root@ftpserver ~]# getenforce
Enforcing
[root@ftpserver ~]# setenforce 0
```

```
[root@ftpserver ~]# getenforce
Permissive
```

说明： 为了避免 SELinux 对 FTP 服务的影响，在进行 FTP 配置前，应先降低 SELinux 的安全级别。

3.2.5 设置防火墙

停止并禁用 firewalld，设置防火墙，命令如下。

```
[root@ftpserver ~]# systemctl stop firewalld
[root@ftpserver ~]# systemctl disable firewalld
Removed symlink /etc/systemd/system/multi-user.target.wants/firewalld.service.
Removed symlink /etc/systemd/system/dbus-org.fedoraproject.FirewallD1.service.
```

3.3 vsftpd 的基本配置

CentOS 7 操作系统中的 FTP 服务的配置文件都保存在/etc/vsftpd 目录下，其中有三个配置文件和一个迁移脚本文件。

```
[root@ftpserver ~]# cd /etc/vsftpd/
[root@ftpserver vsftpd]# ls
ftpusers  user_list  vsftpd.conf  vsftpd_conf_migrate.sh
```

其中，/etc/vsftpd/vsftpd.conf 是主配置文件，关于 FTP 的所有配置都保存在该文件中。在/etc/vsftpd/ftpusers 目录中指定了哪些用户不能访问 FTP 服务器。在/etc/vsftpd/user_list 目录中，指定了用户在默认情况下（即在/etc/vsftpd.conf 文件中设置了“userlist_deny=YES”）不能访问 FTP 服务器。当在/etc/vsftpd.conf 文件中设置了“userlist_deny=NO”时，仅仅允许/etc/vsftpd/user_list 目录中指定的用户访问 FTP 服务器。在/etc/vsftpd/vsftpd_conf_migrate.sh 文件中，指定了 vsftpd 操作的一些变量和设置脚本。

FTP 配置文件详解

FTP 的另一个重要目录是/var/ftp/pub，该目录是 FTP 服务器的默认共享目录，也就是在不进行特殊设置的情况下，FTP 服务器默认将该目录作为 FTP 主目录。

实例 1： 查看/etc/vsftpd/ftpusers 的信息。

```
[root@ftpserver vsftpd]# cat ftpusers
# Users that are not allowed to login via ftp
root
bin
daemon
adm
lp
sync
shutdown
halt
mail
news
uucp
```

```
operator
games
nobody
```

说明：该目录中的所有用户都不能登录 FTP 服务器，这些用户都是系统用户。

实例 2：FTP 的所有配置都保存在/etc/vsftpd/vsftpd.conf 文件中，该文件中的内容如下。

```
#是否允许匿名访问：YES 表示允许，NO 表示不允许
anonymous_enable=YES
#是否允许本地用户登录
local_enable=YES
#设置可写权限（上传）
write_enable=YES
#上传的权限是 022，使用的是 umask 权限。对应的目录是 755，文件是 644
local_umask=022
#是否开启匿名用户上传功能，默认是拒绝的，因为默认该项是被注释的
#anon_upload_enable=YES
#开启匿名用户创建文件或文件夹权限
#anon_mkdir_write_enable=YES
#切换目录时显示目录下.message 的内容
dirmessage_enable=YES
#开启上传和下载日志记录功能
xferlog_enable=YES
#开启 20 端口连接
connect_from_port_20=YES
#改变上传文件的所有者
#chown_uploads=YES
#允许更改匿名用户上传文件的所有者，所有者为 whoever
#chown_username=whoever
#日志文件路径
#xferlog_file=/var/log/xferlog
#日志文件采用标准格式
xferlog_std_format=YES
#会话超时时间，默认为用户会话空闲后 10 分钟
#idle_session_timeout=600
#数据传输超时时间，默认为连接空闲 2 分钟后
#data_connection_timeout=120
#当服务器运行于最底层时使用的用户名
#nopriv_user=ftpsecure
#是否允许客户端发起“async ABOR”请求，该操作是不安全的，默认禁止
#async_abor_enable=YES
#是否允许上传时以 ASCII 模式传输数据
#ascii_upload_enable=YES
#是否允许下载时以 ASCII 模式传输数据
#ascii_download_enable=YES
#FTP 文本界面登录欢迎词
#ftpd_banner=Welcome to blah FTP service
#是否开启拒绝的 Email 功能
#deny_email_enable=YES
```

```
#指定保存被拒绝的 Email 地址的文件
#banned_email_file=/etc/vsftpd/banned_emails
#是否开启对本地用户 chroot 的限制，YES 为默认所有用户都不能切出家目录，NO 代表可以切出
#chroot_local_user=YES
#开启特例列表
#chroot_list_enable=YES
#如果 chroot_local_user 的值是 YES，则该文件中的用户可以切出家目录；如果值是 NO，则该文件中的用户不可以切出家目录
#chroot_list_file=/etc/vsftpd/chroot_list
#是否允许登录用户使用“ls -R”命令递归查询功能
#ls_recurse_enable=YES
#是否在 IPv4 中开启 FTP 的 Standlone 模式
listen=NO
#是否在 IPv6 中开启 FTP 的 Standlone 模式
listen_ipv6=YES
#启用 pam 模块验证，默认文件为/etc/pam.d/vsftpd
pam_service_name=vsftpd
#是否启用用户列表功能，仅文件中的用户可登录
userlist_enable=YES
#是否允许通过 tcp_wrappers 的机制对 vsftp 服务器进行访问控制
tcp_wrappers=YES
```

说明：上述内容为/etc/vsftpd/vsftpd.conf 文件中的主要配置参数，内容前带有“#”符号的行表示默认未开启该项功能。

/etc/vsftpd/vsftpd.conf 文件的默认配置支持以下功能。

（1）允许匿名用户和本地用户登录。

```
anonymous_enable=YES
local_enable=YES
```

（2）匿名用户的登录名只能为“ftp”或“anonymous”，密码为空。

（3）匿名用户默认不能离开匿名用户家目录/var/ftp，并且只能下载，不能上传。

（4）本地用户的登录名为本地的用户名，密码为本地计算机中该用户的密码。

（5）本地用户可以离开自己的目录切换到其他目录，并在权限允许的范围内上传或下载文件。

（6）/etc/vsftpd/user_list 中的用户被禁止登录 FTP 服务器，/etc/vsftpd/user_list 可以是一个黑名单，也可以是一个白名单，分别对应 vsftpd.conf 文件中的 userlist_enable 和 userlist_deny。

/etc/vsftpd/vsftpd.conf 文件的内容非常简单，并且遵守严格的格式，每行即一项设定。如果是空白行或开头为“#”符号的一行，则被忽略。内容的格式只有一种，如下所示。

```
option=value
```

说明：等号两边不能加空格。

实例 3：测试 FTP 服务器的默认功能。

步骤 1：启动 ftpserver 中的 vsftpd 服务。

```
[root@ftpserver ~]# systemctl start vsftpd
[root@ftpserver ~]# systemctl status vsftpd
● vsftpd.service - Vsftpd ftp daemon
```

```
     Loaded:  loaded  (/usr/lib/systemd/system/vsftpd.service;  disabled;
vendor preset: disabled)
     Active: active (running) since 三 2022-04-13 16:48:16 CST; 9s ago
    Process:  2903  ExecStart=/usr/sbin/vsftpd  /etc/vsftpd/vsftpd.conf
(code=exited, status=0/SUCCESS)
   Main PID: 2904 (vsftpd)
      Tasks: 1
     CGroup: /system.slice/vsftpd.service
             └─2904 /usr/sbin/vsftpd /etc/vsftpd/vsftpd.conf
  4月13日16:48:16 ftpserver systemd[1]: Starting Vsftpd ftp daemon...
  4月13日16:48:16 ftpserver systemd[1]: Started Vsftpd ftp daemon.
```

步骤 2：在 ftpserver 中使用浏览器访问默认 FTP 服务器，如图 3.3 所示。

说明：这说明当 FTP 服务器安装完毕，启动服务并设置了防火墙和 SELinux 后，就可以提供基本的服务了，127.0.0.1 代表本机。

步骤 3：在 ftpclient 中使用浏览器访问 ftpserver，如图 3.4 所示。

图 3.3　使用浏览器访问默认 FTP 服务器

图 3.4　使用浏览器访问 ftpserver

说明：当客户端访问服务器时，输入的必须是 ftpserver 的真实 IP 地址，如果使用默认端，则端口可以省略。当在默认情况下访问服务器时，一定要注意设置服务器的防火墙。

vsftpd 以用户为管理单位，想要访问某个 FTP 服务器中的共享文件，必须以特定用户的身份登录 FTP 服务器，我们可以配置下面几种类型的用户。

- 本地用户（系统用户）。
- 匿名用户（anonymous）。
- 虚拟用户（ftp-only）。

在默认情况下，安装 vsftpd 时会创建一个 FTP 用户，这个用户用来作为匿名用户，FTP 用户默认的根目录是/var/ftp/，任何没有访问限制的文件都可以使用匿名用户共享。每个系统中的用户都可以通过 FTP 方式访问自己的根目录。

3.4 配置匿名用户登录 FTP 服务器

为了使匿名用户能够登录 FTP 服务器，并可以上传、下载、删除文件，需要在/etc/vsftpd/ vsftpd.conf 文件中将 anonymous_enable、local_enable、anon_upload_enable、anon_mkdir_write_enable 等项的值设置为“YES”，并且开放所有用户对 FTP 服务器的浏

FTP 匿名用户上传下载

览权限。

在默认情况下，FTP 服务器会创建一个匿名访问目录/var/ftp/，即用户访问的这个匿名文件夹在/var/ftp 目录下。

步骤 1：修改 ftpserver 中的配置文件/etc/vsftpd/vsftpd.conf，使其内容如下。

```
anonymous_enable=YES
local_enable=YES
write_enable=YES
local_umask=022
anon_upload_enable=YES
anon_mkdir_write_enable=YES
```

说明：其中包括匿名上传、用户写入等功能。

步骤 2：创建 FTP 上传目录。

```
[root@ftpserver ~]# cd /var/ftp/
[root@ftpserver ftp]# ls
pub
[root@ftpserver ftp]# mkdir ftpserver
[root@ftpserver ftp]# ls
ftpserver  pub
```

说明：FTP 主目录是/var/ftp，这一步就是在该目录中创建新的上传目录。

步骤 3：赋予其他用户修改该目录的权限。

```
[root@ftpserver ftp]# ls -l
drwxr-xr-x. 2 root root 6 4月  14 10:19 ftpserver
drwxr-xr-x. 2 root root 6 6月  10 2021 pub
[root@ftpserver ftp]# chmod o+w ftpserver/
[root@ftpserver ftp]# ls -l
drwxr-xrwx. 2 root root 6 4月  14 10:19 ftpserver
drwxr-xr-x. 2 root root 6 6月  10 2021 pub
```

说明：FTP 权限修改，只有拥有了对该目录的“w”权限，才可以上传或创建文件。

步骤 4：设置 SELinux 与 iptables。

```
[root@ftpserver ftp]# setenforce 0
[root@ftpserver ftp]#  systemctl stop firewalld
```

说明：其中为降低 SELinux 的安全级别，关闭了防火墙。在不太熟悉 iptables 的情况下，可以选择关闭防火墙。

步骤 5：重启 vsftpd 服务。

```
[root@ftpserver ftp]# systemctl restart vsftpd
[root@ftpserver ftp]# systemctl status vsftpd
● vsftpd.service - Vsftpd ftp daemon
   Loaded:  loaded  (/usr/lib/systemd/system/vsftpd.service;  disabled;
vendor preset: disabled)
   Active: active (running) since 四 2022-04-14 10:26:13 CST; 9s ago
  Process:   3154   ExecStart=/usr/sbin/vsftpd   /etc/vsftpd/vsftpd.conf
(code=exited, status=0/SUCCESS)
 Main PID: 3155 (vsftpd)
    Tasks: 1
   CGroup: /system.slice/vsftpd.service
```

```
          └─3155 /usr/sbin/vsftpd /etc/vsftpd/vsftpd.conf
4月 14 10:26:13 ftpserver systemd[1]: Starting Vsftpd ftp daemon...
4月 14 10:26:13 ftpserver systemd[1]: Started Vsftpd ftp daemon.
```

步骤 6： 在 ftpclient 中测试上传功能。

```
[root@ftpclient~]# cd /tmp/
[root@ftpclient tmp]# cp /etc/passwd ./ceshiwenjian
[root@ftpclient tmp]# ftp
ftp> open 192.168.150.100
Connected to 192.168.150.100 (192.168.150.100).
220 (vsFTPd 3.0.2)
Name (192.168.150.100:root): anonymous
331 Please specify the password.
Password:
230 Login successful.
Remote system type is UNIX.
Using binary mode to transfer files.
ftp> ls
227 Entering Passive Mode (192,168,150,100,146,6).
150 Here comes the directory listing.
drwxr-xrwx    2 0        0               6 Apr 14 02:19 ftpserver
drwxr-xr-x    2 0        0               6 Jun 09  2021 pub
226 Directory send OK.
ftp> cd ftpserver
250 Directory successfully changed.
ftp> pwd
257 "/ftpserver"
ftp> put ceshiwenjian
local: ceshiwenjian remote: ceshiwenjian
227 Entering Passive Mode (192,168,150,100,157,175).
150 Ok to send data.
226 Transfer complete.
2277 bytes sent in 4.9e-05 secs (46469.39 Kbytes/sec)
ftp> ls -l
227 Entering Passive Mode (192,168,150,100,93,5).
150 Here comes the directory listing.
-rw-------    1 14       50           2277 Apr 14 02:31 ceshiwenjian
226 Directory send OK.
ftp> quit
221 Goodbye.
```

说明： 以上的 FTP 命令表示下面要进入 FTP 命令模式。“open 192.168.150.100”表示打开这个连接，使用命令创建 FTP 的连接；“anonymous”表示匿名登录，不需要输入密码，直接按回车键即可；“ls”与后面的“ls -l”用于查看当前目录下的文件；“cd ftpserver”用于切换目录，其本身就是 Linux 操作系统中的命令；“put ceshiwenjian”用于将当前目录下的 ceshiwenjian 文件上传到 FTP 服务器。

步骤 7： 在 Windows 10 操作系统中测试上传功能。

右击 Windows 10 操作系统桌面左下角的“开始”按钮，在弹出的快捷菜单中选择“运行”命令，在弹出的“运行”对话框的“打开”文本框中输入“cmd”，单击“确定”按钮，打开命令提示符窗口，在该窗口中输入命令进行测试。

```
C:\Users\seashorewang>ftp
ftp> open 192.168.150.100
> ftp: connect :连接超时
ftp> quit
C:\Users\seashorewang>ftp
ftp> open 192.168.150.100
连接到 192.168.150.100。
220 (vsftpd 3.0.2)
200 Always in UTF8 mode.
用户(192.168.150.100:(none)): anonymous
331 Please specify the password.
密码:
230 Login successful.
ftp> ls -l
200 PORT command successful. Consider using PASV.
150 Here comes the directory listing.
drwxr-xrwx    2 0        0              26 Apr 14 02:31 ftpserver
drwxr-xr-x    2 0        0               6 Jun 09  2021 pub
226 Directory send OK.
ftp: 收到 131 字节，用时 0.01 秒 65.50 千字节/秒。
ftp> cd ftpserver
250 Directory successfully changed.
ftp> ls -l
200 PORT command successful. Consider using PASV.
150 Here comes the directory listing.
-rw-------    1 14       50           2277 Apr 14 02:31 ceshiwenjian
226 Directory send OK.
ftp: 收到 73 字节，用时 0.01 秒 73.00 千字节/秒。
ftp> put ftptest.txt
200 PORT command successful. Consider using PASV.
150 Ok to send data.
226 Transfer complete.
ftp: 发送 48 字节，用时 0.01 秒 48000.00 千字节/秒。
ftp> ls -l
200 PORT command successful. Consider using PASV.
150 Here comes the directory listing.
-rw-------    1 14       50           2277 Apr 14 02:31 ceshiwenjian
-rw-------    1 14       50             48 Apr 14 02:47 ftptest.txt
226 Directory send OK.
ftp: 收到 142 字节，用时 0.01 秒 71.00 千字节/秒。
ftp> quit
221 Goodbye.
```

说明：如果物理计算机使用的是无线网卡，在测试时则请先禁用无线网卡再实验，在 Windows 10 操作系统中也可以正常使用匿名 FTP 用户，并能向 FTP 服务器正常上传数据。

步骤 8：在 ftpclient 中测试下载功能。

```
[root@ftpserver tmp]# mkdir ftptest
[root@ftpserver tmp]# cd ftptest/
[root@ftpserver ftptest]# ftp
ftp> open 192.168.150.100
Connected to 192.168.150.100 (192.168.150.100).
220 (vsftpd 3.0.2)
Name (192.168.150.100:root): anonymous
331 Please specify the password.
Password:
230 Login successful.
Remote system type is UNIX.
Using binary mode to transfer files.
ftp> cd ftpserver
250 Directory successfully changed.
ftp> get ceshiwenjian ./
local: ./ remote: ceshiwenjian
227 Entering Passive Mode (192,168,150,100,39,1).
550 Failed to open file.
```

说明：不能正常下载，需要 ftpserver 调整配置文件。

在配置文件/etc/vsftpd/vsftpd.conf 中增加如下内容。

```
anon_world_readable_only=NO
```

在修改配置文件后，都需重启该 vsftpd 服务，这里添加了相应的配置内容，因此完成添加后应重启 vsftpd 服务。

```
[root@ftpserver ftp]# systemctl restart vsftpd
```

步骤 9：再次测试下载功能。

```
[root@ftpserver ftptest]# ftp
ftp> open 192.168.150.100
Connected to 192.168.150.100 (192.168.150.100).
220 (vsftpd 3.0.2)
Name (192.168.150.100:root): anonymous
331 Please specify the password.
Password:
230 Login successful.
Remote system type is UNIX.
Using binary mode to transfer files.
ftp> cd ftpserver
250 Directory successfully changed.
ftp> get ceshiwenjian ./ceshiwenjian
local: ./ceshiwenjian remote: ceshiwenjian
227 Entering Passive Mode (192,168,150,100,175,37).
150 Opening BINARY mode data connection for ceshiwenjian (2277 bytes).
226 Transfer complete.
2277 bytes received in 1.9e-05 secs (119842.11 Kbytes/sec)
ftp> exit
221 Goodbye.
[root@ftpserver ftptest]# ls
Ceshiwenjian
```

说明： 成功下载。如果不能成功下载，则需要设置“anon_world_readable_ only=NO”。

步骤 10： 测试删除功能。

直接测试删除功能，发现现在是不能删除的，需要在配置文件中增加以下项。

```
anon_other_write_enable=YES
```

在重启 vsftpd 服务后，才可以再次测试删除功能。

```
[root@ftpclient ftp]# systemctl restart vsftpd
```

测试删除功能。

```
ftp> ls
227 Entering Passive Mode (192,168,150,100,88,235).
150 Here comes the directory listing.
-rw-------    1 14      50           2277 Apr 14 02:31 ceshiwenjian
-rw-------    1 14      50             48 Apr 14 02:47 ftptest.txt
226 Directory send OK.
ftp> delete  ceshiwenjian
250 Delete operation successful.
ftp> ls
227 Entering Passive Mode (192,168,150,100,105,70).
150 Here comes the directory listing.
-rw-------    1 14      50             48 Apr 14 02:47 ftptest.txt
```

3.5 配置本地用户登录 FTP 服务器

通过学习匿名用户 FTP 服务器搭建与管理的步骤，可以知道 FTP 服务器的搭建与配置其实就是修改配置文件的过程。基于本地用户的 FTP 服务器的搭建与配置也是修改/etc/vsftpd/ vsftpd.conf 文件。

FTP 本地用户登录

（1）限制列表中的本地用户不能访问 FTP 服务器，除限制列表外的本地用户可以访问 FTP 服务器。

步骤 1： 修改配置文件。

```
userlist_enable=YES
userlist_deny=YES
userlist_file=/etc/vsftpd/user_list
```

说明：“userlist_enable=NO”用于指定所有用户不能访问，“userlist_file=/etc/vsftpd/user_list”用于指定被拒绝访问用户的限制列表。

步骤 2： 重启 vsftpd 服务。

```
[root@ftpserver vsftpd]# systemctl restart vsftpd
[root@ftpserver vsftpd]# systemctl status vsftpd
● vsftpd.service - Vsftpd ftp daemon
   Loaded:  loaded  (/usr/lib/systemd/system/vsftpd.service;  disabled;
vendor preset: disabled)
   Active: active (running) since 日 2022-04-17 12:57:29 CST; 27s ago
  Process:  3042  ExecStart=/usr/sbin/vsftpd  /etc/vsftpd/vsftpd.conf
(code=exited, status=0/SUCCESS)
```

```
  Main PID: 3043 (vsftpd)
     Tasks: 1
    CGroup: /system.slice/vsftpd.service
            └─3043 /usr/sbin/vsftpd /etc/vsftpd/vsftpd.conf
4月 17日 12:57:29 ftpserver systemd[1]: Starting Vsftpd ftp daemon...
4月 17日 12:57:29 ftpserver systemd[1]: Started Vsftpd ftp daemon.
```

说明：再次强调，只要设置配置文件，就要重启 vsftpd 服务。

步骤 3：查看不能访问 FTP 服务器的用户列表。

```
# vsftpd userlist
# If userlist_deny=NO, only allow users in this file
# If userlist_deny=YES (default), never allow users in this file, and
# do not even prompt for a password.
# Note that the default vsftpd pam config also checks /etc/vsftpd/ftpusers
# for users that are denied.
root
bin
daemon
adm
lp
sync
shutdown
halt
mail
news
uucp
operator
games
nobody
```

步骤 4：使用限制列表中的用户进行测试。

```
ftp> open 192.168.150.100
Connected to 192.168.150.100 (192.168.150.100).
220 (vsftpd 3.0.2)
Name (192.168.150.100:root): root
530 Permission denied.
Login failed.
```

说明：限制列表中的用户被拒绝登录 FTP 服务器。

步骤 5：使用除限制列表外的用户进行测试。

```
[root@ftpclient ~]# ftp
ftp> open 192.168.150.100
Connected to 192.168.150.100 (192.168.150.100).
220 (vsftpd 3.0.2)
Name (192.168.150.100:root): linuxstudy
331 Please specify the password.
Password:
230 Login successful.
Remote system type is UNIX.
Using binary mode to transfer files.
ftp> ls
```

```
227 Entering Passive Mode (192,168,150,100,202,202).
150 Here comes the directory listing.
226 Directory send OK.
```

说明：除限制列表外的用户可以成功登录 FTP 服务器。本地用户登录的 FTP 服务器的默认目录为该用户的家目录。

（2）限制列表中的本地用户能访问 FTP 服务器，除限制列表外的本地用户不可以访问 FTP 服务器。

步骤 1：修改配置文件。

```
userlist_deny=NO
```

步骤 2：重启 vsftpd 服务。

```
[root@ftpserver vsftpd]# systemctl restart vsftpd
```

步骤 3：使用限制列表中的用户进行测试。

```
ftp> open 192.168.150.100
Connected to 192.168.150.100 (192.168.150.100).
220 (vsftpd 3.0.2)
Name (192.168.150.100:root): root
331 Please specify the password.
Password:
```

说明：当出现输入密码的命令行时，说明可以登录。

（3）应用实例：使用本地组中的用户访问 FTP 服务器。

未来广告公司的市场部为自己建立一个组 market，市场部有三名员工：david、Alice、bill。要求三者的权限分别为 david（rw）、Alice（r）与 bill（r），采用 UGO 权限管理模式完成要求中 FTP 服务器的搭建。

步骤 1：创建公司文件夹 Future ，在 Future 文件夹中创建 market 文件夹，在 market 文件夹中创建共享文件夹 share。

```
[root@ftpserver vsftpd]# mkdir -p /var/Future/market/share
```

步骤 2：创建用户和组，并为三个用户设置密码。

```
[root@ftpserver vsftpd]# groupadd Future
[root@ftpserver vsftpd]# useradd -G Future -d /var/Future/market/share/ -M david
[root@ftpserver vsftpd]# useradd -G Future -d /var/Future/market/share/ -M Alice
[root@ftpserver vsftpd]# useradd -G Future -d /var/Future/market/share/ -M bill
```

说明：“-G”表示指定用户所属的组，“-d”后面的内容为家目录。

```
[root@ftpserver vsftpd]# echo "123" | passwd --stdin david
更改用户 david 的密码。
passwd：所有的身份验证令牌已经成功更新。
[root@ftpserver vsftpd]# echo "123" | passwd --stdin Alice
更改用户 Alice 的密码。
passwd：所有的身份验证令牌已经成功更新。
[root@ftpserver vsftpd]# echo "123" | passwd --stdin bill
更改用户 bill 的密码。
passwd：所有的身份验证令牌已经成功更新。
```

步骤 3： 修改/var/Future/market/share 目录所属用户和权限。

```
[root@ftpserver vsftpd]# chown david /var/Future/market/share/
[root@ftpserver vsftpd]# chgrp Future /var/Future/market/share/
[root@ftpserver vsftpd]# ls -ld /var/Future/market/share/
drwxr-xr-x. 2 david Future 6 4月  17 13:25 /var/Future/market/share/
```

说明： david 用户是这个文件夹的所有者，因此具有读写权限，Alice 用户与 bill 用户属于同组，因此具有读权限。

步骤 4： 修改配置文件。

```
anonymous_enable=NO
local_enable=YES
write_enable=YES
chroot_local_user=YES
userlist_deny=YES
```

说明：“chroot_local_user=YES”用于指定切换到上级目录，如果出现“500 OOPS”，则需要增加“allow_writeable_chroot=YES”。

步骤 5： 重启 vsftpd 服务。

```
[root@ftpserver vsftpd]# systemctl restart vsftpd
```

步骤 6： 在 ftpclient 中进行测试。

```
[root@ftpclient ftptest1]# ls
abc
[root@ftpclient ftptest1]# ftp
ftp> open 192.168.150.100
Connected to 192.168.150.100 (192.168.150.100).
220 (vsftpd 3.0.2)
Name (192.168.150.100:root): david
331 Please specify the password.
Password:
230 Login successful.
Remote system type is UNIX.
Using binary mode to transfer files.
ftp> put abc
local: abc remote: abc
227 Entering Passive Mode (192,168,150,100,140,70).
50 Ok to send data.
226 Transfer complete.
2277 bytes sent in 0.000329 secs (6920.97 Kbytes/sec)
ftp> ls -l
227 Entering Passive Mode (192,168,150,100,179,126).
150 Here comes the directory listing.
-rw-r--r--    1 1001     1002         2277 Apr 17 07:49 abc
226 Directory send OK.
```

说明： 因为 david 用户具有读写权限，所以 david 用户测试成功。

```
[root@ftpclient ftptest1]# ftp
ftp> open 192.168.150.100
Connected to 192.168.150.100 (192.168.150.100).
220 (vsftpd 3.0.2)
```

```
Name (192.168.150.100:root): bill
331 Please specify the password.
Password:
230 Login successful.
Remote system type is UNIX.
Using binary mode to transfer files.
ftp> put abc
local: abc remote: abc
227 Entering Passive Mode (192,168,150,100,192,200).
553 Could not create file.
```

说明：因为 bill 用户没有写权限，所以不能上传文件，但是有读权限，因此可以查看文件。

3.6 配置虚拟用户登录 FTP 服务器

在学习前面的内容后可以发现，当使用本地用户访问 FTP 服务器时，用户名和密码都是系统中真实存在的。如果管理员不想将系统中真实的用户名和密码暴露出去，则可以采用虚拟用户的方式。虚拟用户是一个系统中并不存在的用户，管理员通过配置，在系统中将虚拟用户映射到一个真实的系统用户，从而达到访问 FTP 服务器的目的。用户并不知道虚拟用户所对应的真实用户是什么，这样就相当于为系统中的真实用户加了一层“伪装”，能够在一定程度上提高系统的安全性。

FTP 虚拟用户登录

在进行虚拟用户实验前，要创建 Linux 操作系统用户，创建的系统用户没有登录本机系统的权限，只能登录 FTP 服务器。

管理员需要创建一个系统用户，并且设置其不可登录本机系统，步骤如下。

步骤 1：创建 FTP 用户，并设置密码。

```
[root@ftpserver ~]# useradd -d /var/ftp -s /bin/false -M ftpvuser
[root@ftpserver ~]# passwd ftpvuser
更改用户 ftpvuser 的密码。
新的密码：
无效的密码：密码少于 8 个字符
重新输入新的密码：
passwd：所有的身份验证令牌已经成功更新。
```

说明：“-d”表示家目录，“-M”表示不创建用户的家目录，“-s”表示使用的 bash，“/bin/false”表示该用户不能在本机系统登录。

查看/etc/passwd 文件中的内容如下。

```
ftpvuser:x:1005:1006::/var/ftp:/bin/false
```

步骤 2：修改目录权限。

```
[root@ftpserver ~]# chmod 700 /var/ftp
```

步骤 3：修改配置文件/etc/vsftpd/vsftpd.conf。

```
anonymous_enable=NO
local_enable=YES
```

```
write_enable=YES
local_umask=022
anon_upload_enable=YES
anon_mkdir_write_enable=YES
chroot_local_user=YES
guest_enable=YES
guest_username=ftpvuser
```

说明：（1）如果出现“530 Login incorrect,Login failed.”错误，则找到/etc/pam.d/vsftpd 文件，将该文件中的“auth required”行注释掉即可。

（2）如果出现“500 OOPS: could not read chroot() list file:/etc/vsftpd/chroot_list.”错误，则找到/etc/vsftpd/vsftpd.conf 文件，将该文件中的“chroot_list_enable=YES”行注释掉即可。

步骤 4：重启 vsftpd 服务，关闭防火墙，设置 SELinux。

```
[root@ftpserver ~]# systemctl restart vsftpd
[root@ftpserver ~]# systemctl stop firewalld
[root@ftpserver ~]# setenforce 0
```

步骤 5：在 ftpclient 中进行测试。

```
[root@ftpclient /]# ftp
ftp> open 192.168.150.100
Connected to 192.168.150.100 (192.168.150.100).
220 (vsFTPd 3.0.2)
Name (192.168.150.100:root): ftpvuser
331 Please specify the password.
Password:
230 Login successful.
Remote system type is UNIX.
Using binary mode to transfer files.
ftp> close
221 Goodbye.
ftp> open 192.168.150.100
Connected to 192.168.150.100 (192.168.150.100).
220 (vsFTPd 3.0.2)
Name (192.168.150.100:root): root
530 Permission denied.
Login failed.
```

说明：虚拟用户可以登录 FTP 服务器，普通用户不可以登录。

FTP 虚拟用户是 FTP 服务器的专有用户，使用虚拟用户登录 FTP 服务器，只能访问 FTP 服务器提供的资源，大大增强了系统的安全性。FTP 虚拟用户很多时候采用 PAM 认证方式，步骤如下，增强了 FTP 服务器的安全性。

步骤 1：添加虚拟用户密码文件。

创建虚拟用户密码文件，保存路径为/etc/vsftpd/。

```
[root@ftpserver ~]# vim /etc/vsftpd/vir_user
```

在该文件中添加虚拟用户名和密码，一行为用户名，一行为密码，以此类推。奇数行为用户名，偶数行为密码。

```
ftp
123
```

步骤 2：生成虚拟用户密码认证文件。

将刚添加的虚拟用户密码文件转换成系统识别的密码认证文件。在生成密码之前，首先查看系统有没有安装生成密码认证文件所需的软件包 libdb-utils。

```
[root@ftpserver ~]# yum -y install libdb-utils
软件包 libdb-utils-5.3.21-25.el7.x86_64 已安装并且是最新版本。
```

使用“db_load”命令生成虚拟用户密码认证文件。

```
[root@ftpserver ~]# db_load -T -t hash -f /etc/vsftpd/vir_user /etc/vsftpd/vir_user.db
[root@ftpserver ~]# chmod 700 /etc/vsftpd/vir_user.db
```

说明：（1）将生成的数据库文件保存为/etc/vsftpd/vir_user.db，/etc/vsftpd/vir_user.db 为加密文件。

（2）选项“-T”表示允许应用程序能够将文本文件载入数据库。由于后续要将虚拟用户的信息以文件的方式存储在文件夹中，为了让 vsftpd 应用程序能够通过文本来载入用户数据，必须使用这个选项。子选项“-t”追加在选项“-T”后，用来指定载入的数据库类型，“-t”可以指定的数据类型有 Btree、Hash、Queue 和 Recon。

步骤 3：编辑 vsftpd 的 PAM 认证文件。

打开/etc/pam.d/vsftpd 文件，在其中增加以下内容。

```
auth          required    pam_userdb.so   db=/etc/vsftpd/vir_user
account       required    pam_userdb.so   db=/etc/vsftpd/vir_user
```

说明：将原来以“auth”和“account”开头的所有行注释掉后，增加上面的内容。

步骤 4：建立本地映射用户并设置宿主目录权限。

增加一个系统用户 ftpvuser2，所有虚拟用户都会映射到此用户，并对文件系统进行读写操作。

```
[root@ftpserver ~]# mkdir /ftproot
[root@ftpserver ~]# useradd -d /ftproot -s /sbin/nologin ftpvuser2
[root@ftpserver ~]# chown -R ftpvuser2:ftpvuser2 /ftproot
[root@ftpserver ~]# ls -ld /ftproot/
drwxr-xr-x. 2 ftpvuser2 ftpvuser2 6 4月  18 20:05 /ftproot/
```

说明：增加用户，指定访问目录，修改目录权限。

步骤 5：修改配置文件/etc/vsftpd/vsftpd.conf。

```
anonymous_enable=NO          #禁止匿名用户登录
local_enable=YES             #允许本地用户登录
guest_enable=YES             #启用虚拟用户
guest_username=ftpvuser2     #把虚拟用户映射到系统用户“ftpvuser2”中
pam_service_name=vsftpd      #使用虚拟用户验证（PAM 验证）
user_config_dir=/etc/vsftpd/vsftpd_ftpvuser2     #设置存放各虚拟用户配置文件的目录（此目录下名称与虚拟用户名相同的文件为对应虚拟用户的配置文件）
allow_writeable_chroot=YES #当启用 chroot 时，虚拟用户根目录允许写入
```

步骤 6：配置虚拟用户各自的配置文件。

创建虚拟用户配置文件的存放目录。

```
[root@ftpserver ~]# mkdir /etc/vsftpd/vsftpd_ftpvuser2
```

创建和配置虚拟用户各自的配置文件，文件名为虚拟用户名，文件内容如下。

```
write_enable=YES                 #允许虚拟用户写入
```

```
anon_world_readable_only=NO       #允许虚拟用户浏览 FTP 目录和下载
anon_upload_enable=YES            #允许虚拟用户上传文件
anon_mkdir_write_enable=YES       #允许虚拟用户创建目录
anon_other_write_enable=YES       #允许虚拟用户执行其他操作（如改名、删除）
anon_umask=022       #上传文件的掩码，如 022 时，上传目录权限为 755，文件权限为 644
local_root=/ftproot/admin/        #指定虚拟用户的虚拟目录（虚拟用户登录后的主目录）
```

关闭 root 用户，即关闭其他用户登录权限。

```
vim /etc/vsftpd/ftpusers
```

创建虚拟用户的根目录，要保证虚拟用户映射的系统用户对这个根目录具有读写权限。

```
[root@ftpserver ~]# mkdir -p /ftproot/admin/
[root@ftpserver ~]# chown -R ftpvuser2.ftpvuser2 /ftproot/admin/
[root@ftpserver ~]# ls -ld /ftproot/admin/
drwxr-xr-x. 2 ftpvuser2 ftpvuser2 6 4月  18 20:23 /ftproot/admin/
```

步骤 7：重启 vsftpd 服务，关闭防火墙，设置 SELinux。

```
[root@ftpserver ~]# systemctl restart vsftpd
[root@ftpserver ~]# systemctl stop firewalld
[root@ftpserver ~]# setenforce 0
```

如果需要开启防火墙，则配置规则如下。

```
[root@ftpserver ~]# systemctl start firewalld
[root@ftpserver ~]# firewall-cmd --add-service=ftp --permanent
[root@ftpserver ~]# firewall-cmd --reload
```

说明：关键字“permanent”表示永久生效，但不是立即生效，而是需要重启系统或重新加载防火墙规则，才能保证配置的防火墙规则立即生效。重新加载防火墙规则的命令为“firewall-cmd --reload”。

步骤 8：在 ftpclient 中进行测试。

```
ftp> open 192.168.150.100
Connected to 192.168.150.100 (192.168.150.100).
220 (vsFTPd 3.0.2)
Name (192.168.150.100:root): ftp
331 Please specify the password.
Password:
230 Login successful.
Remote system type is UNIX.
Using binary mode to transfer files.
```

步骤 9：在 Windows 10 操作系统中测试登录 FTP 服务器。

```
C:\Users\seashorewang>ftp
ftp> open 192.168.150.100
连接到 192.168.150.100。
220 (vsFTPd 3.0.2)
200 Always in UTF8 mode.
用户(192.168.150.100:(none)): ftp
331 Please specify the password.
密码:
230 Login successful.
```

3.7 小结

本章讲解了 FTP 的基础知识；详细介绍了在 VMware Workstation 中搭建 FTP 服务器需要的环境；详细解读了配置文件/etc/vsftpd/vsftpd.conf；分步骤、详细地描述了匿名用户登录 FTP 服务器、本地用户登录 FTP 服务器、虚拟用户登录 FTP 服务器的配置与管理的过程。

1. FTP 的基础知识

- FTP 是 TCP/IP 协议族中的成员之一。
- FTP 是 C/S 架构的服务，包括两部分，一为 FTP 服务器，二为 FTP 客户端。
- FTP 与 HTTP 最大的不同就是其具有双向传输功能。
- FTP 使主机间可以共享文件。
- FTP 使用 TCP 作为底层传输协议，提供了数据传输的可靠性。它使用的标准端口为 20 和 21。20 端口为数据接口，21 端口为指令接口。
- FTP 命令行格式为“ftp -参数 [主机名]”。

2. FTP 的环境搭建

- CentOS Linux 操作系统使用 vsftpd 服务完成 FTP 功能。
- vsftpd 最初发展的理念是构建一个以安全为重心的 FTP 服务器。
- 环境搭建主要涉及准备虚拟环境、搭建 YUM 仓库、安装 vsftpd 服务、设置 SELinux、设置防火墙等。

3. vsftpd 基本配置文件

- CentOS Linux 操作系统中 FTP 服务的配置文件都保存在/etc/vsftpd 目录下。
- /etc/vsftpd//vsftpd.conf 是主配置文件。
- /etc/vsftpd/vsftpd.conf 配置文件中的内容非常简单，并且遵守严格的格式，每行即一项设定。如果是空白行或是开头为“#”符号的一行，将会被忽略。
- /etc/vsftpd/ftpusers 中指定了哪些用户不能访问 FTP 服务器。
- /etc/vsftpd/user_list 中指定的用户在默认情况下（即在/etc/vsftpd/vsftpd.conf 配置文件中设置了“userlist_deny=YES”）不能访问 FTP 服务器。
- /etc/vsftpd/vsftpd_conf_migrate.sh 文件中指定了 vsftpd 操作的一些变量和设置脚本。

3.8 课堂思政

2013 年 3 月 23 日，习近平总书记在莫斯科国际关系学院发表演讲时指出：“这个世界，各国相互联系、相互依存的程度空前加深，人类生活在同一个地球村里，生活在历史和现实交汇的同一个时空里，越来越成为你中有我、我中有你的命运共同体。”

本章中学习的 FTP 服务器搭建的目的就是实现数据与资源共享。这与习近平总书记提出的人类命运共同体中的“共商、共建、共享”的全球治理理念相吻合。作为新时代的 IT 专业大学生，我们既要把专业技术学好，更要在专业技术的学习过程中，结合习近平总书记系列重要讲话，深刻领会习近平新时代中国特色社会主义思想，并运用到实际学习过程中。在学习过程中难免会遇到技术难题，我们要学会充分利用互联网资源，尤其是开源社区的资源，集思广益，团结合作，掌握扎实的专业基础知识，并努力做“又红又专”的新时代优秀 IT 人才。

实训 3　FTP 服务器的搭建、配置与管理

一、实训目的

- 掌握 FTP 及 FTP 服务器的基本原理。
- 了解 FTP 服务器的主动与被动模式。
- 学会 FTP 服务器搭建前环境的准备。
- 掌握/etc/vsftpd/vsftpd.conf 文件的配置。
- 能够搭建、配置与管理 FTP 服务器。

二、项目背景

在大鸟老师的指点下，小 A 的进步越来越快，他熟悉并掌握了 Linux 服务器架设的基础知识，并对 Linux 服务与安全有了整体了解。然而小 A 发现，在日常学习与生活中用得最多的是文件共享功能。在大学学习中，老师经常把作业放到 FTP 服务器。在向大鸟老师进行了一番请教后，小 A 了解了 FTP 的基本原理，知道了 vsftpd，并且对 FTP 服务器的搭建、配置步骤有了一定的了解。于是小 A 决定自己动手搭建与配置 FTP 服务器。

三、实训内容

- vsftpd 服务管理“systemctl start | stop | restart|status service”命令。
- /etc/vsftpd/vsftpd.conf 主配置文件的解析与配置。
- 搭建基于匿名用户的 FTP 服务器。
- 搭建基于本地用户的 FTP 服务器。
- 搭建基于虚拟用户的 FTP 服务器。

四、实训步骤

【实训环境和条件】

1. VMware Workstation 15.5 或以上版本的虚拟机软件。
2. 两台 CentOS 7 操作系统虚拟机，一台作为 FTP 服务器，另一台作为客户端。

【实训内容】

1．两台虚拟机连入自定义网络 NAT。

2．虚拟机 1，将计算机名改为“FTPserver”，配置本地连接 1 的 IP 地址为 192.168.150.11，子网掩码为 255.255.255.0，网关为 192.168.150.1，首选 DNS 服务器是它本身的 IP 地址。

3．虚拟机 2，将计算机名改为“FTPclient”，配置 IP 地址为 192.168.150.12，子网掩码为 255.255.255.0，网关为 192.168.150.1，首选 DNS 服务器是虚拟机 1 的 IP 地址。虚拟机 1 与虚拟机 2 能够互相 ping 通。

4．在虚拟机 1 中安装 vsftpd 服务，并启动该服务，设置防火墙与 SELinux。

5．在/var/ftp 目录下创建文件夹 tsfuture，设置该目录的权限，在其中新建一档名称为“FTPservertest”的文件。

6．修改/etc/vsftpd/vsftpd.conf 配置文件，设置允许匿名账户登录 FTP 服务器，并测试。

7．创建用户 ftptest1、ftptest2、ftptest3，将 ftptest1 加入黑名单，修改配置文件/etc/vsftpd/vsftpd.conf，并进行基于本地账户的 FTP 服务器的搭建、配置与管理。

8．安装 libdb-utils 包，创建组 ftpgroup，并创建三个用户，将用户名和密码写入文件，修改/etc/vsftpd/vsftpd.conf 配置文件，进行基于虚拟账户的 FTP 服务器的搭建、配置与管理。

第 4 章 NFS 服务器的配置与管理

04

未来广告公司的技术部员工使用的计算机的操作系统均为 Linux，该公司购买了一台存储服务器。根据业务需求，在该服务器中划分了不同的分区，并进行了格式化，需要技术部员工将分区共享给相应部门的员工使用。技术部的系统工程师们经过研究，决定搭建 NFS 服务器，可以让员工像使用本地的文件系统那样来使用服务器上的存储空间。本章将讲解 NFS 的基础知识，以及 NFS 服务器的搭建、配置与管理。

4.1 NFS 的基础知识

4.1.1 NFS 简介

NFS（Network File System，网络文件系统）是一种应用于分散式文件系统的协议，由 Sun 公司开发，于 1984 年向外公布，其用于通过网络在不同的计算机、不同的操作系统之间分享数据，使应用程序可以在客户端通过网络访问位于服务器磁盘中的数据，是在类 UNIX 系统之间实现磁盘文件共享的一种方法。

NFS 用于在 Linux 操作系统中提供文件共享服务，通过将服务器上的输出（Export）目录挂载到本地计算机，实现文件的访问及修改。通过 NFS 访问共享文件，客户端用户可以像使用本地文件那样来使用服务器共享的数据，NFS 客户端与服务器的结构如图 4.1 所示。

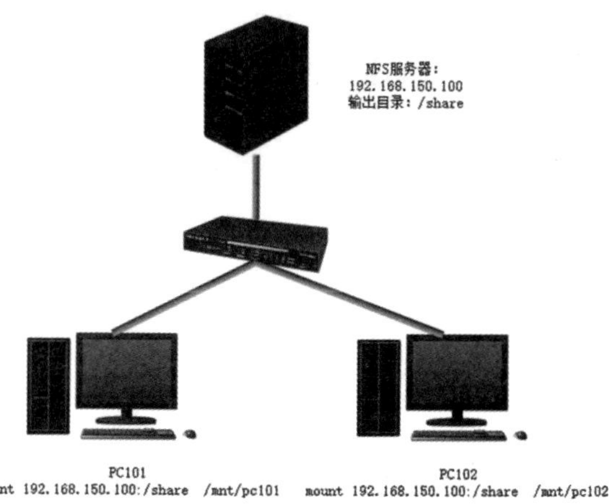

图 4.1 NFS 客户端与服务器的结构

说明 1：服务器将计算机内部的一个文件夹共享，客户端只要能通过网络访问到服务器（不一定要在同一个局域网），就可以将服务器输出的共享目录挂载到本地计算机上自定义的目录中。

说明 2：PC101 和 PC102 两台客户端只要进入本地挂载点内，就可以看到服务器共享目录中的所有文件，两台客户端看到的共享内容是相同的。

由于 NFS 使用起来非常方便，因此很快得到了大多数 UNIX/Linux 操作系统的支持，而且被国际互联网工程任务组（IETE）制定为 RFC1904、RFC1813 和 RFC3010 标准。

4.1.2 RPC 简介

NFS 服务器本身使用 2049 端口来提供服务，但由于 NFS 服务器支持许多功能，这些功能启用的端口并不固定，因此一般随机使用一些小于 1024 且未被使用的端口来传输数据。因为端口不固定，NFS 客户端需要知道 NFS 服务器开启的端口号才能够连接并使用，所以 NFS 服务器使用远程过程调用（Remote Procedure Call，RPC）协议来实现。NFS 服务器启动后会随机选定一些端口，并向 RPC 协议注册这些端口，将随机选定的端口告诉 RPC 服务，当客户端访问服务器时，通过 RPC 服务就可以知道服务器开放的端口号，从而实现 NFS 的访问。

RPC 是一种通过网络从远程计算机程序上请求服务，而不需要了解底层网络技术的协议。RPC 协议假定某些传输协议的存在，如 TCP 或 UDP，为通信程序之间传递信息数据。在 OSI 网络通信模型中，RPC 工作在从传输层到应用层的每个部分。

RPC 采用客户端/服务器模式。请求程序就是一个客户端，而服务提供程序就是一个服务器。客户端首先调用进程发送一个有进程参数的调用信息到服务进程，然后等待应答信息。在服务器中，进程保持睡眠状态直到调用信息到达。当一个调用信息到达时，服务器获得进程参数，先计算结果并发送应答信息，再等待下一个调用信息，最后客户端调用进程接收应答信息，获得进程结果后继续执行。

RPC 使用固定端口 111 监听 NFS 客户端的请求并响应，当 NFS 客户端发出访问 NFS 服务器的查询请求时，工作流程如图 4.2 所示。

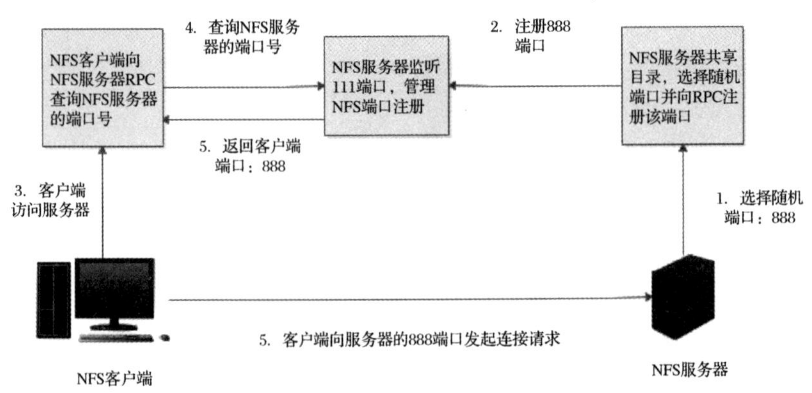

图 4.2　NFS 与 RPC 服务的工作流程

- NFS 客户端向 NFS 服务器的 111 端口发出访问 NFS 服务器的查询请求。

- NFS 服务器监听 111 端口，当收到请求后，由于 NFS 服务器随机选择端口后会向 RPC 服务注册，因此 RPC 查询到已经注册的 NFS 服务器的端口号，并将其返回给 NFS 客户端。
- NFS 客户端知道了 NFS 服务器的端口后，就会向该端口发起请求。
- NFS 服务器在该端口监听到 NFS 客户端的连接请求后，接受请求。

通过图 4.2 可知，如果需要启动 NFS 服务器，则应先启动 RPC 服务；如果 NFS 无法向 RPC 服务注册端口，则 NFS 服务器最终无法被访问。如果 RPC 服务重新启动，则之前 NFS 注册的端口号都会消失，所以需要重新向 RPC 服务注册端口，才能够继续使用服务。

4.1.3　NFS 的应用范围及优点

1. NFS 的应用范围

- 多台机器可以共享一台机器的存储设备。例如，网络附加存储（Network Attached Storage，NAS）可以支持 NFS 协议，让网络可达范围内的其他用户可以与本地磁盘一样来使用存储服务器的存储空间。
- 在大型网络中配置一台中心 NFS 服务器，用来放置所有用户的 Home 目录，这些目录可以被输出到网络，以便用户在工作站上登录，总能得到相同的 Home 目录。在这样的应用中，NFS 配合 NIS 或 LDAP 等目录服务器，能够非常便捷地实现用户和主目录的统一管理。
- 因为 NFS 服务器的使用与本地文件的使用一样，因此可以不必将共享目录中的文件下载到本地就可以直接使用，文件的操作都是在 NFS 服务器共享的目录中进行的。

2. NFS 的优点

- 节省本地存储空间。将常用的数据存放在一台 NFS 服务器中，并且可以通过网络访问这些数据，可以减少使用本地终端的存储空间。
- 不需要在网络中的每台计算机上都创建 Home 目录，Home 目录可以存放在 NFS 服务器中，并且可以在网络上被访问。
- 一些存储设备（如 CDROM）可以在网络上被别的计算机使用。这可以减少整个网络上的可移动介质设备的数量。

4.1.4　使用 NFS 需要注意的问题

在 Linux 操作系统中，访问文件或文件夹需要涉及文件或文件夹的权限问题。如果在客户端使用 root 用户访问服务器的共享目录，一般访问用户会被自动地设置为 nfsnobody（uid 为 65535）用户。如果客户端是一个普通用户，如 user1，在访问服务器时，服务器上并没有 user1 用户，但是有一个与客户端 user1 用户 uid 相同的另一个用户 zhang，客户端就可以访问用户 zhang 的所有文件。这是因为 Linux 操作系统并不是根据用户名来区分用户的，而是根据 uid 来区分用户的，相同的 uid 会被系统认为是同一个用户，这就容易造成服务器上用户的隐私被泄露。NFS 服务器提供了“挤压”（Squash）功能来解决这个问题，这部分内容将在 NFS 服务器的配置中详细介绍。

4.1.5 NFS 服务器

NFS 是 Linux 操作系统之间（类 UNIX 系统之间）使用最广泛的文件共享协议。与 FTP 和 HTTP 不同，NFS 方式的共享可以直接使用而不需要下载。

NFS 服务可以将某个文件夹共享，客户端就可以直接通过网络对该文件夹进行挂载，挂载后可以直接使用，与使用本机的文件一样。NFS 的效率比 FTP 与 HTTP 的效率高很多，但仅适用于局域网内共享，互联网共享多数使用 FTP 或 HTTP 方式。NFS 有三个主流版本，分别为 NFSv2、NFSv3 和 NFSv4。

NFS 服务器是指能实现 NFS 协议的服务器，采用客户端/服务器（C/S）的工作模式。在 NFS 服务器中将目录设置为输出目录（共享目录）后，其他客户端就可以将这个目录挂载到自己系统中的某个目录下。NFSv2、NFSv3 默认需要使用 RPC 服务，所以系统中的 RPC 服务必须启动。NFSv4 不需要 RPC 服务支持，并且对防火墙友好。NFSv2、NFSv3 既可以使用 TCP 来传输数据，也可以使用 UDP 来传输数据。UDP 的传输效率高，但不能保证数据传输的可靠性，NFSv4 使用 TCP 来传输数据，因此传输是可靠的。

4.2 NFS 服务器的配置

4.2.1 NFS 服务器的组件及相关文件

通过 Systemd 管理的 NFS 服务器名称为“nfs”，NFS 服务器需要的软件包名称为“nfs-utils”，NFS 服务器的主配置文件为/etc/exports，目前 NFS 主版本为 NFS4。

```
[root@linuxserver ~]# rpm -qa | grep nfs
libnfsidmap-0.25-19.el7.x86_64
nfs-utils-1.3.0-0.65.el7.x86_64
nfs4-acl-tools-0.3.3-20.el7.x86_64
```

说明：

如果系统中没有安装 NFS，则可以自行安装，在安装时可以使用 YUM 仓库方式安装，命令为“yum install -y nfs-utils”，只要 YUM 仓库的配置正确，即可成功安装；也可以挂载系统镜像，进入镜像中存放软件包的目录 Packages，使用 RPM 方式安装，命令为“rpm -ivh nfs-utils-xxxx.rpm”。

NFS 配置文件详解

NFS 服务器在启动时需要向 RPC 服务注册端口，因此，与 NFS 服务器启动的相关守护进程有如下几个。

- rpc.nfsd：这是基本的 NFS 进程，主要管理客户端是否可以接入服务器及接入后的客户端信息等。
- rpc.mountd：它是 RPC 安装守护进程，主要功能是管理 NFS 的文件系统，当客户端顺利地通过 rpc.nfsd 进程登录服务器后，在使用 NFS 服务提供的凭证前，必须通过文件使用权限的验证，这个进程会读取主配置文件/etc/exports 来比对客户端权限。
- portmap：这个进程是 RPC 用来负责端口映射工作，在 RHEL5 及以前版本中使用，在 RHEL6 版本之后被称为“rpcbind”。当客户端尝试连接并使用 RPC 服务器提供的服务（如 NFS）时，该进程会将其管理的、与服务对应的端口提供给客户端，从而使客户可以通过该端口向服务器请求服务。

与 NFS 服务器相关的重要文件主要有以下两个。

- /etc/exports：这是 NFS 服务器的主配置文件，它在刚完成 NFS 服务器安装时是空的，内容需要管理员自行添加。
- /usr/sbin/exportfs：在这个文件中，可以查看和维护 NFS 共享资源，可以对共享资源进行更新、卸载或重新共享。

4.2.2 主配置文件的语法及参数

相较于其他服务器比较复杂的主配置文件，NFS 服务器的配置是相当“清爽”的，NFS 服务器的主要配置文件没有大段的参数和复杂的结构，每行配置代表一个共享文件夹。

语法结构如下：

```
共享文件夹的绝对路径 可访问客户端（选项）
```

示例如下。

```
/share 192.168.0.1(rw)
```

上述语句中的“/share 192.168.0.1(rw)”表示将系统中的/share 目录共享给 IP 地址为 192.168.0.1 的客户端，该客户端对 share 文件夹具有读写权限。

可访问的客户端既可以写为 IP 地址或网段，也可以写为域名或主机名，指定可访问客户端的方式如表 4.1 所示。

表 4.1 指定可访问客户端的方式

客户端	说明
192.168.0.1	指定 IP 地址的主机
192.168.0.0/24 或 192.168.0.*	指定网段内的所有主机
www.****.com	指定主机名的主机
*.****.com	指定域名下的所有主机
*（或者默认）	所有主机

除了需要设置授权访问的客户端，设置访问选项也非常重要。NFS 中主要的访问选项如下。

1. 访问权限选项

访问权限选项如表 4.2 所示。

表 4.2 访问权限选项

访问权限选项	说明
ro	设置共享目录只读
rw	设置共享目录可读写

2. 用户映射选项

NFS 客户端在访问 NFS 服务器的共享目录时，可以将访问的用户映射为一个权限很低的普通用户或系统用户，这样可以增强访问的安全性，用户映射选项如表 4.3 所示。

表 4.3　用户映射选项

用户映射选项	说明
all_squash	将远程访问的普通用户及所属群组分别映射为匿名用户和群组，匿名用户名和组名均为“nfsnobody”
no_all_squash	默认设置，不映射访问用户为匿名的用户和群组，如果没有在配置文件中特别说明，则不映射
root_squash	默认设置，将 root 用户和 root 群组分别映射为匿名 nfsnobody
no_root_squash	不将 root 用户和组映射为匿名 nfsnobody
anonuid=xxx	设置远程用户映射为匿名用户，匿名用户为设置的 uid 为×××的本地用户
anongid=xxx	设置远程用户组为匿名用户组，匿名用户组为设置的 gid 为×××的本地用户组

3. 其他功能选项

除了跟用户和权限有关的选项，NFS 还有一些其他的功能选项供管理员根据实际情况来选择设置，如表 4.4 所示。

表 4.4　其他功能选项

其他功能选项	说明
secure	限制 NFS 客户端只能从小于 1024 的 TCP/IP 端口连接 NFS 服务器（默认设置）
insecure	允许 NFS 客户端从大于 1024 的 ICP/IP 端口连接 NFS 服务器
sync	将数据同步写入内存缓冲区与磁盘，这样效率会比较低，但是可以保证数据的一致性
async	将数据先保存在内存缓冲区中，必要时才写入磁盘
wdelay	检查是否有相关的写操作，如果有，则将这些写操作一起执行，这样可以提高效率（默认设置）
no_wdelay	如果有写操作，则立即执行，与 sync 配合使用
subtree_check	如果共享目录是子目录，则 NFS 服务器还将检查父目录的设置权限（默认设置）
no_subtree_check	即便共享目录是子目录，NFS 服务器也不会检查父目录的权限，这样可以提高服务器效率

4.2.3　NFS 服务器的配置

前面已经介绍了 NFS 服务器主配置文件的设定，接下来搭建一个 NFS 服务器，按照如下要求来设置 NFS 服务器。

NFS 服务器配置

- 共享目录为/share/nfs 子目录。
- 192.168.150.0/24 子网内的所有主机都可以访问共享目录。
- 访问权限为读写。
- 普通用户不映射为匿名用户。
- root 用户映射为匿名用户。
- 匿名用户和组均为 nfsnobody。
- 将数据同步写入磁盘。
- 检查父目录的权限。

根据上述要求，设置及操作如下。

```
[root@linuxserver ~]# mkdir -p /share/nfs
[root@linuxserver ~]# chmod -R 777 /share/nfs
[root@linuxserver ~]# vim /etc/exports
[root@linuxserver ~]# cat /etc/exports
/share/nfs 192.168.150.0/24(rw,no_all_squash,root_squash,sync,subtree_check)
```

配置完成后，启动 rpcbind 进程及 NFS 服务如下。

```
[root@linuxserver ~]# systemctl restart rpcbind
[root@linuxserver ~]# systemctl restart nfs
[root@linuxserver ~]# systemctl enable rpcbind
[root@linuxserver ~]# systemctl enable nfs
Created symlink from /etc/systemd/system/multi-user.target.wants/nfs-server.service to /usr/lib/systemd/system/nfs-server.service.
```

说明： 在使用“systemctl”命令启动服务时，“restart”是临时启动，可以立即生效；“enable”是永久启动，但是只有在下一次重启服务后才会生效。

4.2.4　NFS 服务器相关命令

NFS 服务器设置完成并且启动后，可以通过“exportfs”命令来维护共享目录，该命令的语法如下。

```
exportfs [选项]
```

其中常用的选项主要有以下几个。

- -a：输出/etc/exports 主配置文件中设置的共享文件夹。
- -r：重新读取/etc/exports 主配置文件中的设置，并使之立即生效，这样不用每次修改主配置文件后，还要重新启动 NFS 服务。
- -v：在输出目录时将目录显示在屏幕终端。

命令的使用如下。

```
[root@linuxserver ~]# exportfs -a
[root@linuxserver ~]# exportfs -r
[root@linuxserver ~]# exportfs -v
/share/nfs    192.168.150.0/24(sync,wdelay,hide,sec=sys,rw,secure,root_squash,no_all_squash)
[root@linuxserver ~]# exportfs -v -a
exporting 192.168.150.0/24:/share/nfs
```

可以看出单独使用“-a”和“-v”，以及两者同时使用的区别。

除了“exportfs”这个常用且重要的命令，有时也使用“showmount”命令来查看 NFS 服务器是否可以连接，该命令的语法如下。

```
showmount [选项] 主机名/ip
```

选项主要包括以下两个。

- -a：显示当前主机与 NFS 客户端的连接状态。
- -e：显示某台主机的/etc/exports 共享的目录信息。

示例如下。

```
[root@linuxserver ~]# showmount -e localhost
Export list for localhost:
/share/nfs 192.168.150.0/24
```

4.2.5　NFS 客户端的设置及测试

与 NFS 服务器相比，NFS 客户端的设置则简单很多，一般只需要执行下面 4 个步骤即可。

步骤 1： 确认本地客户端启动了 rpcbind 服务（默认开启）。

```
[root@linuxclient1 ~]# systemctl status rpcbind
● rpcbind.service - RPC bind service
   Loaded:  loaded  (/usr/lib/systemd/system/rpcbind.service;  enabled; vendor preset: enabled)
   Active: active (running) since 日 2022-06-19 09:01:31 CST; 1h 4min ago
  Process:  841  ExecStart=/sbin/rpcbind  -w  $RPCBIND_ARGS  (code=exited, status=0/SUCCESS)
 Main PID: 842 (rpcbind)
    Tasks: 1
   CGroup: /system.slice/rpcbind.service
           └─842 /sbin/rpcbind -w

6月 19 09:01:29 linuxclient1 systemd[1]: Starting RPC bind service...
6月 19 09:01:31 linuxclient1 systemd[1]: Started RPC bind service.
```

步骤 2： 使用“showmount -e”命令查看 NFS 服务器的共享目录。

```
[root@linuxserver ~]# firewall-cmd --add-service=nfs --permanent
success
[root@linuxserver ~]# firewall-cmd --reload
Success
[root@linuxserver ~]# rpc.mountd
客户端：
[root@linuxclient1 ~]# showmount -e 192.168.150.100
Export list for 192.168.150.100:
/share/nfs 192.168.150.0/24
```

说明： 如果在 NFS 客户端无法查看到 NFS 服务器的输出目录（错误提示为“clnt_create: RPC: Port mapper failure - Unable to receive: errno 113 (No route to host)”），则可以在 NFS 服务端上通过“rpcinfo”查看端口并开启防火墙。在测试环境下，也可以关闭服务器的防火墙，命令为“systemctl stop firewalld”。

步骤 3： 在本地客户端建立挂载点。

```
[root@linuxclient1 ~]# mkdir /mnt/nfs
```

步骤 4： 使用“mount”命令挂载。

```
[root@linuxclient1 ~]# mount -t nfs 192.168.150.100:/share/nfs /mnt/nfs
[root@linuxclient1 ~]# df -h  | tail -1
192.168.150.100:/share/nfs   17G  5.9G   12G   35% /mnt/nfs
```

说明： 通过上面结果可以看出，共享目录已经挂载到本地。那么设置的选项到底是否生效呢？下面使用 root 用户和普通用户进行测试。

```
[root@linuxclient1 ~]# touch /mnt/nfs/rootfile
[root@linuxclient1 ~]# su - user1
[user1@linuxclient1 ~]$ touch /mnt/nfs/userfile
[root@linuxserver ~]# ls -l /share/nfs/
总用量 0
-rw-r--r--. 1 nfsnobody nfsnobody 0 6月  19 10:25 rootfile
-rw-rw-r--. 1      1002      1002 0 6月  19 10:26 userfile
```

说明： 细心的读者应该可以看出，在 NFS 服务器上查看新建的文件时，root 用户创建的文件的所有者被映射成了 nfsnobody；而 user1 用户创建的文件的所有者被映射成了 uid 为 1002 的用户。请思考，如果 NFS 服务器存在一个 uid 为 1002 的其他用户，这里显示的结果应该是什么呢？建议读者创建用户进行测试。

步骤 5： 实现 NFS 服务的开机自动挂载。

```
[root@linuxclient1 ~]# vim /etc/fstab
[root@linuxclient1 ~]# cat /etc/fstab | tail -1
192.168.150.100:/share/nfs    /mnt/nfs    nfs   defaults,_netdev    0 0
```

4.3　NFS 在域中的应用

NFS 在用作共享服务器时非常方便，但是它的作用并不只局限于提供一种局域网的共享服务这么简单。事实上，如果把 NFS 服务器和 NIS 服务器放在一起使用，并设置自动挂载，就可以非常方便且透明地提供一种局域网的用户、文件共享方式。

4.3.1　NIS 服务器的配置

域控服务器是一种能够安全集中管理域内用户、密码及管理策略的服务器，包含存放了域内所有用户的用户名和密码信息的数据库，实现统一的安全策略和集中管理。常用的域控服务器有 Windows 操作系统的活动目录（Active Directory，AD）、轻量级目录访问协议（Lightweight Directory Access Protocol，LDAP）和网络信息服务（Network Information Service，NIS）等。本教材以 NIS 服务器作为演示。

NIS 服务器使用的依然是 RPC 协议，需要的软件包如下。

- yp-tools：提供与 NIS 相关的查询命令。
- ypbind：NIS 的客户端软件。
- ypserv：NIS 的服务器软件。

可以使用“yum install ypserv yp-tools”命令来安装 NIS 的服务器软件包，使用“yum install ypbind –y”命令来安装 NIS 客户端软件，这里不再详细列出安装过程。

下面详细介绍 NIS 服务器的配置流程。

NIS 服务器的主配置文件为/etc/ypserv.conf，文件内容为使用冒号隔开分为四部分，意义如下。

```
主机名/ip: NIS 域名：用户数据库：安全性设置
```

在局域网内使用可以不执行特别严格的安全限制，具体配置如下。

步骤 1： 修改 NIS 主配置文件。

```
[root@linuxserver ~]# cat /etc/ypserv.conf | grep ^[^#]
files: 30
xfr_check_port: yes
192.168.150.0/255.255.255.0 : *      : *                 : none
```

步骤 2： 在 NIS 服务器端配置 NIS 域名，并建立 NIS 用户以供测试。

```
[root@linuxserver ~]# nisdomainname linuxserver
[root@linuxserver ~]# useradd nisuser
```

```
[root@linuxserver ~]# passwd nisuser
```

步骤 3：启动 NIS 服务，并且生成 NIS 用户和密码数据库。

```
[root@linuxserver ~]# systemctl start ypserv
[root@linuxserver ~]# systemctl enable ypserv
Created  symlink  from  /etc/systemd/system/multi-user.target.wants/
ypserv.service to /usr/lib/systemd/system/ypserv.service.
[root@linuxserver ~]# /usr/lib64/yp/ypinit -m

At this point, we have to construct a list of the hosts which will run
NIS
servers.  linuxserver is in the list of NIS server hosts.  Please continue
to add
the names for the other hosts, one per line.  When you are done with the
list, type a <control D>.
        next host to add:  linuxserver
        next host to add:
The current list of NIS servers looks like this:

linuxserver

Is this correct?  [y/n: y]  y
We need a few minutes to build the databases...
Building /var/yp/linuxserver/ypservers...
Running /var/yp/Makefile...
gmake[1]: 进入目录"/var/yp/linuxserver"
Updating passwd.byname...
Updating passwd.byuid...
Updating group.byname...
Updating group.bygid...
Updating hosts.byname...
Updating hosts.byaddr...
Updating rpc.byname...
Updating rpc.bynumber...
Updating services.byname...
Updating services.byservicename...
Updating netid.byname...
Updating protocols.bynumber...
Updating protocols.byname...
Updating mail.aliases...
gmake[1]: 离开目录"/var/yp/linuxserver"

linuxserver has been set up as a NIS master server.

Now you can run ypinit -s linuxserver on all slave server.
```

说明：

- 使用“ypinit”命令生成的数据库应使用绝对路径。
- 如果没有配置 NIS 域名，则会报错。

- 新添加的用户不会加入 NIS 域名数据库，如果需要将其添加到域，则需要重新执行这条命令。

4.3.2　NIS 客户端的配置

在客户端可以使用 setup 工具实现，在终端执行“setup”命令将会出现如图 4.3 所示的界面。

在这个界面中，首先单击“验证配置”按钮，然后移动光标至“运行工具”按钮处，按回车键打开“认证配置”界面进行 NIS 客户端的配置，如图 4.4 所示。

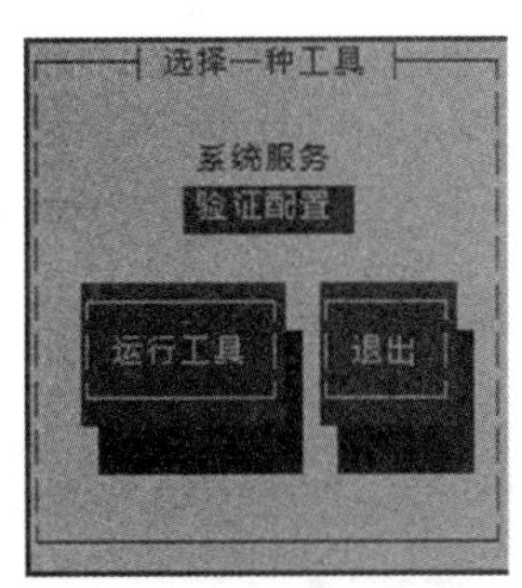

图 4.3　“setup”命令界面

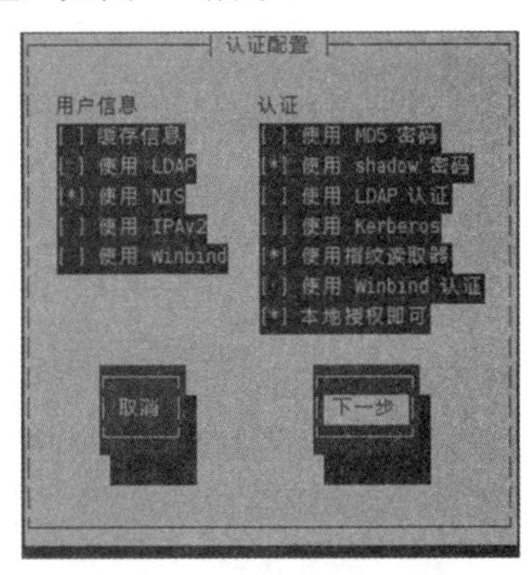

图 4.4　“认证配置”界面

在“认证配置”界面中，单击“使用 NIS”按钮，并单击“使用 shadow 密码”和“本地授权即可”按钮，接着单击“下一步”按钮，在打开的“NIS 设置”界面中进行 NIS 服务器的配置，包括服务器的域名和 IP 地址，如图 4.5 所示。

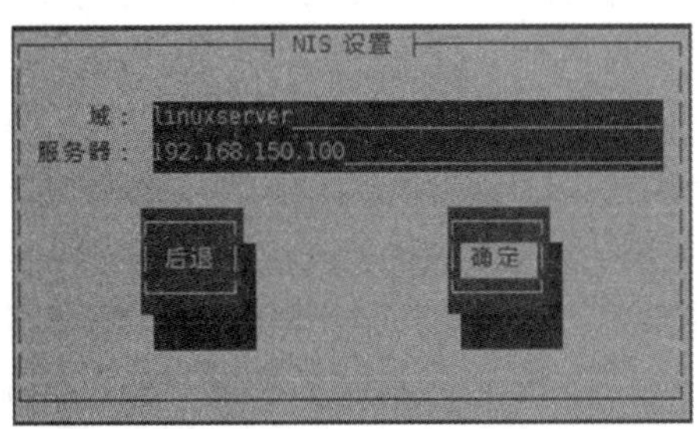

图 4.5　配置 NIS 服务器的域名和 IP 地址

设置完成后，关闭“setup”命令界面，查看 NIS 客户端的配置文件，如下所示。

```
[root@linuxclient1 ~]# cat /etc/yp.conf | tail -1
domain linuxserver server 192.168.150.100
```

由上面的查看结果可以看到，在 NIS 客户端的配置文件中已经自动填好了 NIS 服务器的域名和 IP 地址，可以在 NIS 客户端使用“yptest”命令来测试配置结果。

```
[root@linuxclient1 ~]# yptest
Test 1: domainname
Configured domainname is "linuxserver"

Test 2: ypbind
```

```
Used NIS server: 192.168.150.100

Test 3: yp_match
WARNING: No such key in map (Map passwd.byname, key nobody)
……（部分输出省略）
Test 6: yp_master
linuxserver
……（部分输出省略）
Test 9: yp_all
nisuser nisuser:$6$hq8hIJzJ$GGcacDUzxKBDGO9OW47.5Wbr7kQxzPPWdt88XUtQl9jESWiiOwwBw7Vd/LlVnlklsC8iMTHf1bKpGR4Cm9X.k.:1002:1002::/home/nisuser:/bin/bash
……（部分输出省略）
1 tests failed
```

说明：最后提示的检测失败的消息是在 Test 3 中的警告信息，这个信息不影响最终结果。需要重点关注在 Test 9 中是否可以看到创建的 NIS 用户，如果可以看到，则说明 NIS 客户端的配置成功了。

在 NIS 客户端配置成功后，就可以在 NIS 客户端中使用 NIS 服务器上的用户进行登录，测试如下。

```
[root@linuxclient1 ~]# su - nisuser
上一次登录：日 6月 19 10:26:30 CST 2022pts/1 上
su: 警告：无法更改到 /home/nisuser 目录：没有该文件或目录
-bash-4.2$ id
uid=1002(user1) gid=1002(user1) 组=1002(user1) 环境=unconfined_u:unconfined_r:unconfined_t:s0-s0:c0.c1023
```

由上面的查看结果可以发现这样一个问题：在客户端使用服务器上的用户名登录后，出现了没有用户文件或目录的警告。同时，使用"id"命令查看到的登录的用户名是之前示例中创建的 user1 用户。出现这两个问题的原因如下。

（1）因为在 NIS 客户端没有 nisuser1 用户，自然也就不会有该用户的主目录。

（2）在 Linux 操作系统中是以 uid 区分用户的，nisuser 用户在 NIS 服务器端的 uid 为 1002，那么在 NIS 客户端登录后，根据 1002 的 uid 就可以识别本地用户 user1。

现在我们了解了主目录对于一个普通用户的重要意义，没有主目录必定会带来麻烦，如何解决这个问题呢？相信读者应该已经想到了解决办法，那就是使用 NFS 将服务器上用户的主目录共享出来，挂载到客户端。不知道读者是否还想到了以下三个问题。

（1）如果服务器和客户端的用户 uid 相同，会不会影响本地用户的使用？

（2）如果服务器上用户的主目录/home 挂载到客户端的/home 目录下，会不会影响客户端本地用户使用主目录？

（3）如何让客户端在使用服务器用户登录时，能够自动将该用户通过 NFS 共享的主目录挂载过来，而不需要手动操作？

前两个问题相信读者可以很快地想到解决办法：通过在服务器上设置不同的 uid 来防止客户端用户的 uid 相同；为 NIS 用户设置不同的主目录来保证不影响客户端，做法如下。

```
[root@linuxserver ~]# useradd nisuser1 -u 2001 -d /nishome/nisuser1
[root@linuxserver ~]# useradd nisuser2 -u 2002 -d /nishome/nisuser2
[root@linuxserver ~]# useradd nisuser3 -u 2003 -d /nishome/nisuser3
```

第三个问题，则需要通过 autofs 实现，在 4.33 节中将详细阐述如何通过 autofs 的方式，把 NFS 与 NIS 两个服务器完美结合起来。

4.3.3　配置 autofs 与 NFS

需要配置 NFS 服务器，输出 NIS 用户的主目录。

```
[root@linuxserver ~]# vim /etc/exports
[root@linuxserver ~]# cat /etc/exports
/share/nfs 192.168.150.0/24(rw,no_all_squash,root_squash,sync,subtree_check)
/nishome 192.168.150.0/24(rw)
[root@linuxserver ~]# exportfs -r
```

由于新添加了用户，还需要执行“ypinit”命令，重新生成 NIS 用户的数据库。

```
[root@linuxserver ~]# /usr/lib64/yp/ypinit -m
```

设置完成后，转入客户端主机中，配置自动挂载步骤如下。

步骤 1： 编辑/etc/auto.master 文件，添加如下内容。

```
[root@linuxclient1 ~]# vim /etc/auto.master
[root@linuxclient1 ~]# cat /etc/auto.master | grep nishome
/nishome /etc/auto.nis
```

说明： 需要提前在客户端中创建/nishome 目录，这个目录对应的自动挂载配置文件为/etc/auto.nis，文件名一定是以“auto.”开头，格式必须为“auto.xxx”，“xxx”的内容可以自己决定。

步骤 2： 创建/etc/auto.nis 文件，这个文件默认并不存在，需要管理员自行创建，并添加内容，文件格式为“自动挂载触发条件 挂载选项 IP 地址 :/共享目录”，具体设置如下。

```
[root@linuxclient1 ~]# vim /etc/auto.nis
[root@linuxclient1 ~]# cat /etc/auto.nis
*  -fstype=nfs,rw  192.168.150.100:/nishome/&
```

说明：

（1）“*”表示任意触发条件，本示例中使用 nisuser 用户登录客户端时就会触发。

（2）挂载选项为通过 NFS 共享的可读写方式。

（3）“&”表示与前面的“*”匹配，如果不使用通配符表示，则实现三个用户的挂载就需要写成如下格式。

```
nisuser1    -fstype=nfs,rw  192.168.230.130:/nishome/nisuser1
nisuser2    -fstype=nfs,rw  192.168.230.130:/nishome/nisuser2
nisuser3    -fstype=nfs,rw  192.168.230.130:/nishome/nisuser3
```

显然，如果有更多的用户，则这样的配置既烦琐又难管理。而使用通配符的方式，无论有多少用户，都可以使用一行配置进行设置。

步骤 3： 重新启动自动挂载服务。

```
[root@linuxclient1 ~]# systemctl restart autofs
```

步骤 4： 测试结果。

```
[root@linuxclient1 ~]# su - nisuser1
[nisuser1@linuxclient1 ~]$ id
uid=2001(nisuser1)    gid=2001(nisuser1)    组  =2001(nisuser1)    环  境
=unconfined_u:unconfined_r:unconfined_t:s0-s0:c0.c1023
```

```
[nisuser1@linuxclient1 ~]$ df
文件系统                    1K-块      已用     可用      已用% 挂载点
devtmpfs                   1913616    0        1913616   0%   /dev
tmpfs                      1930684    0        1930684   0%   /dev/shm
tmpfs                      1930684    12872    1917812   1%   /run
tmpfs                      1930684    0        1930684   0%   /sys/fs/cgroup
/dev/mapper/centos-root    17811456   6043976  11767480  34%  /
/dev/sda1                  1038336    187792   850544    19%  /boot
tmpfs                      386140     4        386136    1%   /run/user/42
tmpfs                      386140     44       386096    1%   /run/user/0
192.168.150.100:/share/nfs 17811456   6159360  11652096  35%  /mnt/nfs
192.168.150.100:/nishome/nisuser1   17811456   6159360   11652096   35%
/nishome/nisuser1
```

说明：

由上述结果可知，服务器中新添加的 NIS 用户可以在客户端顺利登录，并且由于设置了自动挂载，当客户端使用用户名进行登录时，会触发自动挂载条件，将服务器的用户主目录自动挂载到客户端上，解决了用户没有主目录的问题。通过设置一个较大的 uid 值，也可以解决本地用户 uid 和域用户 uid 冲突的问题

自动挂载的另一个好处是在一段时间内，如果用户没有使用自动挂载过来的共享文件夹，挂载的共享目录就会断开连接并释放资源。自动挂载的这个特性不仅使挂载和卸载的过程对普通用户来说更透明，方便了用户使用，而且能够节省资源避免浪费。

4.4 总结

本章介绍了 NFS 与 RPC，讲解了 NFS 的应用范围，重点讲解了什么是 NFS 服务器；介绍并逐步实现了 NFS 服务器的搭建、配置与管理的过程；并在最后讲解与分析了 NFS 与 autofs 在 NIS 服务器中的配置。

- NFS 是一种应用于分散式文件系统的协议。
- NFS 用于在 Linux 操作系统中提供文件共享服务，通过将服务器上的输出目录挂载到本地计算机上，实现文件的访问及修改。
- NFS 服务器会随机使用一些小于 1024 且未被使用的端口来传输数据，端口不固定。
- RPC 可以指定每个 NFS 功能所对应的端口号，并且通知 NFS 客户端；NFS 服务器在随机选定好端口后，就会向 RPC 注册。
- RPC 是一种通过网络从远程计算机程序上请求服务，而不需要了解底层网络技术的协议。
- RPC 采用客户端/服务器模式。请求程序就是一个客户端，而服务提供程序就是一个服务器。
- RPC 使用固定端口 111 监听客户端的请求并响应。
- NFS 是 Linux 操作系统之间（类 UNIX 系统之间）应用最广泛的文件共享协议。
- NFS 服务器是指能实现 NFS 协议的服务器，采用客户端/服务器（C/S）的工作模式。

- NFSv4 不需要使用 RPC 服务，并且对防火墙友好。
- NFSv2、NFSv3 既可以使用 TCP 传输数据，也可以使用 UDP。UDP 的传输效率高，但是不能保证传输的可靠性，不建议 NFSv4 使用 TCP 进行数据的传输。
- NFS 服务名称为“nfs”，NFSv2 与 NFSv3 同时依赖于服务 rpcbind。
- NFS 服务器需要的软件包名称为“nfs-utils”，默认已经安装在 RedHat Linux 操作系统中。
- NFS 服务的主配置文件为/etc/exports。
- NIS 服务器使用的依然是 RPC 协议，需要的软件包如下。

yp-tools：提供与 NIS 相关的查询命令。

ypbind：NIS 的客户端软件。

ypserv：NIS 的服务器端软件。

- NIS 服务器的主配置文件为/etc/ypserv.conf。
- 如果客户端安装了图形界面，则可以执行“system-config-authentication”命令进行 NIS 设置。

4.5　课堂思政

《中华人民共和国国民经济和社会发展第十四个五年规划和 2035 年远景目标纲要》提出，要“加强全民数字技能教育和培训，普及提升公民数字素养”。中央网络安全和信息化委员会印发的《提升全民数字素养与技能行动纲要》指出，数字素养与技能是数字社会公民学习工作生活应具备的数字获取、制作、使用、评价、交互、分享、创新、安全保障、伦理道德等一系列素质与能力的集合。

通过使用 NFS 服务器，用户可以在网络上共享文件和目录，使多台计算机可以方便地访问和共享数据，这有助于提高工作效率、加强团队合作和资源共享。通过对本章内容的学习，读者应掌握如何配置和管理 NFS 服务器，包括设置权限、共享选项和网络配置等，拓展并提升信息分享和问题解决能力等素养。

实训 4　NFS 服务器的搭建、配置与管理

一、实训目的

- 了解 NFS 与 RPC。
- 掌握 NFS 服务器的基本原理。
- 学会 NFS 服务器的搭建与配置。
- 了解 NIS 协议。
- 掌握 autofs 与 NFS 服务在 NIS 服务器中的配置。

二、项目背景

小 A 已经能够成功搭建 FTP 服务器，但是小 A 听说还有一种效率更高、搭建更容易的文件服务器——NFS。在查阅资料后，小 A 决定动手实践 NFS 服务器的搭建与配置。

三、实训内容

- NFS 服务管理。
- NFS 主配置文件的解析与配置。
- 搭建与管理 NFS 服务器。
- 在 NIS 服务器中配置 autofs 与 NFS 服务。

四、实训步骤

【实训环境和条件】

1. VMware Workstation 15.5 或以上版本的虚拟机软件。
2. 两台 CentOS 7 虚拟机，一台作为 NFS 服务器，另一台作为 NFS 客户端。

【实训内容】

1. 两台虚拟机连入自定义网络 NAT。
2. 两台虚拟机能够互相 ping 通。
3. 在虚拟机 1 上安装 NFS 服务软件包，并能启动该服务，配置防火墙与 SELinux。
4. 修改 NFS 服务的主配置文件。
5. 重启 NFS 服务并测试。
6. 配置 NIS 服务器，配置 NIS 客户端。
7. 配置 autofs 与 NFS 服务。
8. 重启 autofs 服务并测试。

第 5 章 CIFS 服务器的配置与管理

05

未来广告公司架设了 NFS 服务器，实现了企业内部所有 Linux 操作系统下的资源共享。但是销售部的部分员工使用的是 Windows 操作系统，无法使用 NFS 服务器加入企业资源共享。因此，公司考虑使用通用网络文件系统（Common Internet File System，CIFS）协议架设服务器来实现不同操作系统之间的资源共享。本章将详细介绍 CIFS 服务器的搭建、配置与管理，逐步实践 Linux 操作系统下 CIFS 服务器实现资源共享的过程。

5.1 CIFS 的基础知识

想要在局域网内实现资源共享，如果是 Windows 操作系统，则使用网上邻居；如果是 Linux 操作系统，则使用 NFS。但是当局域网内既存在 Windows 操作系统，又存在 Linux 操作系统时，则需要使用 CIFS 服务器。CIFS 可以使 Linux 操作系统中共享的文件能够在 Windows 操作系统的网上邻居里被看到，支持不同的操作系统平台。CIFS 还可以配置共享打印机，让局域网内不同系统的平台都可以方便地使用网络打印机。

CIFS 基本原理

5.1.1 Samba 的发展过程

谈到文件共享，也许大家更习惯和倾向于使用 FTP，但是 FTP 服务器并不支持直接修改服务器上面的文件。例如，当一个团队在网络中协同办公时，某个程序或文档需要被多人、多次地修改，每次修改都需要先将文件下载下来，修改后又需要重新上传到 FTP 服务器中，这样很容易造成文件混乱，最方便的办法莫过于直接在服务器中修改该文件。

1991 年，Andrew Tridgwell 通过对数据包的分析，编写了 Samba 自由软件，只要在类 UNIX 操作系统上启用 Samba 服务，类 UNIX 操作系统就好像变为了 Windows 操作系统一样，可以与 Windows 操作系统实现资源共享等功能。由于 Samba 使用的是服务信息块（Server Message Block，SMB）协议，因此，Andrew Tridgwell 就以 Samba 作为商标注册了他开发的这款软件。

Samba 是开放源代码的 GPL 自由软件，它彻底解决了类 UNIX 与 Windows 操作系统之间的资源共享与访问的问题，其配置简洁、实用、灵活且功能强大。正是由于这个原因，现在几乎所有的类 UNIX 操作系统都可以使用 Samba 服务。

5.1.2 SMB 协议

SMB 协议最初是由 IBM 公司的 Barry Feigenbaum 研制的，用于在计算机间共享文件、打印机、串口等。SMB 协议可以用于 TCP/IP 协议，也可以用于其他网络协议，如 IPX 和 NetBEUI。

SMB 协议采用客户端/服务器模式，通过 SMB 协议，客户端应用程序可以在各种网络环境下读/写服务器上的文件，以及对服务器程序提出服务请求。此外，通过 SMB 协议，应用程序可以访问远程服务器端的文件、打印机，以及命名管道等资源。

在 TCP/IP 环境下，客户端通过 NetBIOS over TCP/IP（NetBEUI/TCP 或 SPX/IPX）连接服务器。一旦连接成功，客户端就可以发送 SMB 命令到服务器，从而客户端能够访问共享目录、打开文件、读写文件，以及完成一切在文件系统上能做的事情。

Windows 系列操作系统从 Windows 95 开始支持 SMB 协议。1996 年，在 Sun 公司推出 WebNFS 的同时，微软公司提出将 SMB 改称为“CIFS”。此外，微软公司还为其加入了许多新的功能，如符号链接、硬链接、提高文件的大小等。与现有 Internet 应用程序（如 FTP 等）相比，CIFS 更灵活。

5.1.3 NetBIOS 协议

CIFS 文件系统是基于 NetBIOS（Network Basic Input/Output System）协议的，该协议是由 IBM 公司开发的，最初目的是用于在小型局域网内的少数计算机之间进行网络连接。

NetBIOS 协议是局域网通信的应用程序接口（Application Program Interface，API），为局域网提供网络共享服务。首先 NetBIOS 协议为局域网中的每台计算机起一个独一无二的名称，然后通过将 NetBIOS 名称解析为对应 IP 地址的方式，实现主机之间的通信。因此，在局域网内部使用 NetBIOS 协议可以方便地实现消息通信及资源共享。因为它占用系统资源少、传输效率高，所以几乎所有的局域网都是在 NetBIOS 协议的基础上工作的。NetBIOS 协议是无法跨路由器进行通信的，随着以太网的发展，NetBIOS 协议当初所适用的 PC-Network 被逐渐取代，但是由于很多软件都使用了 NetBIOS 协议提供的应用程序接口。因此，NetBIOS 协议并没有被时代淘汰，而是被逐渐地适配到其他协议上。为了实现跨路由器通信，就出现了 NetBIOS over TCP/IP 技术，也被称为“NBT”。当 Windows 操作系统中安装了 TCP/IP 时，就会自动安装 NetBIOS 协议。

5.1.4 CIFS 服务器

CIFS 协议是 Windows 操作系统中使用的文件共享协议，在 Linux 操作系统或其他类 UNIX 操作系统（如 BSD、macOS、UNIX）中可以通过 Samba 服务来实现 CIFS 功能。Samba 服务是 CIFS 的一个开源实现，主要功能如下。

- 通过 CIFS 协议进行文件共享。
- 通过 CIFS 协议进行打印共享。
- 加入 Windows 2003/2008/2012/2016/2019 域环境。

• 通过 Windows 域环境进行认证操作。

CIFS 服务器是整合了 CIFS 协议与 NetBIOS 协议的服务器，CIFS 协议使用的端口为 139 和 445。

5.1.5　Samba 服务器的工作模式

Samba 服务器有工作组模式和域模式两种工作模式。在工作组模式下，可以设置 Samba 登录的用户名或匿名访问。而在域模式下，则可以通过将计算机加入域，由域控制器来实现统一管理。

1. 工作组模式

在工作组模式下，客户端与服务器采用的是对等（Peer-to-Peer）的连接模式。在这种模式下，每台计算机独立管理自己的用户名和密码，通过网络连接起来的计算机之间是对等、独立运行的，如图 5.1 所示。

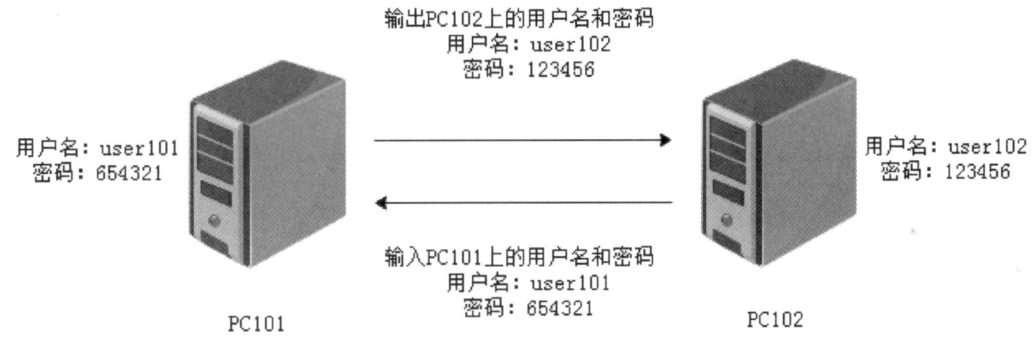

图 5.1　工件组模式

图 5.1 中的 PC101 想要访问 PC102 上的共享资源，需要输入正确的 PC102 的用户名和密码，验证通过后才可以访问。在工作组模式的访问中，PC101 是客户端，PC102 是服务器；当 PC102 访问 PC101 时，PC102 变成了客户端，PC101 则变成了服务器。

在工作组模式下，每台计算机的角色不是一成不变的，取决于它们所执行的动作。如果整个局域网内所有的计算机都要进行数据共享，则每台计算机都要知道其他计算机中的用户名和密码，这时使用工作组模式就不适合了。

2. 域模式

域模式非常适合上述情况：局域网内所有计算机都要进行共享数据，通过将用户名和密码放在一台主域控制器（Primary Domain Controller，PDC）上，其他计算机只需要通过网络连接到 PDC 即可。域模式如图 5.2 所示。

在域模式下，用户可以使用任意一组用户名和密码在任意一台计算机上登录，这种模式非常适合企业架构，当需要更改用户名和密码时，只需要更改 PDC 中的用户名和密码即可。

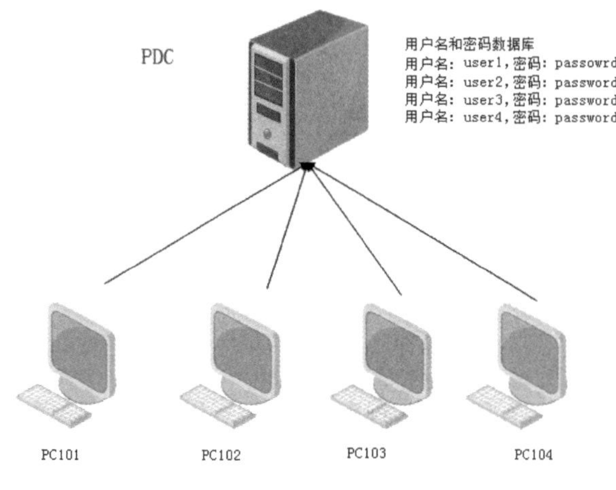

图 5.2　域模式

5.1.6　文件共享的方式

在 Linux 操作系统和 Windows 操作系统等混合的应用系统中，Linux 主机通过使用 CIFS 服务器和客户端程序与 Windows 主机实现共享文件相互访问，具体方式如下。

- Linux 主机运行 Samba 服务，Windows 主机作为客户端。这是 CIFS 服务器应用的主动方式。
- Linux 主机运行 Samba 服务，在 Linux 主机中使用 Samba 客户端程序对 CIFS 服务器进行测试，并访问 CIFS 服务器中的共享文件。这不是典型的应用方式，通常只用于测试。
- Windows 主机提供文件共享服务，在 Linux 主机中使用 Samba 客户端程序访问 Windows 主机的共享文件。这种方式也不常用，但是在 Linux 主机临时需要访问 Windows 主机的共享文件时可以使用。

通过以上 3 种文件共享的方式可以看出，Linux 主机与 Windows 主机之间进行文件共享的互访主要涉及 Samba 服务器、Samba 客户端和 Windows 服务器 3 个角色，其中 Windows 服务器既可以提供共享文件服务，也可以作为客户端访问其他服务器中的共享文件。

5.2　CIFS 的环境搭建

Samba 服务是由两个进程组成，分别是 nmbd 和 smbd，两者需要同时运行，缺一不可。

- nmbd：其主要功能是进行 NetBIOS 名的解析，并提供浏览服务，显示网络上的共享资源列表。
- smbd：其主要功能是用来管理 Samba 服务器上的共享目录、打印机等，主要是针对网络上的共享资源进行管理服务。在访问服务器时，要查找共享文件，这时需要依靠 smbd 进程来管理数据传输。

Samba 服务器的后台进程为 nmbd、smbd，所需 RPM 包为 samba，配置文件为/etc/samba/smb.conf。

5.2.1　环境准备

在 VMware Workstation 中克隆两台虚拟机，并分别命名为"sambaserver"与"sambaclient"。在 VMware Workstation 中克隆的步骤这里不再赘述。启动两台主机，设置网络连接方式均为"NAT"，服务器的 IP 地址为"192.168.150.100"，客户端的 IP 地址为"192.168.150.101"，可以互相 ping 通。在两台虚拟机中均配置本地或网络 YUM 仓库。

修改服务器的主机名为"sambaserver"，修改客户端的主机名为"sambaclient"。

```
[root@LinuxServer ~]# hostnamectl  set-hostname  sambaserver
[root@LinuxServer ~]# exit
[root@ sambaserver ~]#
```

5.2.2　安装 Samba

步骤 1： CentOS 7 操作系统中默认安装了 Samba 服务的客户端，可以通过"rpm"命令来查询该计算机是否安装了 Samba 相关软件包。

```
[root@sambaserver ~]# rpm -qa | grep samba
samba-common-libs-4.8.3-4.el7.x86_64
samba-common-4.8.3-4.el7.noarch
samba-client-libs-4.8.3-4.el7.x86_64
```

步骤 2： 如果没有安装 Samba 服务的服务器，则可以使用"yum -y install samba"命令进行安装。

```
[root@sambaserver ~]# yum -y install samba
已加载插件：fastestmirror, langpacks
Loading mirror speeds from cached hostfile
 * base: mirrors.njupt.edu.cn
 * extras: mirrors.njupt.edu.cn
 * updates: mirrors.tuna.tsinghua.edu.cn
正在解决依赖关系
……
已安装:
  samba.x86_64 0:4.10.16-18.el7_9
```

说明： 因安装过程较长，使用"……"来省略部分安装过程。

5.2.3　启动 Samba

Samba 相关服务安装完成后，需要启动。

实例： 使用"systemctl"命令启动 Samba 相关服务。

```
[root@sambaserver ~]# systemctl start nmb
[root@sambaserver ~]# systemctl start smb
[root@sambaserver ~]# systemctl enable nmb
Created symlink from /etc/systemd/system/multi-user.target.wants/
nmb.service to /usr/lib/systemd/system/nmb.service.
[root@sambaserver ~]# systemctl enable smb
Created symlink from /etc/systemd/system/multi-user.target.wants/
smb.service to /usr/lib/systemd/system/smb.service.
```

说明：（1）Samba 相关服务比较特殊，因为需要同时启动 nmb 与 smb 两个服务。

（2）服务启动（start）、服务状态（status）、停止服务（stop）、重启服务（restart）、服务开机自启动（enable）。

5.2.4 设置 SELinux

设置 SELinux 命令如下。

```
[root@sambaserver ~]# getenforce
Enforcing
[root@sambaserver ~]# setenforce 0
[root@sambaserver ~]# getenforce
Permissive
```

5.2.5 防火墙设置

将 Samba 服务设置为永久允许访问，并重新加载，使其生效。

```
[root@sambaserver ~]# firewall-cmd --permanent --add-service=samba
success
[root@sambaserver ~]# firewall-cmd --reload
success
[root@sambaserver ~]# firewall-cmd --list-all
public (active)
  target: default
  icmp-block-inversion: no
  interfaces: ens33
  sources:
  services: ssh dhcpv6-client samba
  ports:
  protocols:
  masquerade: no
  forward-ports:
  source-ports:
  icmp-blocks:
  rich rules:
```

说明：通过“--list-all”命令可以查看防火墙允许访问的信息。

5.3 CIFS 服务器的配置文件

Samba 服务的主配置文件保存在/etc/samba 目录之中，并命名为“smb.conf”。

实例：查看 Samba 服务的主配置文件的内容。

```
[root@sambaserver ~]# cd /etc/samba/
[root@sambaserver samba]# ls
lmhosts  smb.conf  smb.conf.example
[root@sambaserver samba]# grep -v "#" smb.conf | grep -v ";"
[global]
```

```
workgroup = SAMBA
security = user
passdb backend = tdbsam
printing = cups
printcap name = cups
load printers = yes
cups options = raw
```

说明：限于篇幅，上面只截取了主配置文件的一部分内容。

CentOS 7 操作系统中的 smb.conf 配置文件中的内容已经很简略，只有 36 行左右。为了更清楚地了解配置文件，建议学习“smb.conf.example”文件，Samba 开发组件按照功能不同，对 smb.conf 文件进行了分段划分，条理非常清楚。

CIFS 配置文件详解

1. 主配置文件的结构

CIFS 服务器的主配置文件由以下两部分构成。

（1）Global Settings（全局参数设置）。

全局参数设置中配置的参数都会对服务器整体运行产生影响，对所有共享资源都有效。

（2）Share Definitions（共享设置）。

共享设置部分针对的是具体的每个目录，只对当前设置的共享资源起作用。

2. 全局参数的意义

- workgroup =MYGROUP：设置 Samba 服务器所属的工作组名称或 Windows 的域。
- server string = Samba Server Version %v：设置 Samba 服务器的注释，可以设置为任何字符串，也可以不设置。参数“%v”表示 Samba 的版本号。
- log file = /var/log/samba/log.%m：设置 Samba 服务器日志文件的存储位置及日志文件名。在文件名后加参数“%m”（主机名），表示对每台访问 Samba 服务器的计算机都单独记录一个日志文件。例如，主机名为“sambaclient”的计算机访问过 Samba 服务器，就会在/var/log/samba 目录下留下 log. sambaclient 日志文件。
- max log size = 50：设置 Samba 服务器日志文件的最大容量为 50，单位为 KB，0 代表不限制。
- security = user：这项配置非常重要，设置用户访问 Samba 服务器的验证方式，主要有以下四种方式。
  - share：不需要提供用户名和密码，在新版中已经废弃，需要通过“security = user”和“map to guest = Bad User”设置无用户和密码的登录方式。
  - user：访问者需要提供用户名和密码，还可以在共享目录设置部分通过设置合法用户来限制访问。
  - server：使用独立的远程主机验证来访主机提供的密码（集中管理账户）。
  - domain：域安全级别使用 PDC 来完成认证。
- passdb backend = tdbsam：设置后台的密码数据库。目前有三种后台设置方式，分别为 smbpasswd、tdbsam 和 ldapsam，默认为 tdbsam。
  - smbpasswd：该方式是使用服务器提供的 smbpasswd 软件给系统用户（真实用户或虚拟用户）设置一个 Samba 密码，客户端就可以使用这个用户名/密码来访问服务器的资源。在第一次设置时，需要建立 smbpassword 文件。

➢ tdbsam：该方式使用一个数据库文件来建立用户数据库，数据库文件为 passdb.tdb。

➢ ldapsam：该方式基于 LDAP 管理方式来验证用户。首先要建立 LDAP 服务，然后设置“passdb backend = ldapsam:ldap://LDAP Server”。

- load printers = yes/no：设置是否允许打印配置文件中的所有打印机在 Samba 服务开启时自动加载。
- cups options = raw：设置打印机的选项。

3. 共享目录部分配置的参数意义

共享目录部分用于在 CIFS 服务器上配置开放目录，每个共享目录都是由“目录名”开始，在方括号中设置的目录名是用户在客户端中真正看到的共享目录名称，下面是共享目录字段配置的详细说明。

- comment = 描述字符串：对该共享目录进行描述，可以是任意字符串。
- path = 共享目录路径：设置共享目录的路径，可以使用“%u”“%m”这样的宏来分别代替路径里的 UNIX 用户名和客户端的 NetBIOS 名称。例如，在/share 目录下为每个 Linux 用户以其用户名创建一个目录作为共享目录，这样就可以写成“path = /share/%u”。当用户在连接到共享目录时，具体的路径会被其用户名代替，要注意这个用户名路径一定要存在，否则，客户端在访问时会找不到网络路径。如果是以 NetBIOS 名称创建的共享目录，则使用“%m”。
- browseable = yes/no：设置用户是否可以在浏览器中看到该目录。
- writable = yes/no：设置是否所有用户可以在该目录中写入文件。
- available = yes/no：设置是否可以共享该资源。
- valid users = 允许访问该共享目录的用户名/组名：设置可以访问该共享目录的用户和组的名称。例如，“valid users = user1,user2,@grp1,@grp2”，“@”后面代表的是组名，表示该组中的所有成员可以访问该共享目录。
- read only = yes/no：设置用户是否读写共享目录，“yes”代表只读，“no”代表读写。
- write list = 允许写入该共享目录的用户名/组名：设置可以在该共享目录中写入数据的用户和组的名称，如“write list = user2,@grp1”。
- hosts allow = IP 地址或域名：设置允许连接到 Samba 服务器的客户端，多个参数以空格隔开。既可以使用一个 IP 地址表示，也可以使用一个网段或域名表示。hosts deny 与 hosts allow 刚好相反。
- public = yes/no：设置该共享目录是否允许 guest 用户访问。
- guest ok = yes/no：与 public 一样。

5.4 基于匿名登录的 CIFS 服务器的搭建与配置

基于匿名登录的 CIFS 服务器的搭建与配置是在 5.2 节中搭建环境的基础上进行的，即本节的实验步骤必须在完成 5.2 节实验步骤的基础上进行。

步骤 1：修改配置文件。

CIFS 服务器的配置

```
[root@sambaserver samba]# vim smb.conf
[global]
        workgroup = MYGROUP
        server string = Samba Server
        security = user
        map to guest = Bad User
        netbios name = SambaServer
[anony]
        comment = open share
        path = /home/share
        public = yes
        browseable = yes
```

步骤 2：测试配置文件。

```
[root@sambaserver samba]# testparm
Load smb config files from /etc/samba/smb.conf
Loaded services file OK.
Server role: ROLE_STANDALONE
# Global parameters
[global]
map to guest = Bad User
printcap name = cups
security = USER
server string = Samba Server
workgroup = MYGROUP
idmap config * : backend = tdb
cups options = raw
[anony]
comment = open share
guest ok = Yes
path = /home/share
```

说明：使用“testparm”命令来测试配置文件中的设置是否正确。

步骤 3：设置 SELinux。

这里需要注意的是，如果系统中的 SELinux 处于 Enforcing 模式，则匿名访问会遇到问题，下面是相关的共享文件夹权限及 SELinux 上下文的设置。

```
[root@sambaserver samba]#mkdir /home/share
[root@sambaserver samba]# chmod 777 /home/share
[root@sambaserver samba]# chcon -t samba_share_t /home/share
```

说明：创建共享文件夹，并设置权限为 777。使用“chcon”命令改变其上下文，其中“-t samba_share_t”表示设置该目录的 SELinux 为 Permissive 模式。

步骤 4：设置防火墙（在 5.2 节中已经讲过）。

```
[root@sambaserver ~]# firewall-cmd --permanent --add-service=samba
success
[root@sambaserver ~]# firewall-cmd --reload
```

步骤 5：重启 Samba 服务。

对于 Linux 所有服务器配置，只要修改配置文件就必须重启服务，Samba 服务也不例外。

```
[root@sambaserver samba]# systemctl restart smb
[root@sambaserver samba]# systemctl restart nmb
```

步骤 6： 在 Windows 客户端中进行测试。

测试前先查看服务器的 IP 地址。

```
[root@sambaserver samba]# ip addr
2: ens33: <BROADCAST,MULTICAST,UP,LOWER_UP> mtu 1500 qdisc pfifo_fast
state UP group default qlen 1000
    link/ether 00:0c:29:ac:5c:0e brd ff:ff:ff:ff:ff:ff
    inet 192.168.150.100/24 brd 192.168.150.255 scope global noprefixroute
ens33
       valid_lft forever preferred_lft forever
    inet6 fe80::663b:90e2:7dc5:bf53/64 scope link noprefixroute
       valid_lft forever preferred_lft forever
```

说明： 由上述结果可知，服务器的 IP 地址为“192.168.150.100”。

在桌面上双击“网络”图标，出现如图 5.3 所示的界面。

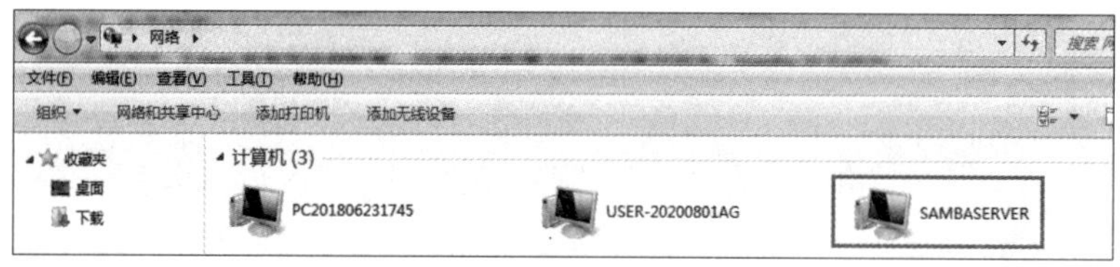

图 5.3 “网络”界面

说明： 图 5.3 界面中方框处的计算机名称为“SAMBASERVER”，即前面设置的“netbios name”的值。

双击“SAMBASERVER”图标，出现如图 5.4 所示的 Windows 基于匿名登录的测试访问结果。

图 5.4 Windows 基于匿名登录的测试访问结果

如果不想每次访问都连接，则可以右击“anony”共享文件夹，在弹出的快捷菜单中选择“映射网络驱动器”命令，在打开的“映射网络驱动器”对话框中进行设置，将共享文件夹映射成网络驱动器，如图 5.5 所示。

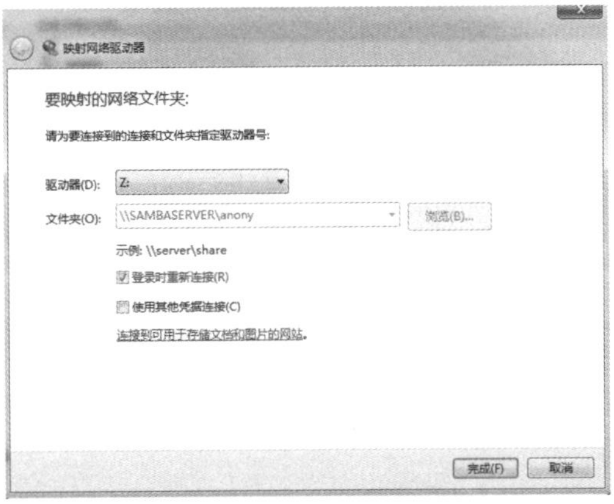

图 5.5　将共享文件夹映射成网络驱动器

说明： 设置完成后，可以直接在“计算机”界面中，像查看本地磁盘一样来查看映射内容。

5.5　基于用户名/密码的 CIFS 服务器的搭建与配置

基于用户名/密码的 CIFS 服务器的搭建与配置是在 5.2 节中搭建环境的基础上进行的，即本节的实验步骤必须在完成 5.2 节实验步骤的基础上进行。

步骤 1： 修改配置文件。

```
[global]
        workgroup = MYGROUP
        server string = Samba Server
        security = user
        netbios name = SambaServer
        passdb backend = tdbsam
[anony]
        comment = open share
        path = /home/share
        public = yes
        writable = yes
        browseable = yes
        valid users = LinuxStudy,@group
```

说明： 上述结果中省略了无关项。

步骤 2： 测试配置文件。

```
[root@sambaserver samba]# testparm
Load smb config files from /etc/samba/smb.conf
Loaded services file OK.
Server role: ROLE_STANDALONE
Press enter to see a dump of your service definitions
# Global parameters
[global]
```

```
	printcap name = cups
	security = USER
	server string = Samba Server
	workgroup = MYGROUP
	idmap config * : backend = tdb
	cups options = raw
[anony]
	comment = open share
	guest ok = Yes
	path = /home/share
	read only = No
	valid users = LinuxStudy @group
```

步骤 3：设置 SELinux 的 bool 值。

这里需要读者注意的是，如果系统中的 SELinux 处于 Enforcing 模式，则基于用户名/密码的访问会遇到问题。下面是相关的共享文件夹权限及 SELinux 上下文的设置。

```
[root@sambaserver samba]# getsebool -a | grep samba
samba_create_home_dirs --> off
samba_domain_controller --> off
samba_enable_home_dirs --> off
samba_export_all_ro --> off
samba_export_all_rw --> off
samba_load_libgfapi --> off
samba_portmapper --> off
samba_run_unconfined --> off
samba_share_fusefs --> off
samba_share_nfs --> off
sanlock_use_samba --> off
tmpreaper_use_samba --> off
use_samba_home_dirs --> off
virt_use_samba --> off
[root@sambaserver samba]# setsebool -P samba_enable_home_dirs on
```

说明：getsebool 用来获取 SELinux 的 bool 值，setsebool 用来设置 SELinux 的 bool 值。上述代码设置 samba_enable_home_dirs 的值为“on”。

步骤 4：设置防火墙。

```
[root@sambaserver ~]# firewall-cmd --permanent --add-service=samba
success
[root@sambaserver ~]# firewall-cmd --reload
```

步骤 5：设置 SMB 登录密码。

不同于 FTP 服务器，Samba 服务器使用与系统密码数据库不同的密码数据库，如果需要设置登录系统的用户，则需要为访问 Samba 服务器的用户额外设置密码，密码数据库文件并不存在，在第一次添加用户后，该文件会自动生成，命令如下。

```
[root@sambaserver samba]# smbpasswd -a LinuxStudy
New SMB password:
Retype new SMB password:
Added user LinuxStudy.
```

```
[root@sambaserver samba]# ls /var/lib/samba/private/
msg.sock  passdb.tdb  secrets.tdb
```

步骤 6： 重启 Samba 服务。

```
[root@sambaserver samba]# systemctl restart smb
[root@sambaserver samba]# systemctl restart nmb
```

步骤 7： 在 Windows 客户端中进行测试。

测试前先查看一下服务器的 IP 地址，由结果可知服务器 IP 地址为“192.168.150.100”。双击“SAMBASERVER”图标，打开“Windows 安全”对话框，如图 5.6 所示。在 Windows 客户端中进行测试时会提示输入用户名和密码。

在输入用户名和密码后，单击“确定”按钮，登录后的访问测试如图 5.7 所示的窗口。

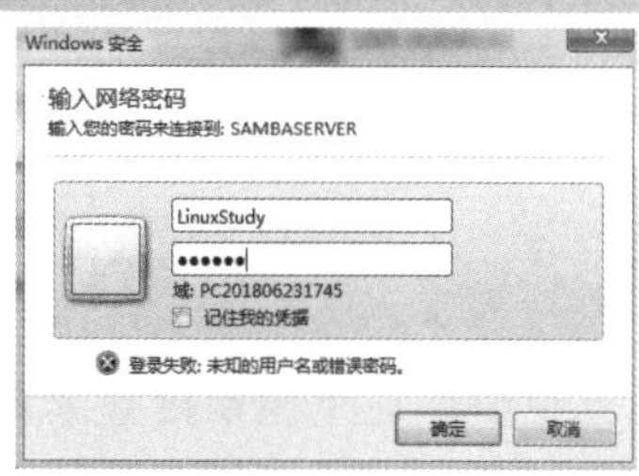

图 5.6　输入用户名和密码

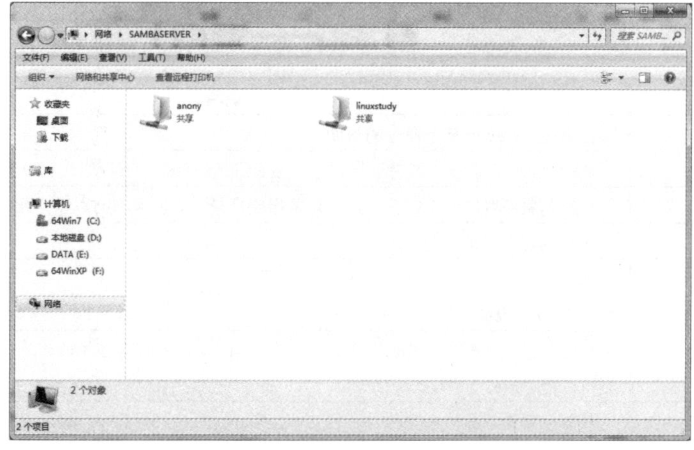

图 5.7　登录后的访问测试的窗口

步骤 8： 在 Linux 客户端中进行测试。

虽然 Samba 服务器提供了 Windows 和 Linux 操作系统之间共享文件的桥梁，但事实上从 Linux 客户端访问 Samba 服务器更加方便快捷。下面是在 Linux 客户端访问 Samba 服务器的测试结果。

```
[root@sambaclient ~]# yum -y install samba-client cifs-utils
[root@sambaclient ~]# smbclient -L 192.168.150.100 -U LinuxStudy
Enter SAMBA\LinuxStudy's password:
    Sharename       Type      Comment
    ---------       ----      -------
    anony           Disk      open share
    print$          Disk      Printer Drivers
    IPC$            IPC       IPC Service (Samba Server)
    linuxstudy      Disk      Home Directories
Reconnecting with SMB1 for workgroup listing.

    Server               Comment
    ---------            -------
```

```
    Workgroup            Master
    ---------            -------
    MYGROUP              SAMBASERVER
    WORKGROUP            PC201806231745
```

说明：在 Samba 服务器中将共享的文件夹及该用户的主目录都列出来，找到共享资源后，就可以连接访问。

```
[root@sambaclient ~]# smbclient //192.168.150.100/anony -U LinuxStudy
Enter SAMBA\LinuxStudy's password:
Try "help" to get a list of possible commands.
smb: \>
```

说明：这里需要提醒读者的是，在连接时服务器 IP 地址后面所跟的目录名是使用“smbclient -L”命令查看到的共享文件夹的名称，“smbclient”命令及说明如表 5.1 所示，如果使用服务器中真正的文件夹/home/share 反而会访问不成功。

表 5.1 “smbclient”命令及说明

命令	说明
?或 help [command]	提供关于帮助或某个命令的帮助
![shell command]	执行“shell”命令，或者让用户进入 shell 提示符
cd [目录]	切换到服务器端的指定目录，如果未指定目录，则返回当前本地目录
lcd [目录]	切换到客户端指定的目录
dir 或 ls	列出服务器端当前目录下的文件
exit 或 quit	退出 smbclient
get file1 file2	从服务器上下载文件 file1，并以文件名“file2”将其保存在本地计算机上；如果不想改名，则可以把“file2”省略
mget file1 file2 file3 … file*n*	从服务器上下载多个文件
md 或 mkdir 目录	在服务器上创建目录
rd 或 rmdir 目录	删除服务器上的目录
put file1 [file2]	向服务器上传一个文件 file1，并将其命名为“file2”
mput file1 file2 … file*n*	向服务器上传多个文件

在 Windows 客户端中进行测试时，可以通过设置映射网络驱动器的方式来保证每次开机自动连接，并通过网络驱动器访问。在 Linux 操作系统中也可以将 Samba 服务器的共享目录挂载到本地，这样也和访问本地资源一样。

```
[root@sambaclient ~]# mkdir /mnt/samba
[root@sambaclient ~]# mount -t cifs //192.168.150.100/anony /mnt/samba -o username=LinuxStudy
Password for LinuxStudy@//192.168.150.100/anony:  ******
[root@sambaclient ~]# df -h
文件系统                  容量   已用   可用   已用%   挂载点
/dev/mapper/centos-root  10G    4.6G   5.5G   46%     /
devtmpfs                 894M   0      894M   0%      /dev
tmpfs                    910M   0      910M   0%      /dev/shm
tmpfs                    910M   11M    900M   2%      /run
tmpfs                    910M   0      910M   0%      /sys/fs/cgroup
/dev/sda1                497M   172M   326M   35%     /boot
tmpfs                    182M   4.0K   182M   1%      /run/user/42
```

```
    tmpfs                       182M    24K   182M  1%      /run/user/0
    /dev/sr0                    4.3G    4.3G  0     100%    /run/media/root/
CentOS 7 x86_64
    //192.168.150.100/anony 10G       4.7G  5.4G  47%     /mnt/samba
```

说明：在 Samba 服务器共享挂载后，用户就可以在本地/mnt/samba 目录内进行文件的访问与修改。

5.6 课堂思政

在本章中讲到了基于 CIFS 协议的文件共享知识，可以实现匿名和基于用户名 1 密码登录的文件共享，并且在文件共享的过程中可以修改、编辑共享文件。实现文件共享契合“共同构建人类命运共同体”精神，但随着信息系统的运行与维护需求日益复杂，系统能否稳定安全运行、保障系统和网络安全关乎企业的生存和发展，这对信息技术从业人员的职业素质提出了更高要求。

社会上不乏由于 Linux 操作系统运维人员“删库跑路”的行为而严重影响企业运行的事件。例如，某公司的一名高级工程师在升级系统数据库时，不慎将数据库删除，导致该公司部分在线功能约 10 小时无法使用，负面影响严重。某公司员工酒后由于个人原因，通过公司 VPN 登录公司服务器后执行删除任务，将该公司服务器内的数据全部删除，导致该公司系统瘫痪，几百万名用户无法正常使用该公司产品，经很长时间抢修才恢复运营。

学习 Linux 操作系统不仅要掌握知识，还要养成一丝不苟、认真负责的职业精神，不断提高职业道德和数字素养，最终成为技术全面、素质过硬、德才兼备、诚信担当并且有责任心的新时代高素质技术技能人才。

5.7 总结

本章讲解了 CIFS 的基础知识，其中包括 SMB 协议、NetBIOS 协议、Samba 的发展过程、Samba 服务器的工作模式与文件共享方式；搭建了 CIFS 环境；介绍了 CIFS 服务器的配置文件；给出了基于匿名登录的 CIFS 服务器、基于用户名/密码登录的 CIFS 服务器的搭建与配置的详细实验步骤，并在 Windows 与 Linux 两种客户端中进行了测试。

实训 5　CIFS 服务器的搭建、配置与管理

一、实训目的

- 了解 SMB 协议与 NetBIOS 协议。
- 掌握 CIFS 服务器的工作模式。
- 了解 CIFS 服务器的基础知识。

- 学会 CIFS 服务器基本环境的搭建。
- 掌握 smb.conf 的配置。
- 能够搭建、配置与管理基于匿名登录的 CIFS 服务器。
- 能够搭建、配置与管理基于用户名与密码登录的 CIFS 服务器。
- 掌握在 Windows 与 Linux 客户端中 CIFS 服务器的测试方法。

二、项目背景

小 A 搭建了 NFS 服务器，实现了 Linux 操作系统下的文件共享，但是小 A 发现自己使用的虚拟机与物理计算机是两种不同的操作系统。虚拟机中是 Linux 操作系统，物理计算机中是 Windows10 操作系统，即使将两者设置到同一个网段也无法实现网络资源共享。在向大鸟老师请教一番后，小 A 了解了 CIFS 服务器，于是小 A 决定基于虚拟机与物理计算机研究 CIFS 服务器的搭建、配置与管理。

三、实训内容

- /etc/samba/smb.conf 主配置文件的解析与配置。
- 搭建 CIFS 服务器的基本环境。
- 搭建与配置基于匿名登录的 CIFS 服务器。
- 搭建与配置基于用户名与密码登录的 CIFS 服务器。
- 在 Windows 与 Linux 客户端中登录 CIFS 服务器进行测试。

四、实训步骤

【实训环境和条件】

1. VMware Workstation 15.5 或以上版本的虚拟机软件。
2. 两台 CentOS 7 虚拟机，一台作为 CIFS 服务器，另一台作为 CIFS 客户端。

【实训内容】

1. 服务器的 IP 地址为 192.168.150.100。
2. 安装 CIFS 服务器。
3. 修改配置文件。
4. 搭建 CIFS 服务器的基本环境。
5. 搭建与配置基于匿名登录的 CIFS 服务器。
6. 搭建与配置基于用户名与密码的 CIFS 服务器。
7. 在 Linux 与 Windows 客户端中登录 CIFS 服务器进行测试。

FTP、NFS、CIFS 的区别

第6章 DNS服务器的配置与管理

06

与大多数企业一样，未来广告公司有自己的网站，有固定的IP地址，也从相关机构申请了域名。公司内部的办公系统也都是B/S架构，员工需要使用域名访问各站点。设计部要求有自己的子域 creative.tsfuture.net 和客户部子域 account.tsfuture.net。设计部的服务器较多，希望由自己创建域名服务器来管理子域。客户部就一台服务器，希望由公司的域名服务器来完成域名解析。因此，未来广告公司需要架设DNS服务器来解决域名与IP地址的解析问题。本章将讲解DNS的基础知识，剖析DNS的工作原理，详细地描述DNS服务器的搭建、配置与管理。

6.1 DNS的基础知识

6.1.1 DNS简介

DNS（Domain Name System，域名系统）是互联网上域名和IP地址相互映射的一个分布式数据库，用来方便用户使用域名访问网站，而不用记忆IP地址。通过主机名，最终得到该主机名对应的IP地址的过程被称为“域名解析”。DNS采用树形结构，将主机名的管理分配在不同级别的DNS服务器中，进行分布式的管理。这样既可以保证每台DNS服务器的工作负荷，又可以方便IP地址更新和修改。

DNS简介

在详细介绍DNS前，先介绍主机名和域名的概念。与IP地址有网络位和主机位类似，互联网上的计算机也有域名和主机名。域名代表的是一个区域，在这个区域内可以有很多台主机，就像电话号码有区号、地区有邮编一样。在这个区域中，不仅需要精确地找到某台计算机，还需要指定该计算机的主机名，这就像电话号码一样，同一个区域中的电话号码是唯一的，同一个区域中的主机名也是唯一的。例如，“010-12345678”和“021-12345678”，前者是北京市的电话号码，后者是上海市的电话号码；虽然号码（主机名）一样，但是区号（域名）不一样。所以在打电话时，不会产生误解。而且在北京市电话号码为“12345678”的用户只有一个，同一个电话号码不会被分配给两个用户，即同一个区域内（北京）的电话号码（主机名）是唯一的。

主机名加上域名就组成了一个完整的主机名，即FQDN（Fully Qualified Domain Name，完全限定域名）。互联网上的完全限定域名也是唯一的。

6.1.2 为什么使用 DNS

说起网络服务器，大家比较容易想到 Web 服务器、FTP 服务器或邮件服务器，因为人们经常浏览网站、共享文件或收发邮件，这些服务器可以直接接触。但对互联网服务器来说，DNS 服务器的作用更重要，用户虽然很少直接接触到它，但是无时无刻不在使用。它在目前网络中发挥着无可替代的重要作用，而且在将来还会更重要。

在互联网中，绝大部分的计算机以 IP 地址的方式互相联系和识别，并进行必要的网络通信（本书只讨论 TCP/IP）。对计算机来说，记录 IP 地址这样的数字并没有任何问题。但对我们来说，记忆 32 位的二进制 IP 地址或方便人类使用的点分十进制数（用 4 个十进制数表示的 IP 地址）依然是件困难的事情。未来 32 位的 IPv4 地址要被 128 位的 IPv6 地址代替，为了方便显示，IPv6 地址被设计成以十六进制数表示（以 4 个数字为一段的共 8 段的数字）。要记忆 IPv6 地址几乎是不可能完成的任务，这时就必然需要 DNS 了。

实例：查看正在使用的 DNS 服务器的 IP 地址。

在 Windows 操作系统中右击“开始”按钮，在弹出的快捷菜单中选择“运行”命令，在打开的“运行”对话框中输入“cmd”，并按回车键，在打开的命令提示符窗口中使用“nslookup”命令来查看 DNS 信息，如图 6.1 所示。

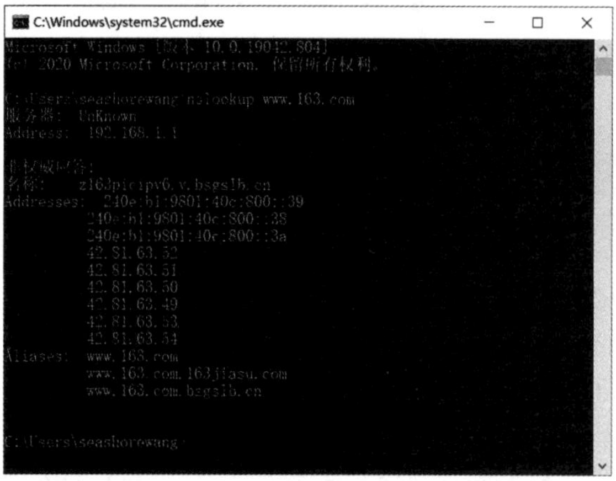

图 6.1 查看 DNS 信息

说明：由图 6.1 可知，访问某门户网站时，对应的 IPv4 和 IPv6 地址都显示了出来，这是 DNS 服务器查找到的结果。而在上网的过程中，其实大家只需要记住网易的域名，当访问网站时，计算机会按照本机中设置好的 DNS 服务器的 IP 地址去查找该网站对应的 IP 地址，并按照 IP 地址去访问该网站。

6.1.3 DNS 的发展过程

在互联网发展的早期，由于网络规模和网站数量有限，计算机使用 hosts 文件记录主机名和 IP 地址的对应关系，Linux 操作系统和 Windows 系统都有这个文件。Linux 操作系统的 hosts 文件存放在/etc 目录中。

实例：查看/etc/hosts 的内容。

```
[root@dnsserver named]# cat /etc/hosts
```

```
192.168.150.10 dnsserver
127.0.0.1   localhost localhost.localdomain localhost4 localhost4.localdomain4
::1         localhost localhost.localdomain localhost6 localhost6.localdomain6
```

说明：由上述查看结果可知，/etc/hosts 的内容和结构非常简单，只包括 IP 地址和主机名两部分。按照现在互联网的发展规模，将所有网站和 IP 地址都记录到该文件中几乎是不可能的，因此才出现了 DNS。

6.1.4　DNS 的结构

DNS 的结构是树形的，如图 6.2 所示。

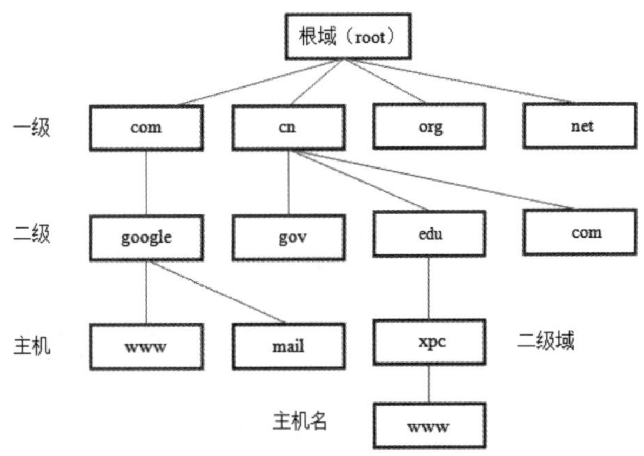

图 6.2　DNS 的结构

域名中只能包含以下字符。

（1）26 个英文字母。

（2）阿拉伯数字 0～9。

（3）-（英文中的连词符，但不能作为第一个字符）。

（4）对中文域名而言，还可以含有中文字符，而且必须含有汉字。

说明：其他国家的域名也可以包含其相关语言文字，本书不再讨论。

域名需要向相关域名管理机构注册，国际域名由美国商业部授权的互联网名称与数字地址分配机构（The Internet Corporation for Assigned Names and Numbers，ICANN）负责注册和管理；国内域名由中国互联网络信息中心（China Internet Network Information Center，CNNIC）负责注册和管理。

常见的顶级域名解析表如表 6.1 所示。

表 6.1　常见的顶级域名解析表

名称	说明
com	公司、企业
org	非营利组织
edu	教育机构
gov	政府机构
mobi	专用手机域名

续表

名称	说明
info	信息提供机构
mil	军事机构
net	网络服务机构

6.1.5 DNS 的查询流程

DNS 的查询流程与其组织管理方式有关。6.1.4 节中提到 DNS 采用树形结构。这样做的好处是每台服务器管理下一层的主机信息，DNS 查询也就变得简单明了。DNS 的查询流程如图 6.3 所示。

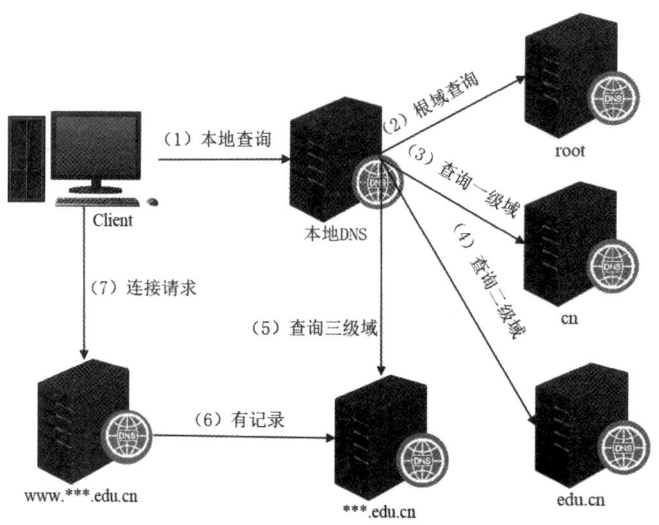

图 6.3　DNS 的查询流程

(1) 客户端想访问 www.***.edu.cn 网站，但是不知道该网站的 IP 地址，这时，客户端会向设置在计算机中的 DNS 服务器查询该网站的 IP 地址。

(2) 如果本地 DNS 中有 www.***.edu.cn 网站的 IP 地址记录，则会将 IP 地址返回给客户端；否则 DNS 向根域查询。由于 DNS 的分层结构，根域并不记录网站的 IP 地址，于是根域告诉本地 DNS 负责 cn 域的 DNS 服务器的 IP 地址。

(3) 本地 DNS 在 cn 域的服务器查询；cn 域也不直接负责该网站的解析，于是将 edu.cn 二级域的 DNS 服务器的 IP 地址返回给本地 DNS。

(4) 本地 DNS 继续向 edu.cn 二级域的服务器查询，得到的依然是下一级***.edu.cn 域的服务器的 IP 地址。

(5) 由于 www.***.edu.cn 正是由***.edu.cn 域的服务器负责，本地 DNS 将会得到该网站的 IP 地址。

(6) 每台申请了域名并具有公网 IP 地址的服务器都需要向上层 ISP 注册。

(7) 本地 DNS 几经周折终于查询到了 IP 地址，它会将查询结果记录在缓存中，当再请求同样的网址时，本地 DNS 就可以直接应答而不需要查询。而客户端收到本地 DNS 查询的结果后，就会以 IP 地址去连接该网站服务器。

6.1.6 DNS 的查询方式

DNS 主要有递归查询和迭代查询两种方式。

1. 递归查询

一般客户端和服务器之间使用的是递归查询，即当客户端向 DNS 服务器发出请求后，如果 DNS 服务器本身不能解析，则会向另外的 DNS 服务器发出查询请求，得到结果后转交给客户端。简而言之，如果请求者 A 向接收者 B 发出请求，则接收者 B 一定会给请求者 A 想要的答案。

2. 迭代查询（反复查询）

一般 DNS 服务器之间使用的是迭代查询。例如，如果 DNS 2 不能响应 DNS1 的请求，则它会将 DNS 3 的 IP 地址给 DNS 1，以便其再向 DNS 3 发出请求。因此，使用递归查询方式的服务器返回的结果是目标 IP 地址与域名的映射关系或查询失败的消息；使用迭代查询方式的服务器收到的是上一次迭代查询回复的结果，这个结果不一定是目标 IP 地址与域名的映射关系，也可以是其他 DNS 服务器的 IP 地址。

如果接收者 B 没有请求者 A 所需的准确内容，接收者 B 将告诉请求者 A 如何获得这个内容，但是接收者 B 自己不解析请求。

递归查询是最常见的由客户端发起，发送到本地 DNS 服务器的请求。当本地 DNS 服务器接受了客户端的查询请求时，本地 DNS 服务器将作为客户端的代理执行查找，在本地 DNS 服务器查找过程中，客户端只是等待。即便本地 DNS 服务器中并没有客户端要查找的记录信息，它也会在其他服务器中查找。最终 DNS 服务器会给客户端一个清楚的交代，要么查询结果，要么未找到结果。

迭代查询的最好例子是一台本地 DNS 服务器将请求发送到根服务器。当某个企业的本地 DNS 服务器向根服务器提出查询，根服务器并不会进行查找并告知结果，有一种说法是根服务器不接收递归查询。根服务器只是为解析查询做一件事，那就是引导本地 DNS 服务器到另一台 DNS 服务器中进行查询，这种做法通常被称为“重指引”。

在 DNS 的查找流程中，客户端向本地 DNS 服务器发送请求的第一步是递归查询，而本地 DNS 服务器向根服务器查询等一系列过程是迭代查询。

6.1.7 DNS 的解析与授权

从解析流程看，最关键的就是那台记录了网站主机名与 IP 地址对应关系信息的服务器，该服务器被设置为记录信息的数据库。在该数据库中，每个域的记录就是一个区域（zone）；查找域名对应的 IP 地址的过程被称为“正向解析”；查找 IP 地址对应的域名的过程被称为“反向解析”。

这里涉及一个问题，正向解析与反向解析是否需要成对配置。在一般情况下，正向解析与反向解析并不需成对出现，只需根据域名查询对应的 IP 地址。反向解析一般用在邮件服务器上，反向域名解析系统的功能是确保邮件交换记录生效。反向解析的主要作用是阻拦垃圾邮件。因为许多垃圾邮件的发送者使用动态分配或没有注册域名的 IP 地址来发送垃圾邮件，以逃避追踪。在使用域名反向解析后，就可以大大降低垃圾邮件的数量。

例如，使用邮箱 zhang@****.com 向邮箱***@163.com 发送邮件。那么 163 邮箱的服务器在接到这封邮件时会查看邮件的头部，邮件的头部会显示发送者的 IP 地址，根据这个 IP 地址进行反向解析，如果反向解析发现这个 IP 地址对应的域名为“****.com”，则接收这封邮件；如果反向解析发现这个 IP 地址对应的域名不是“****.com”，则拒绝这封邮件。

如果要架设邮件服务器，则需要申请固定 IP 地址，这样才可以向 ISP 申请反向解析，保证自己邮件服务器发送的邮件不会被当成垃圾邮件，从而被服务器拒绝。

上面提到了一个概念——向 ISP 申请注册。前面介绍了 DNS 的许多基本知识，但是读者一定要明白在什么情况下需要架设 DNS 服务器，在什么情况下不需要架设 DNS 服务器。如果需要架设 DNS 服务器，则又需要做什么。

1. 需要架设 DNS 服务器的情景

组织机构内部需要对 Internet 公开的服务器有很多，并且这些服务器都属于公司内部的一个区域，这时需要向 ISP 申请，授权将公司域的解析工作交由架设的服务器来负责。

在一般情况下，单位内部的计算机很多，有许多网站需要对内部开放，对外部只开放主页。这时，需要架设一个组织内部使用的 DNS 服务器，只记录内部域的数据库，而将互联网其他网站的访问解析权限交给上层 ISP 的 DNS 服务器。

2. 不需要架设 DNS 服务器的情景

不需要架设 DNS 服务器的情景有以下几种：当对 Internet 公开的服务器很少或没有时；当上层 DNS 服务器已经为网域设置了解析数据库时；当架设和维护 DNS 服务器的费用超过了由 ISP 维护的费用时。

下面的实验部分通过区域委派的配置来说明如何进行子域 DNS 解析的授权。但需要注意的是，公开的 DNS 服务器的架设、解析是需要上层机构授权的。

6.2 DNS 环境搭建

在 Linux 操作系统中，使用由伯克利大学（Berkeley）开发的 BIND（Berkeley Internet Name Domain）作为 DNS 服务器。这个软件本来是由美国国防部先进研究项目局（Defense Advanced Research Projects Agency，DARPA）资助的一个研究生课题，是一款开源的 DNS 软件，经过多年的广泛应用和完善，目前已成为应用最多的 DNS 软件，Internet 上大多数 DNS 服务器都是使用 BIND 来架设的。

6.2.1 环境准备

在 VMware Workstation 中克隆两台虚拟机，分别命名为“dnsserver”“dnsclient”。启动两台虚拟机，设置网络连接方式均为 NAT，服务器的 IP 地址为 192.168.150.100，客户端的 IP 地址为 192.168.150.101，且可以互相 ping 通。在两台虚拟机中均配置本地或网络 YUM 仓库。

```
[root@ seashorewang ~]# hostnamectl set-hostname dnsserver
[root@ seashorewang ~]# hostnamectl set-hostname dnsclient
```

6.2.2　DNS 服务器的安装

我们使用搭建好的 YUM 仓库来安装 BIND 软件包。

```
[root@ dnsserver /]# yum  -y  install  bind  bind-chroot
```

说明：只要 YUM 仓库配置正确，且网络通畅，即可正确安装。

实例：查看与 BIND 相关的软件包。

```
[root@ dnsserver /]# rpm -qa | grep ^bind
bind-9.7.0-5.P2.el6.x86_64 ①
bind-chroot-9.7.0-5.P2.el6.x86_64 ②
bind-utils-9.7.0-5.P2.el6.x86_64 ③
bind-dyndb-ldap-0.1.0-0.9.b.el6.x86_64 ④
bind-libs-9.7.0-5.P2.el6.x86_64 ⑤
```

说明：（1）①是 BIND 主程序所需的软件包。

（2）②中的“chroot”即“change to root”，类似于在 FTP 服务器中将某用户限制在自己的主目录内。这个软件包可以将某个系统内的子目录当作 BIND 程序的根目录，因此，当 DNS 服务器被黑客攻击时，由于 DNS 服务器的目录被当作根目录，黑客也将无法对除 DNS 服务器外的部分造成伤害。在本系统中，BIND 被放在/var/named/chroot 目录下。

（3）读者可以发现，③中的软件包不在 YUM 仓库安装显示的软件包内，而是在安装服务器之前就已经被安装在系统内了，它是客户端查找主机名所使用的相关命令的软件包。

（4）④是 BIND 的 LDAP 驱动程序，用于转义 LDAP 的 DN 查询等相关工作。

（5）⑤是 BIND 的相关函数库。

完成安装后，就可以进行 DNS 服务的配置了，DNS 服务的相关信息如下。

- 后台进程（服务名称）：named。
- 启动脚本文件：/etc/init.d/named。
- 端口号：53（udp,tcp）。
- 所需 RPM 软件包：bind-9.7.0-5.P2.el6.x86_64，环境不同，则程序版本号不同。
- 相关 RPM 软件包：bind-chroot。
- 主配置文件：/var/named/chroot/etc/named.conf。
- 相关路径：/var/named。

说明：虽然 chroot 功能非常安全且正在使用，不过在目前版本的 CentOS 7 操作系统中新安装 BIND 后，DNS 的主配置文件依然是/etc/named.conf，并非放在了/var/named/chroot 目录下。

6.2.3　防火墙设置

将 DNS 服务设置为永久允许访问，并重新加载，使其生效。

```
[root@dnsserver ~]# firewall-cmd --permanent --add-service=dns
success
[root@dnsserver ~]# firewall-cmd --reload
```

```
success
[root@dnsserver ~]# firewall-cmd --list-all
public (active)
  target: default
  icmp-block-inversion: no
  interfaces: ens33
  sources:
  services: ssh dhcpv6-client dns
  ports:
  protocols:
  masquerade: no
  forward-ports:
  source-ports:
  icmp-blocks:
  rich rules:
```

6.2.4 DNS 基本配置

架设一台 DNS 服务器，涉及的相关文件比其他服务器要多很多，初学者在这里比较容易困惑，下面将这些文件一一列出并说明其作用和关系。

1. 主配置文件

- /etc/named.conf：DNS 的全局配置文件，这个文件的设置将影响整体服务器的运行。
- /etc/named.rfc1912.zones：DNS 的区域声明文件，当有新的域名需要解析时，需要先在这个文件内进行声明，包括正向区域声明及反向区域声明，格式如下。

```
zone  "区域名称" IN {
    type master ;
    file  "实现正向解析的区域文件名";
    allow-update {none;};
};
```

说明：（1）在某些版本的 Linux 操作系统中，这两个文件合并为/etc/named.conf 主配置文件，因此在查阅一些资料时会发现并没有提及/etc/named.rfc1912.zones 文件，所有的区域声明都是被放在主配置文件内的。事实上，在当前版本的 BIND 中的/etc/named.conf 文件的最后有一行“/etc/named.rfc1912.zones”。

（2）这两个文件其实是一体的，只不过把配置中的全局设置及区域声明分成两个文件，这样更方便 DNS 的配置和错误排除。

2. 区域文件

- named.localhost：正向解析文件模板，用于将域名解析为 IP 地址，该文件中定义了域名与 IP 地址的对应关系。
- named.loopback：反向解析文件模板，用于将 IP 地址解析为域名。
- /var/named/named.ca：根域名服务器信息文件，在该文件中记录了全世界 13 个顶级的 IPv4 域名服务器的 IP 地址及 6 个顶级 IPv6 服务器的 IP 地址。

3. 其他相关文件

- /etc/hosts：可以起到将域名解析到 IP 地址的作用。事实上，在早期没有 DNS 时，也确实是这么做的，当然以现在 Internet 的规模，这样做显然不现实，不过如果有需要，我们可以将要访问的域名与 IP 地址写在这个文件内，当需要域名解析时，系统将优先查找这个文件。
- /etc/resolv.conf：记录 DNS 服务器的 IP 地址，如果发现在解析时显示找不到服务器，则检查这个文件是否记录了 DNS 服务器的 IP 地址。

6.3 cache-only 服务器

让我们从易到难配置一个最简单的 DNS 服务器——cache-only 服务器（也有资料称其为“转发服务器”或“缓存服务器”）。

6.3.1 cache-only 服务器简介

设想这样一种情景：公司主管让你搭建一个 DNS 服务器，以便公司内部上百台计算机上网。公司有自己的域名，但是对外的解析工作显然是交给 ISP 来完成的。当你搭建 DNS 服务器时，只需要对域名进行内部地址的解析工作。可是工作时不可能只访问公司的网站，必然还有访问 Internet 的需求。你需要在公司的 DNS 服务器上将 Internet 中无数的网站解析都实现吗？显然这既是不现实的，也是没有必要的。既然互联网上的 DNS 解析已经由当地 ISP 负责了，那么，你只需要将公司的 DNS 服务器设置为代理，将所有解析请求交给 ISP 的 DNS 服务器来解析，同时将结果返回给请求的公司内部主机即可。这样的 DNS 服务器就是 cache-only 服务器。cache-only 服务器有以下特点。

- cache-only 服务器不管理任何区域，但客户端仍然可以向它请求查询。
- cache-only 服务器类似代理服务器，没有自己的域名数据库，而是将查询转发给其他 DNS 服务器。
- ache-only 服务器收到查询结果后，不仅会将结果返回给查询客户端，还会在自己的缓存内保存相应信息。当收到相同的请求后，cache-only 服务器会直接从缓存中找到结果。显然，这样会提高查询速度。

6.3.2 cache-only 服务器搭建

步骤 1： 基础条件准备。

这一部分也是在 6.2 节的基础上进行的。

步骤 2： 设置主配置文件。

DNS 的主配置文件只包含基本配置，主要分为以下两大部分。

- 全局声明（options）：每个配置文件只有一个 options 配置，如果同一个文件中出现多个 options 配置，则以第一个 options 配置为准，同时会产生警告信息。

• 区域声明（zone）：在该 BIND 版本中，主配置文件内只有根域（“.”）的声明，其他区域的声明则放在了/etc/named.zones 文件中。

全局声明如下。

```
options {
listen-on port 53 { 127.0.0.1; };               #监听的端口号及 IP 地址
listen-on-v6 port 53 { ::1; };                  #IPv6 的监听信息
directory "/var/named";                         #区域文件的存放位置
dump-file "/var/named/data/cache_dump.db"; #服务器数据库的路径
statistics-file "/var/named/data/named_stats.txt";  #服务器统计文件信息存放路径
memstatistics-file  "/var/named/data/named_mem_stats.txt";#服务器输出的统计
文件位置
allow-query     { localhost; };                 #指定允许请求的客户端
recursion yes;                                  #是否将自己视为客户端
dnssec-enable yes;      #这三个是 DNS 扩展，是 IETF 提供的一种 DNS 安全认证机制
dnssec-validation yes;
dnssec-lookaside auto;
 /* Path to ISC DLV key */
bindkeys-file "/etc/named.iscdlv.key";
};
```

如果要配置 cache-only 服务器，则需要在主配置文件中增加 forward（转发方式）和 forwarders（上级域名服务器的 IP 地址）两个配置。

主配置文件中的最终配置如下。

```
options {
       listen-on port 53 { any; };
       listen-on-v6 port 53 { ::1; };
       directory       "/var/named";
       dump-file       "/var/named/data/cache_dump.db";
       statistics-file "/var/named/data/named_stats.txt";
       memstatistics-file "/var/named/data/named_mem_stats.txt";
       recursing-file  "/var/named/data/named.recursing";
       secroots-file   "/var/named/data/named.secroots";
       allow-query     { any; };
       forward only;
       forwarders{
            1.2.4.8;          //某运营商 DNS 服务器
            223.5.5.5;        //某公有云 DNS 服务器
        };
};
```

说明：forward 选项定义了请求转发的方式，通常将其设置为“only”，表示服务器只将客户端的查询请求转发到其他 DNS 服务器上。此选项只有当 forwarders 列表中有内容时才有意义。

步骤 3：启动 named 服务。

保存好主配置文件后，启动 named 服务。

```
[root@dnsserver named]# systemctl restart named
```

步骤 4：客户端 DNS 设置。

设置客户端 DNS 的 IP 地址为 192.168.150.100（DNS 服务器的 IP 地址）。

```
[root@dnsclient ~]# cat /etc/resolv.conf
# Generated by NetworkManager
nameserver 192.168.150.100
```

设置完成后，测试 DNS 服务是否可以正常运转。

```
[root@dnsclient ~]# nslookup
> www.***.com
Server:         192.168.150.100
Address:        192.168.150.100#53

Non-authoritative answer:
www.***.com   canonical name = www.a.**.com.
Name:   www.a.**.com
Address: 110.242.68.4
Name:   www.a.**.com
Address: 110.242.68.3
```

说明：从上面我们可以看出，192.168.150.100 是我们架设的 DNS 服务器的 IP 地址；在下面的部分中，解析出来“www.***.com”对应的 IP 地址为 110.242.68.4。

6.4　配置 DNS 服务器的正向解析与反向解析

DNS 正向解析

通过学习 6.3 节，我们对 DNS 已经有了初步的了解。虽然 cache-only 服务器方便快捷，但显然并不能被当作“万能钥匙”在所有环境中使用。事实上，cache-only 服务器只是 DNS 服务器的一个组成部分，而配置一个完整的 DNS 服务器还需要注意以下几个细节。

（1）搭建一个线上使用的 DNS 服务器需要上级 DNS 服务器的授权，而自己搭建的 DNS 服务器则是用于在实验环境下学习搭建技巧的。

（2）一个完整的 DNS 服务器不仅要在主配置文件中设置全局声明，还要设置区域声明正向区域数据文件、反向区域数据文件。

（3）如果没有数据库文件，则服务器会去根域（root）或 forwarders 设置的服务器 IP 地址中查询。

DNS 反向解析

下面介绍主 DNS 服务器的搭建、配置与管理。

步骤 1：基础条件准备。

这一部分也是在 6.2 节的基础上进行的。

步骤 2：设置主配置文件/etc/named.rfc1912.zones。

6.3 节中讲解了如何配置主配置文件，要配置一个完整的 DNS 服务器，需要将/etc/named.conf 文件中的“forward only”和“forwarders”两个语句注释掉。

在区域声明文件中可以参考根域的声明方式来声明自己的区域，代码如下。

```
zone "." IN {
    type hint;
    file "named.ca";
```

```
};
```

说明：上述内容中的“type”表示设置的区域类型，“file”表示与该区域有关的数据库文件。

注册正向解析域名“linuxserver.com”的代码如下。

```
zone "***server.com" IN {
      type master;
      file "***server.com.zone";
      allow-update { none; };
};
```

说明：上述内容中的“master”表示本服务器是主 DNS 服务器；正向区域数据文件为 linuxserver.com，需要建立在/var/named/文件夹内；“allow-update”表示是否进行更新

注册反向解析域名“150.168.192.in-addr.arpa”的代码如下。

```
zone "150.168.192.in-addr.arpa" IN {
     type master;
     file "192.168.150.zone";
     allow-update { none; };
};
```

说明：需要注意的是，在上述内容的“zone”后面的引号中，前半段是将主机 IP 地址所属网段的网络地址倒过来写，后面的 in-addr.arpa 则是固定格式，其他部分则与正向解析相同。

步骤 3：正向解析。

正向区域数据文件需要记录该区域内的相关信息，包括主机名与 IP 地址的对应关系、刷新时间、DNS 服务器的 IP 地址等，每个区域都需要有自己的区域数据文件，在系统进行域名解析时，实际上也是在读取相应文件的记录信息。

DNS 是通过资源记录来识别信息的，区域数据文件内记录的内容就是资源记录（Resource Record，RR），每个 RR 包含相应的解析结果。一个完整的区域数据文件应该记录以下几方面内容。

- 域名：用于定位资源记录的位置，也就是该资源记录所属的域。
- 生存时间（TTL）：指定资源记录的缓存时间。
- 类：说明网络的类型，分别为 IN、HS 和 CH，通常使用 IN 类。
- 类型：指定资源记录的类型。资源记录的类型如表 6.2 所示。

表 6.2 资源记录的类型

类型	名称	意义
SOA	Start of Authority（起始授权机构）	设置保存区域数据的主 DNS 服务器
NS	Name Server（名称服务器）	管辖该区域的服务器
A	Address（主机地址）	主机名到 IP 地址的映射
CNAME	Canonical Name（规范别名）	主机名别名
MX	Mail Exchanger（邮件交换器）	负责邮件交换的主机
PTR	Pointer（指针）	IP 地址到主机名的映射
SRV	Service（服务）	记录特殊服务的服务器相关数据

在区域数据文件中，一行代表一条资源记录，如果分为多行，则需要使用括号。在资

源记录时需要注意以下符号。

- 在完整域名后面加上“.”，表示域名完整，如“****.com.”，如果不加，系统会在后面补齐相应的域名。例如，如果只写“www”，则系统会自动加入域名“****.com”，变为“www.****.com”，这里需要特别注意。
- 符号“@”表示当前域。
- 如果一行资源记录是以空字符开始的，则表示域名与上一行资源记录一样。

实例：根据以下要求建立一个区域数据文件。

- 主域为***server.com。
- DNS 服务器的域名为“dns.***server.com”，对应的 IP 地址为 192.168.150.100。
- 域中有一台提供 Web 服务的机器，其主机名为“www”，对应的 IP 地址为 192.168.150.101。
- 该 Web 服务器的别名为“web”。
- 域中有一台邮件服务器，其主机名为“mail”，对应的 IP 地址为 192.168.150.200。

相应的区域数据文件如下。

```
[root@dnsserver named]# cp named.localhost ***server.com.zone
[root@dnsserver named]# vim ***server.com.zone
$TTL 1D
@       IN SOA  @ root. ***server.com. (
                                        0       ; serial
                                        1D      ; refresh
                                        1H      ; retry
                                        1W      ; expire
                                        3H )    ; minimum
@     IN     NS   dns.***server.com.
@     IN     MX   10  mail.***server.com.
dns   IN     A    192.168.150.100
mail  IN     A    192.168.150.100
www   IN     A    192.168.150.101
web   CNAME  www #web 是 www 的别名
mail  IN     MX   10  192.168.150.200; #mail.***server.com.是邮件服务器的域名，
数字 10 表示优先级
```

说明：（1）TTL 表示生存期，1D 表示一天，即 86500 秒。SOA 是必要的设置，表示本服务器是最初创建该区域的 DNS 服务器。

（2）“@　IN　NS　dns.***server.com.”行用于定义该域的域名服务器，至少应该定义一个。

（3）“@　IN　MX　10　mail.***server.com.”行用于定义邮件交换器，其中 10 表示优先级别，数字越小，优先级别越高。

（4）“www　IN　A　192.168.150.101”行是一系列的主机资源记录，表示主机名和 IP 地址的对应关系。

创建区域数据文件后保存并退出，这里需要注意的是，一定要将区域数据文件的所属群组改为“named”，否则将无法正常解析。

```
[root@dnsserver named]# chgrp named /var/named/***server.com.zone
```

```
[root@dnsserver named]# ll /var/named/***server.com.zone
-rw-r-----. 1 root named 255 Nov 22 10:25 /var/named/***server.com.zone
```

从上面可以看出，只有 root 用户具有该文件的读写权限，named 群组中的用户只具有读权限，如果不将该文件的所属群组改为“named”，则作为 named 用户运行的 DNS 服务器无法读取该文件，不能进行正常的查询。

步骤 4： 反向解析。

反向解析与正向解析一样，需要先在区域数据文件中进行声明，再建立反向区域数据，文件内容如下。

```
[root@dnsserver named]# cp named.loopback  192.168.150.zone
[root@dnsserver named]#vim  192.168.150.zone
$TTL 1D
@       IN SOA  @ root. linuxserver.com. (
                                        0       ; serial
                                        1D      ; refresh
                                        1H      ; retry
                                        1W      ; expire
                                        3H )    ; minimum
@  IN  NS  dns. ***server.com.
@  IN  MX  10  mail. ***server.com.
100  IN PTR  dns. ***server.com.
101  IN  PTR  www. ***server.com.
```

说明：“101　IN PTR　www.***server.com.”行为资源记录，表示 IP 地址与主机名称的对应关系。其中，PTR 使用相对域名；101 表示 101.150.168.192.in-addr.arpa，即 IP 地址为 192.168.150.101。

创建区域数据文件后保存并退出，同样需要将该文件的所属群组改成“named”。

```
[root@dnsserver named]# chgrp named /var/named/192.168.150.zone
[root@dnsserver named]# ll /var/named/192.168.150.zone
-rw-r-----. 1 root named 255 Nov 22 10:25 /var/named/192.168.150.zone
```

步骤 5： 修改完之后重新启动 named 服务，并添加到开机启动项中。

```
[root@dnsserver named]# systemctl restart named
[root@dnsserver named]# systemctl enable named
```

步骤 6： 在客户端中进行测试。

客户端的 IP 地址和 DNS 设置与 cache-only 部分相同，这里不再说明。正向解析的测试结果如下。

```
[root@dnsclient ~]# nslookup
> server
Default server: 192.168.150.100
Address: 192.168.150.100#53
> dns. ***server.com
Server:         192.168.150.100
Address:        192.168.150.100#53

Name:   dns. ***server.com
```

```
Address: 192.168.150.100
```

说明：输入域名后返回 IP 地址，表示正向域名解析成功。

反向解析的测试结果如下。

```
[root@dnsclient ~]# nslookup
> 192.168.150.100
Server:         192.168.150.100
Address:        192.168.150.100#53
```

说明：输入 IP 地址后返回域名，表示反向域名解析成功。

6.5 从 DNS 服务器的配置

所有服务器都存在宕机和损坏的危险，DNS 服务器也不例外，因此，在主 DNS 服务器外设置从 DNS 服务器就成为保证服务连续性的一项必要措施。

从 DNS 服务器配置

Slave DNS 即从 DNS 服务器，当然，它依然是 DNS 服务器，所以需要安装 BIND 软件包，设置主配置文件，并进行区域声明。不同的是，从 DNS 服务器不需要建立自己的区域数据文件——这些文件将定期从主 DNS 服务器中下载并更新。下面配置从 DNS 服务器。

步骤 1：基础条件准备。

配置从 DNS 服务器需要首先配置主 DNS 服务器，操作方法参考 6.4 节。从 DNS 服务器的基础环境也是在 6.2 节的基础上进行的，如 YUM 仓库的配置、软件包的安装、防火墙的设置等。

步骤 2：修改主 DNS 服务器的区域数据文件。

首先修改主 DNS 服务器上的正向区域数据文件，增加一条 NS 记录及一条 A 记录，如下所示。

```
$TTL 1D
@       IN SOA  @ root.**.com. (
                                        10        ; serial
                                        1D        ; refresh
                                        1H        ; retry
                                        1W        ; expire
                                        3H )      ; minimum
@ IN NS  dns.**.com.
@ IN MX 10  mail.**.com.
@ IN  NS  slave.**.com.
slave  IN A 192.168.150.200
dns  IN  A  192.168.150.100
mail IN A 192.168.150.100
www  IN  A  192.168.150.101
```

说明：从 DNS 服务器的 IP 地址为 192.168.150.200.

然后修改主 DNS 服务器上的反向区域数据文件，增加一条 NS 记录及一条 A 记录，如下所示。

```
$TTL 1D
```

```
@       IN SOA  @ root.**.com. (
                                        10       ; serial
                                        1D      ; refresh
                                        1H      ; retry
                                        1W      ; expire
                                        3H )     ; minimum
@ IN  NS  dns.**.com.
@ IN  MX  10  mail.**.com.
@  IN  NS  slave.**.com.
200 IN PTR  slave.**.com.
100  IN PTR  dns.**.com.
101  IN  PTR  www.**.com.
```

说明：这里需要特别注意的是，上面两个区域数据文件内的 serial 在每次修改后一定要增加，从 DNS 服务器发现数据文件的序列号比服务器中现有的序列号大才会更新数据文件。

步骤 3：配置从 DNS 服务器的全局配置文件/etc/named.conf。

```
options {
        listen-on port 53 { any; };
        listen-on-v6 port 53 { ::1; };
        directory       "/var/named";
        allow-query     { any; };
};
zone "long.com" {
    type slave;
    file "slaves/**.com.zone";
    masters { 192.168.150.100; };
};
zone "150.168.192.in-addr.arpa" {
   type slave;
   file "slaves/200.150.168.192.zone";
   masters { 192.168.150.100; };
};
```

说明：（1）“type slave”表示区域类型为 slave。区域文件存放在/var/named/slaves 目录中。

（2）主 DNS 服务器的地址为“masters { 192.168.150.100; };”配置中的 192.168.150.100。

步骤 4：配置完成后重新启动 named 服务，并添加到开机启动项中。

```
[root@dnsserver named]# systemctl restart named
[root@dnsserver named]# systemctl enable named
```

步骤 5：查看从 DNS 服务器的/var/named/slaves 目录中是否生成区域数据文件。

```
[root@slave2 ~]# ls -l /var/named/slaves
total 8
-rw-r--r--. 1 named named 392 Nov 22 19:15 200.150.168.192.zone
-rw-r--r--. 1 named named 317 Nov 22 19:15 long.com.zone
```

说明：从上面可以看出，从 DNS 服务器接收到了主 DNS 服务器的区域数据文件，并将其放在了/var/named/slaves 目录中。可以发现，这些区域数据文件的权限为 644，与主 DNS

服务器中文件的权限 640 并不一样。

步骤 6： 在客户端中进行测试。

将客户端的 IP 地址设置为从 DNS 服务器的 IP 地址。正向解析的测试结果如下。

```
[root@dnsclient ~]# nslookup
> server
Default server: 192.168.150.200
Address: 192.168.150.200#53
> www.**.com
Server:         192.168.150.200
Address:        192.168.150.200#53

Name:   www.**.com
Address: 192.168.150.101
> 192.168.150.200
Server:         192.168.150.200
Address:        192.168.150.200#53
```

说明： 输入域名后返回 IP 地址，表示从 DNS 服务器的正向域名解析成功。

反向解析的测试结果如下。

```
[root@dnsclient ~]# nslookup
> 192.168.150.101
Server:         192.168.150.200
Address:        192.168.150.200#53
101.150.168.192.in-addr.arpa    name = www.**.com.
```

说明： 输入 IP 地址后返回域名，表示从 DNS 服务器的反向域名解析成功。

6.6　DNS 服务器的其他配置

除了前面讲解的内容，BIND 还提供了很多非常实用的功能，本节将介绍 DNS 负载均衡、泛域名解析、区域委派及 ACL 等相关功能。

6.6.1　DNS 负载均衡

DNS 负载均衡是一个非常实用的功能。试想一下，某公司在成立之初，网站访问量比较小，一天大概有几十个用户访问，一台服务器就足以应付这样的工作量了。但是当该公司发展得越来越好、规模越来越大时，每时每刻访问网站的客户成千上万，那么一台服务器肯定无法承受这么大的访问负荷。为了保证提供的 Web 服务的质量及稳定性，该公司会增设几台服务器来同时提供 Web 服务，这时就用到 DNS 负载均衡功能了。

在实际应用中，DNS 负载均衡是一种非常简单易行且经济可靠的方法。它在一台 DNS 服务器中为同一个域名分配多个 IP 地址（即为一个主机名设置多条 A 资源记录），在应答客户端的查询请求时，DNS 服务器对每个查询请求会以 DNS 文件中主机记录的 IP 地址为依据，按顺序返回不同的结果，将不同客户端引导到不同的服务器，从而实现负载均衡。例如，某公司提供三台相同内容的 FTP 服务器，IP 地址分别为 192.168.150.150、

192.168.150.160 和 192.168.150.170，可以在 DNS 服务器的区域数据文件中加入三条 A 资源记录，配置如下。

```
[root@dnsserver named]# vim ***server.com.zone
$TTL 1D
@       IN SOA  @ root. ***server.com. (
                                        0       ; serial
                                        1D      ; refresh
                                        1H      ; retry
                                        1W      ; expire
                                        3H )    ; minimum
@  IN  NS   dns.***server.com.
@  IN  MX  10  mail.***server.com.
dns  IN  A  192.168.150.100
mail  IN  A  192.168.150.100
www  IN  A  192.168.150.101
ftp   IN   A  192.168.150.150
    IN   A  192.168.150.160
    IN  A   192.168.150.170
```

说明：上述内容中的加粗部分为新增的内容。配置完成后，当再收到 DNS 客户端的查询请求时，DNS 服务器会按照一定算法将这三个 IP 地址轮流反馈给发出查询请求的 DNS 客户端，从而实现访问的负载均衡。

6.6.2 泛域名解析

泛域名是指一个域名内的所有主机和子域都被解析到同一个 IP 地址上，实现方法是使用通配符“*”来代替所有次级域名。泛域名解析有如下作用。

（1）可以让域名支持多个子域名。

（2）可以防止用户输入错误，导致网站不能访问。

（3）可以让用户直接输入更简洁的域名来访问网站。

例如，输入“www.****.com”和“****.com”都可以打开某搜索引擎，这就是泛域名解析的作用。

在正向区域数据文件中加入如下内容。

```
*  IN  A  192.168.150.130
```

重新启动服务后，就可以实现泛域名解析。例如，我们测试并没有进行记录的 ftp1 和 ftp2 两个主机名，解析结果如下。

```
[root@dnsclient ~]# nslookup
> ftp1.linuxserver.com
Server:        192.168.150.100
Address:       192.168.150.100#53

Name:   ftp1.***server.com
Address: 192.168.150.130
> ftp2.***server.com
Server:        192.168.150.100
```

```
Address:        192.168.150.100#53

Name:   ftp2.***server.com
Address: 192.168.150.130
```

说明：DNS 服务器会将这两个主机名解析为同一个 IP 地址，即 192.168.150.130。

6.6.3　区域委派

在实际 DNS 管理中，也许还会有这样一个问题：如果当前域非常大，并且下面管理的主机和子域也非常多，就可以通过区域委派使这个 DNS 服务器负责上层域，将各子域分别交给下层子域来解析。事实上，这很像我们当前的网络环境，13 台顶级域名服务器将 DNS 解析工作一层一层地分派下去。

DNS 区域委派

要实现区域委派，首先要在上层 DNS 服务器内的区域数据文件内添加一个 NS 资源记录和一个 A 资源记录，如下所示。

```
[root@dnsserver named]# vim ***server.com.zone
--------------------省略部分--------------------------------
subnet.***server.com.   IN  NS   dns.subnet.***server.com.
dns.subnet.***server.com.  IN   A   192.168.150.131
```

然后在下层子域 DNS 服务器上添加完整的区域声明、正向区域数据文件和反向区域数据文件。配置方法与上面相同，此处简略地以正向声明为例进行说明，反向部分不再赘述。

```
[root@dnsserver named]#  vim /etc/named.rfc1912.zones
zone "subnet.***server.com" IN {
    type master;
    file"named.subnet.***server.com"
};
[root@dnsserver named]# vim /var/named/named.subnet.***server.com
@   IN  NS  dns.subnet.***server.com
dns  IN  A  192.168.150.131
```

6.6.4　BIND 的 ACL 功能

BIND 还支持 ACL（Access Control List，访问控制列表）功能。通过设置 ACL，管理员可以更方便地控制 BIND 的访问。

打开/etc/named.conf 主配置文件，编辑如下。

```
[root@dnsserver named]# head -20 /etc/named.conf
--------------------省略部分--------------------------------
acl ALLOW { 192.168.150.0/24; };
options {
listen-on port 53 { 0.0.0.0/0; };
listen-on-v6 port 53 { ::1; };
directory   "/var/named";
dump-file   "/var/named/data/cache_dump.db";
statistics-file "/var/named/data/named_stats.txt";
```

```
    memstatistics-file "/var/named/data/named_mem_stats.txt";
    allow-query     { ALLOW; };
    recursion yes;
```

说明：上述内容中的加粗部分为修改部分，这样才可以使用 ACL 中定义的网段进行 DNS 查询。

6.7 小结

本章介绍了 DNS、为什么使用 DNS、DNS 的发展过程与结构、DNS 的查询流程与查询方式、DNS 的解析与授权等。介绍了 named 服务及相关配置文件。详细描述了最小化配置搭建主 DNS 服务器、搭建 cache-only 服务器、搭建从 DNS 服务器的主要步骤。

6.8 课堂思政

习近平总书记在《努力成为世界主要科学中心和创新高地》中指出："自力更生是中华民族自立于世界民族之林的奋斗基点，自主创新是我们攀登世界科技高峰的必由之路。"只有自信的国家和民族，才能在通往未来的道路上行稳致远。树高叶茂，系于根深。

全世界 13 台顶级域名服务器多数在西方国家，但我国早就建成了根服务器的镜像服务器，并将根服务器的数据放在了国内。同时，未来网络的发展将会从 IPv4 地址向 IPv6 地址转移，我国也建设了自己的根服务器，IPv6 地址将能满足中国新时代的发展需求。我国已经建立了一整套自主可控的根服务器解决方案和技术体系，能够更好地服务于未来发展。

实训 6 DNS 服务器的搭建、配置与管理

一、实训目的

- 掌握 DNS 的原理。
- 了解 DNS 的查询流程。
- 了解 DNS 的查询方式。
- 掌握 DNS 服务器的配置方法。
- 能够管理 DNS 服务器。

二、项目背景

在大鸟老师的指点下，小 A 学习了三种文件服务器，熟练掌握了三种服务器的搭建、配置与管理。不过，小 A 在一次实践过程中不能联网，小 A 向大鸟老师请教，大鸟老师说 DNS 配置不正确。后来小 A 通过查阅资料知道 DNS 也是一个服务器，于是他开始实践主 DNS 服务器、从 DNS 服务器和 cache-only 服务器的搭建、配置与管理。

三、实训内容

- 安装和运行 DNS 服务器。
- /etc/named.conf 与/etc/named.rfc1912.zones 文件的设置。
- cache-only 服务器的搭建。
- 正向解析与反向解析的设置。
- 搭建从 DNS 服务器。
- 配置泛域名解析并设置区域委派。
- 使用 BIND 的 ACL 功能限制访问。

四、实训步骤

【实训环境和条件】

1. VMware Workstation 15.5 或以上版本的虚拟机软件。
2. 两台 CentOS 7 虚拟机，一台作为 DNS 服务器，另一台作为 DNS 客户端。

【实训内容】

1. 两台虚拟机均使用 NAT 方式联网。
2. 将其中一台虚拟机配置为 DNS 服务器，IP 地址自定义。
3. 将另一台虚拟机配置为 DNS 客户端，IP 地址设置为服务器地址，进行解析测试。
4. 实践 cache-only 服务器的部署。
5. 实践 DNS 服务器的正向解析与反向解析。
6. 实践从 DNS 服务器的搭建与配置。

07 第 7 章 Web 服务器的配置与管理

未来广告公司作为一家以广告业务为主业务的公司，比较注重自身的企业宣传，因此制作了自己的网站。该网站的主页采用 PHP 技术开发，数据库平台采用 MySQL 搭建，主要用于发布公司信息、宣传公司产品和提供服务，以及接收信息反馈等。网络上有很多公司提供网站空间租用，但都价格不菲，因此如果能利用自己的服务器搭建网站主页对外发布，不仅可以节省大量资金，而且方便管理。本章将介绍 HTTP、Web 服务器等基础知识；讲解 Apache 环境搭建；实现虚拟主机配置、站点访问控制和 LAMP 集成配置。

7.1 Web 的基础知识

自 2015 年以来，“互联网+”已经成为人们熟知的词汇。“互联网+”是指互联网与某个具体行业相结合，而互联网与具体行业结合的最简单方式便是搭建属于企业自己的网站。因此，Web 服务已经是目前互联网上应用最广泛的服务之一。随着信息技术的不断普及与电子商务应用领域的进一步扩大，Web 服务必将变得更加重要。Web 服务不仅提供了交流信息的平台，还被广泛地应用到企业生产、管理与销售的各环节之中，极大地推动了企业信息化发展的步伐。

7.1.1 HTTP

WWW（World Wide Web）的目的就是使信息更易于被获取，而不用管它们的地理位置。当使用超文本作为 WWW 文档的标准格式后，人们开发了可以快速获取超文本文档的协议——超文本传输协议（Hypertext Transfer Protocol，HTTP）。

HTTP 是应用层的协议，主要用于分布式、协作的信息系统。HTTP 是通用的、无状态的，HTTP 系统的建设与传输的数据无关。HTTP 也是面向对象的协议，可以用于各种任务，包括名字服务、分布式对象管理、请求方法的扩展、命令等。在 Internet 中，HTTP 通信往往发生在 TCP/IP 连接上，其默认的端口为 80，也可以使用其他端口。

HTTP 常基于 TCP 的连接方式，HTTP 1.1 版本中给出一种持续连接的机制，绝大多数的 Web 开发都是构建在 HTTP 之上的 Web 应用。

HTTP 采用无状态与请求/应答模式。

1. 无状态

在第一次请求完成后，服务器不会记住客户端的状态；当第二次请求时，服务器需要重新读取客户端的信息。

2. 请求/应答模式

浏览器向服务器发送请求，服务器会根据浏览器的请求作出不同的应答。

HTTP 用于传输 Web 的客户端/服务器协议，其中客户端对服务器的请求如图 7.1 所示，服务器对客户端的应答如图 7.2 所示。

图 7.1　客户端对服务器的请求

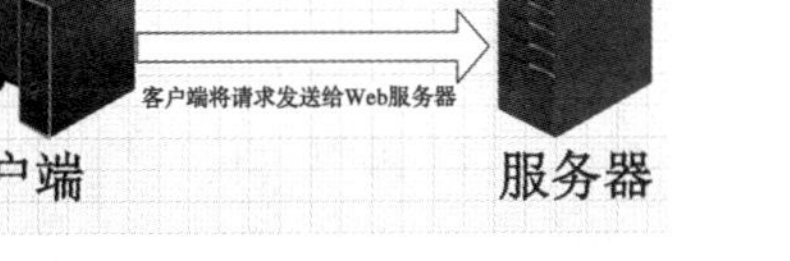

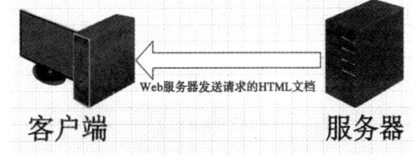

图 7.2　服务器对客户端的应答

客户端与服务器的请求与应答过程如下。

- Web 浏览器使用 HTTP 向一个特定的服务器发出 Web 页面请求。
- 服务器在特定端口（通常是 TCP 80 端口）处接收到 Web 页面请求后，就发送一个应答，并在客户端和服务器之间建立连接。
- 服务器查找客户端所需的文档，如果服务器查找到所请求的文档，就会将所请求的文档传送给 Web 浏览器。如果该文档不存在，则服务器会发送一个相应的错误提示文档给客户端。Web 浏览器在接收到文档后，将其显示出来。
- 当客户端浏览完成后，就断开与服务器的连接。

7.1.2 Web 服务器

Web 服务（Web Service）也称网站服务或 WWW 服务。Web 服务器是指安装在某些大型计算机之上，能够在 Internet 上提供网页服务的计算机软/硬件的组合，可以向浏览器等 Web 客户端提供资源，也可以放置网站文件，让全世界浏览，还可以放置数据文件，让全世界下载。

Web 服务器

使用 Web 服务器可以通过主页向全世界介绍自己或自己的公司，当然也可以使用一些免费的主页空间来发布。如果有条件，则可以先注册一个域名，申请一个 IP 地址，在 Linux 主机上架设一个 Web 服务器，再让 ISP 将这个 IP 地址解析到 Linux 主机上，可以将主页存放在这台 Web 服务器上，使用 Web 服务来向世界展示自己的信息。

Web 服务器可以提供用户请求的 HTML 静态页面，并处理浏览器请求的动态页面。Web 服务器与浏览器的交互过程如图 7.3 所示。

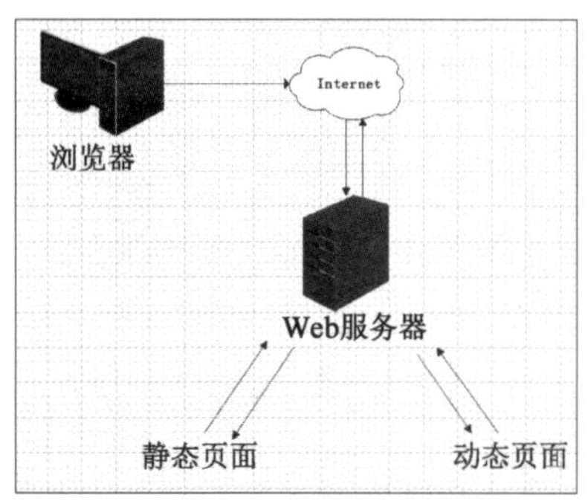

图 7.3　Web 服务器与浏览器的交互过程

7.1.3　主流的 Web 服务器

随着互联网的飞速发展，基于 Web 的应用越来越多，传统的基于 HTML 的网页已经无法满足如今的需求。人们需要交互式的 Web 服务，于是各种 Web 开发语言应运而生。目前，主流的三大 Web 开发语言是 PHP、ASP.NET、JSP。这些语言与传统的开发语言有着密切的关系，其中，PHP 基于 C 语言和 C++语言；ASP.NET 基于 ASP，并且引入了 C#语言；JSP 基于 Java 语言。计算机不能直接识别语言，必须通过环境编译，最终将其发布在互联网上。目前的各种网络操作系统基本都提供了构建 Web 服务器的功能。Web 服务端就是所访问的网站的 Web 服务。常见的 Web 服务程序有 IIS、Apache、Nginx、Lighttpd 等，不同 Web 服务程序对不同的系统平台来说有各自的优点。Web 服务程序最基本的功能是侦听和响应客户端的 HTTP 请求，向客户端发出请求处理结果信息。与主流的三大 Web 开发语言相对应的三个 Web 服务器分别是 Apache、IIS、Tomcat。

7.1.4　Web 服务器架构

因为存在动态页面和静态页面，所以现代的 Web 服务器架构也可以分为 Web 服务器和应用服务器。从严格意义上讲，Web 服务器只通过 HTTP 向外提供 HTML、CSS 等网页资源。动态语言一般需要专门的应用服务器进行计算，因为动态语言进行计算处理后，需要生成 HTML 代码。现代的 Web 服务器架构如图 7.4 所示。

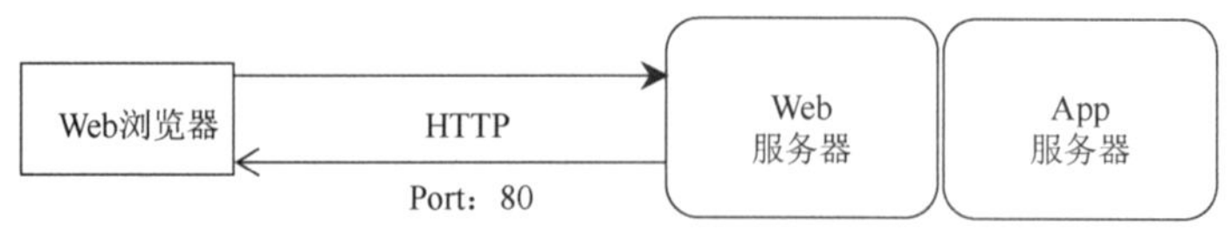

图 7.4　现代的 Web 服务器架构

这里的客户端与服务器的请求与应答过程中多了一个 Web 服务器请求 App 服务器编译动态语言的过程。

对静态页面来说，数据是直接与 HTML 代码保存到一起的，而对动态页面来说，数据一般都是统一保存在数据库中的，在需要的时候按照程序提取数据进行动态生成，所以一个完整的 Web 服务器架构应该包含数据库服务器。加入数据库服务器的 Web 服务器架构如图 7.5 所示。

图 7.5　加入数据库服务器的 Web 服务器架构

7.1.5　Apache 服务器简介

Apache 取自“a patchy server”的读音，即“充满补丁的服务器”，因为它是自由软件，所以不断有人开发它的新功能、新特性，修改原来的缺陷。Apache 源于 NCSA（National Center for Supercomputer Applications，美国国家超级计算应用中心）的 Web 服务器，本来只是应用于小型或试验的互联网络，后来经过多次修改，Apache 成为世界上最流行的 Web 服务器软件之一。根据权威机构调查的结果显示，全球 50%以上的 Web 服务器都使用 Apache，Apache 在全世界的 Web 应用中排名第一。

Apache HTTP Server（简称 Apache）是 Apache 软件基金会的一个开放源码的网页服务器，可以在大多数的计算机操作系统中运行，由于它拥有多平台且具有较高的安全性，所以被广泛使用，同时，它也是最流行的 Web 服务器软件之一。Apache 具备快速、可靠等特点，并且可通过简单的 API 扩展，将 Perl/Python 等解释器编译到服务器中。

Apache 几乎可以运行在所有的计算机平台上，尤其可以支持同样属于开源世界的 Linux 操作系统。

Apache 拥有以下特性。

- 可跨平台运行。
- 支持最经典的 HTTP 1.1 通信协议。
- 拥有简单而强有力的基于文件的配置过程。
- 支持公共网关接口（CGI）。
- 支持基于 IP 地址和基于域名的虚拟主机。
- 支持 HTTP 认证。
- 集成 Perl 脚本编程语言。
- 集成代理服务器技术。
- 支持实时监视服务器状态和定制服务器日志。
- 支持服务器端包含（SSI）指令。
- 支持安全套接层（SSL）。
- 具有用户会话过程的跟踪能力。
- 支持快速公共网关接口（FastCGI）。
- 通过第三方模块可以支持 Java Servlets。
- 支持基于 PHP 快速搭建个人网站。

7.2 Apache 的环境搭建

运行 Apache 消耗的计算机资源非常少，只需要 10MB 左右的硬盘空间和 8MB 左右的内存空间即可正常运行。目前，计算机中的操作系统都可以满足 Apache 安装与运行的基本需求。但是，在现实情况中，只运行 Apache 往往无法满足实际需求，还需要 Apache 提供较复杂的 Web 服务、启动 CGI 等支持功能。这就需要提供能满足负载需求的额外的磁盘与内存空间。Apache 的服务名称为“httpd”，占用端口为 80。

7.2.1 环境准备

在 VMware Workstation 中克隆两台虚拟机，并分别命名为“webserver”与“webclient”。启动两台虚拟机，设置网络连接方式均为 NAT，服务器与客户端的 IP 地址都采用 DHCP 方式分配，且可以互相 ping 通。

7.2.2 Apache 服务器基础

步骤 1：查询 CentOS 7 操作系统中是否安装了 Apache。Apache 软件包的名称为“httpd”。

```
[root@webserver ~]# rpm -q httpd
package httpd is not installed
```

说明：系统中默认没有安装 httpd。

步骤 2：使用“yum -y install httpd”命令进行安装。

```
[root@webserver ~]# yum -y install httpd
```

说明：使用上述命令即可成功安装，在安装 httpd 的同时，还安装了 apr、apr-util、httpd-tools、mailcap 依赖包，这就是 YUM 安装的优点之一，不用考虑安装包的依赖。如果使用 YUM 不能安装，则需要检查 YUM 仓库的配置。

步骤 3：启动 httpd 服务。httpd 服务安装完成后，需要启动该服务，使用“systemctl”命令启动 httpd 服务，并设置为开机自启动。

```
[root@webserver ~]# systemctl start httpd
[root@webserver ~]# systemctl enable httpd
```

“systemctl”命令是一个 systemd 工具，主要负责控制 systemd 系统和服务管理器。使用“systemctl”命令还可以查看服务状态（status）、停止服务（stop）、重启服务（restart）。

步骤 4：设置防火墙，让防火墙放行 Web 服务与 DNS 服务。

```
[root@webserver ~]# firewall-cmd --permanent --add-service=http
success
[root@webserver ~]# firewall-cmd --reload
success
```

为了让读者掌握多种设置防火墙的方法，这里的 DNS 服务采用图形化界面设置（在字符终端模式下，可以参照 Web 服务设置，使用命令进行设置）。

在虚拟机界面中选择“应用程序”→“杂项”→“防火墙”选项，或者在终端中执行“firewall-config”命令，打开“防火墙配置”界面，勾选“dns”复选框，如图 7.6 所示。

如果想要永久生效，则需要单击“配置”下拉按钮，在弹出的下拉列表中选择“永久”选项。如果配置为“永久”后想在当前生效，则需要在虚拟机界面中选择“防火墙”→“选项”→“重载防火墙”选项，相当于在终端中执行“firewall-cmd --reload”命令。

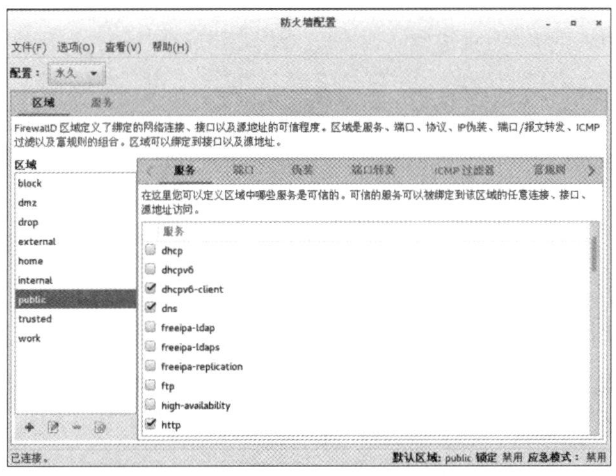

图 7.6　“防火墙配置”界面

7.3　Apache 配置文件

Apache 的主配置文件保存在/etc/httpd/conf 目录下，名称为“httpd.conf”，另外一些包含文件保存在/etc/httpd/conf.d 目录下。Apache 已经配置了一系列的默认值，Web 服务器能够启动。Apache 的根站点在/var/www/html 目录下，只要将网站文件放置到该目录中，启动 httpd 服务即可。

- httpd.conf 配置文件主要由全局环境、主服务器配置和虚拟主机三个部分组成。每部分都有相应的配置语句，该文件中所有配置语句的语法为“配置参数名称 参数值”。
- httpd.conf 文件中的每行包含一条语句，行末使用反斜杠“\”换行，但是反斜杠与下一行中间不能有任何其他字符（包括空白字符）。
- httpd.conf 文件中的配置语句除了选项的参数值，所有选项指令均不区分大小写，可以在每一行前使用“#”符号表示注释。
- 可以使用“Include”命令添加其他配置文件，任何命令都可以放在这些配置文件中。只有在启动或重新启动 httpd 服务时，才会识别对配置文件的更改。

```
[root@webserver ~]# cd /etc/httpd/conf
[root@webserver conf]# ls
httpd.conf  magic
[root@webserver conf]# cd ..
[root@webserver httpd]# ls
conf  conf.d  conf.modules.d  logs  modules  run
```

说明：上述内容是 Apache 的主配置文件保存的位置。

实例：查看 httpd 服务主配置文件的内容。

```
[root@webserver ~]# grep -v '#' /etc/httpd/conf/httpd.conf
ServerRoot "/etc/httpd"
Listen 80
Include conf.modules.d/*.conf
User apache
Group apache
ServerAdmin root@localhost
<Directory />
   AllowOverride none
   Require all denied
</Directory>
DocumentRoot "/var/www/html"
<Directory "/var/www">
   AllowOverride None
   Require all granted
</Directory>
<Directory "/var/www/html">
   Options Indexes FollowSymLinks
   AllowOverride None
   Require all granted
</Directory>
<IfModule dir_module>
   DirectoryIndex index.html
</IfModule>
<Files ".ht*">
   Require all denied
</Files>
ErrorLog "logs/error_log"
LogLevel warn
<IfModule log_config_module>
   LogFormat  "%h  %l  %u  %t  \"%r\"  %>s  %b  \"%{Referer}i\"  \"%{User-
Agent}i\"" combined
   LogFormat "%h %l %u %t \"%r\" %>s %b" common
   <IfModule logio_module>
     LogFormat  "%h  %l  %u  %t  \"%r\"  %>s  %b  \"%{Referer}i\"  \"%{User-
Agent}i\" %I %O" combinedio
   </IfModule>
   CustomLog "logs/access_log" combined
</IfModule>
<IfModule alias_module>
   ScriptAlias /cgi-bin/ "/var/www/cgi-bin/"
</IfModule>
<Directory "/var/www/cgi-bin">
   AllowOverride None
   Options None
```

```
    Require all granted
</Directory>
<IfModule mime_module>
    TypesConfig /etc/mime.types
    AddType application/x-compress .Z
    AddType application/x-gzip .gz .tgz
    AddType text/html .shtml
    AddOutputFilter INCLUDES .shtml
</IfModule>
AddDefaultCharset UTF-8
<IfModule mime_magic_module>
    MIMEMagicFile conf/magic
</IfModule>
EnableSendfile on
IncludeOptional conf.d/*.conf
```

Apache 的主配置文件中的内容较多，这里只截取了部分内容。“grep -v "#" /etc/httpd/conf/httpd.conf”中的“-v”其实表示查找不包含“#”符号的注释部分，这里的意思是查找 Apache 服务器主配置文件中非注释的部分。

主配置文件中重要的设置项如下。

- Apache 的主配置文件为/etc/httpd/conf//httpd.conf。
- Apache 的默认网站根目录为/var/www/html/。
- Apache 的默认端口为 80。
- 运行 Apache 所需的用户和组分别是 Apache 与 Apache。
- 用户访问的日志文件为/var/log/httpd/access_log。
- 错误日志文件为/var/log/httpd/error_log。
- < VirtualHost *:80>与</VirtualHost >之间的内容为一个基本的网站站点。
- 服务器工作的根目录为/etc/httpd/。

接下来详细解读/etc/httpd/conf/httpd.conf 文件的内容。

- ServerRoot "/etc/httpd"：“ServerRoot”命令用于指定守护进程 httpd 服务的运行目录，httpd 服务在启动之后自动将进程的当前目录改变为这个目录，因此如果主配置文件中指定的文件或目录为相对路径，则真实路径就位于 ServerRoot 定义的路径中。
- Listen 80：设置服务器监听端口，当有多个监听端口时分别写出，每个监听端口为一行。如果监听的端口为指定 IP 地址的端口，则可以按照“Listen 192.168.150.128:80”格式书写。Listen 参数可以指定服务器除了监视标准的 80 端口的 HTTP 请求，还监视其他端口的 HTTP 请求。
- Include conf.d/*.conf：包含/etc/httpd/conf.d 目录中的所有文件。
- User apache：设置运行服务器的用户。
- Group apache：设置运行服务器的所属组。
- Server Admin root@***.com：设置 Web 服务器管理员的邮箱地址，在 HTTP 服务出现错误的条件下返回给浏览器，从而让 Web 服务器的使用者和管理员联系，报告错误。

- ServerName www.***.com:80：设置服务器的主机名及端口，“ServerName”命令用来配置服务器的 Internet 主机名（主机名必须可拆解，否则无法正常工作）。
- DocumentRoot "/var/www/html"：设置网站根目录存放的根路径。
- <IfModule dir_module> DirectoryIndex index.html </IfModule>：当请求一个路径时，设置返回值页面。
- <Directory "/var/www/html">与</Directory>之间的内容用于设置根文档的权限。
- < Files ~ "^\.ht">Require all denied</Files>：设置拒绝访问以“.ht”开头的所有文件。
- ErrorLog logs/error_log：指定错误日志的存放位置。
- LogLevel warn：指定错误日志登记为 warn。
- 以 LogFormat 开头的三行为三种日志格式。
- CustomLog logs/access_log combined：指定访问日志为混合格式，并指定日志的存放位置。
- <IfModule mime_module> 与</IfModule>之间的内容用于指定 MIME 类型的映射文件。
- < Directory "/var/www/cgi-bin">与</Directory >之间的内容用于指定设置 CGI 的访问权限。
- AddDefaultCharset：当且仅当响应的内容类型为 text/plain 或 text/html 时，该命令指定要添加到响应的媒体类型字符集参数（字符编码的名称）的默认值。
- EnableSendfile：控制 httpd 服务是否可以使用内核的 sendfile 来支持将文件内容传输到客户端。
- ServerTokens OS：当服务器响应主机时，显示 Apache 的版本和操作系统的名称。
- Timeout 60：设置连接超时。Timeout 定义客户端和服务器连接的超时间隔，超过这个时间间隔（秒）后，服务器将断开与客户端的连接。如果网络速度较慢，则建议将该项的值设置得大一些，如“Timeout 120”。
- KeepAlive Off：开启保持连接功能，KeepAlive 参数用于支持 HTTP 1.1 的一次连接、多次传输功能，这样就可以在一次连接中传递多个 HTTP 请求。
- MaxKeepAliveRequests 100：保持连接数的最大上限，即可以进行的 HTTP 请求的最大请求次数。
- KeepAliveTimeout 15：相邻连接之间的间隔，也就是一次连接中的多次请求传输之间的时间。
- If Module prefork.c：使用 prefork MPM 运行方式的配置参数，是 RHEL 的默认运行方式。具体内容含义如下，“#”后面的内容为“#”前面内容的解释。
- < VirtualHost *:80>与</VirtualHost >之间的内容为一个基本网站站点的设置。

7.4 默认站点的搭建与配置

默认 Apache 服务器不需要进行任何配置就可以启动服务，因为 Apache 已经设置了默认站点。默认网站的根目录为/var/www/html，直接访问 Apache 服务器的地址，就可以看到一个 Apache 服务器的测试页面。当然也可以先将要对外发布的网页存放到/var/www/ html 目录下，再通过 Web 浏览器查看该网页。下面通过实验来了解默认服务器站点的搭建与配置过程。

Web 实验一：基于 Linux 搭建 Web 服务器

步骤 1：环境搭建。

在 7.2 节中已经介绍，这里不再赘述。

步骤 2：制作网站，并将制作的网站资源存放到/var/www/html 目录下，并赋予权限，修改 SELinux 安全上下文。

编写一个简单的文本文档作为 index.html 文件，并进行测试访问。

```
[root@webserver ~]# echo 'Hello,World!' > /index.html
[root@webserver ~]# mv /index.html /var/www/html/
[root@webserver ~]# getenforce                      #查看系统 SELinux 当前状态
Enforcing
```

说明：SELinux 模式为 Enforcing。在不关闭 SELinux 的情况下，需要修改网站文件的 SELinux 安全上下文类型为“httpd_sys_content_t”，有如下三种方法。

第一种方法如下。

```
[root@webserver ~]# ll -Z  /var/www/html/index.html #查看 index.html 文件的SELinux 安全上下文类型
-rw-r--r--. root root unconfined_u:object_r:etc_runtime_t:s0 /var/www/html/index.html
[root@webserver ~]# chcon -t httpd_sys_content_t /var/www/html/index.html #修改 index.html 文件的 SELinux 安全上下文类型为 httpd_sys_content_t
[root@webserver ~]# ll -Z /var/www/html/index.html      #验证修改成功
-rw-r--r--. root root unconfined_u:object_r:httpd_sys_content_t:s0 /var/www/html/index.html
```

说明：这里使用“chcon -t”命令临时修改了 index.html 文件的 SELinux 安全上下文类型为 httpd 服务所需要的类型 httpd_sys_content_t，网站主页就可以在 SELinux 模式为 Enforcing 时正常发布。这是临时修改文件 SELinux 安全上下文类型的方法。但当系统 SELinux 模式发生改变时，文件会恢复成文件的默认 SELinux 安全上下文类型。

第二种方法如下。

为避免在 SELinux 模式改变时引起 Web 服务的故障，直接修改网站资源的文件的默认 SELinux 安全上下文类型为“httpd_sys_content_t”。

```
[root@webserver ~]# semanage fcontext -a  -t httpd_sys_content_t /var/www/html/index.html  #修改网站文件的 SELinux 默认上下文类型，只修改了默认类型，而没有修改当前文件的 SELinux 安全上下文类型
[root@webserver ~]# restorecon /var/www/html/index.html   #恢复文件的SELinux 安全上下文类型为默认类型
[root@webserver ~]# ll -Z /var/www/html/index.html     #验证修改成功
-rw-r--r--. root root system_u:object_r:httpd_sys_content_t:s0 /var/www/html/index.html
```

说明：“semanage fcontext”命令只修改了网站文件的 SELinux 默认上下文类型，而没有修改当前文件的 SELinux 安全上下文类型，需要使用“restorecon”命令将当前文件的 SELinux 安全上下文类型恢复为默认类型。

第三种方法如下。

因为/var/www/html 目录下的 SELinux 默认安全上下文类型为 httpd_sys_content_t，并且在此目录下新建的文件会继承文件夹的 SELinux 安全上下文类型，所以我们也可以直接在/var/www/html 目录下新建网站主页。

```
[root@webserver ~]# ll -Zd /var/www/html
drwxr-xr-x.  root  root  system_u:object_r:httpd_sys_content_t:s0  /var
/www/html
[root@webserver ~]# echo 'Hello,World!' > /var/www/html/index.html
[root@webserver ~]# ll -Z /var/www/html/index.html
-rw-r--r--. root root unconfined_u:object_r:httpd_sys_content_t:s0 /var
/www/html/index.html
```

步骤 3： 重启 httpd 服务。

```
[root@webserver ~]# systemctl restart httpd
[root@webserver ~]# systemctl status httpd
```

步骤 4： 在本地进行测试。

启动火狐浏览器，在地址栏中输入网址“http://127.0.0.1/”，并按回车键，结果如图 7.7 所示。

步骤 5： 在客户端中进行测试。

为了测试客户端的访问权限，先修改 index.html 文件的权限为其他人不可读和执行。

```
[root@webserver ~]# chmod 700 /var/www/html/index.html
```

在客户端的浏览器中使用服务器的 IP 地址进行访问，将/var/www/html 目录下的 index.html 文件作为默认主页。先在地址栏中输入网址 http://192.168.150.128/（这里的 IP 地址是编者的服务器的 IP 地址，读者应该根据自己的实验环境或真实环境的 IP 地址输入），再按回车键，结果如图 7.8 所示。

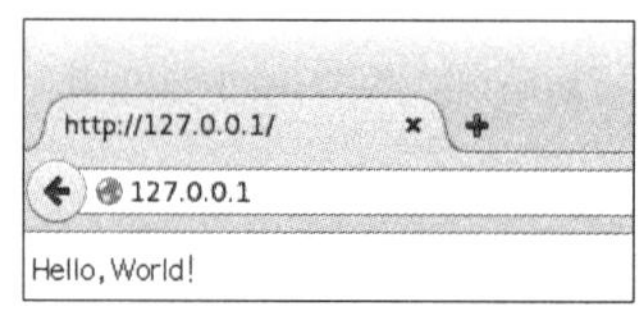

图 7.7　在本地访问制作的网站的结果

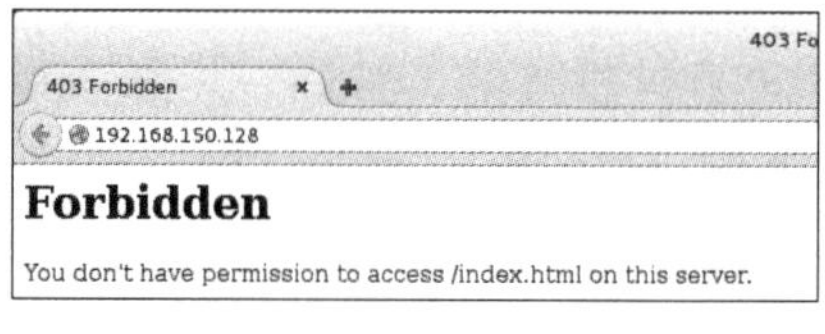

图 7.8　在客户端中访问制作的网站的结果

说明：（1）图 7.8 中提示 403 状态码，并给出了具体的解释，翻译成中文为“你没有权限访问该网页”。

（2）HTTP 通过状态码标示返回信息，常见状态如下。

- 200：正常，请求成功。
- 301：永久移动，一般用于域名重定向。
- 304：未修改，一般用于缓存。
- 401：禁止访问，未授权。
- 403：禁止访问，通常代表已经认证通过，但是没有访问权限。
- 404：未找到资源。
- 500：服务器内部错误。

步骤 6： 修改网站文件权限。

```
[root@webserver ~]# chmod 755 /var/www/html/index.html
[root@webserver ~]# ll /var/www/html/index.html
```

```
-rwxr-xr-x. 1 root root 13 8月 18 00:15 /var/www/html/index.html
```

说明： 让其他用户对网站文件具有读和执行权限。

步骤 7： 再次在客户端中进行测试。

在客户端浏览器的地址栏中输入网址“http://192.168.150.128/”，并按回车键，结果如图 7.9 所示。

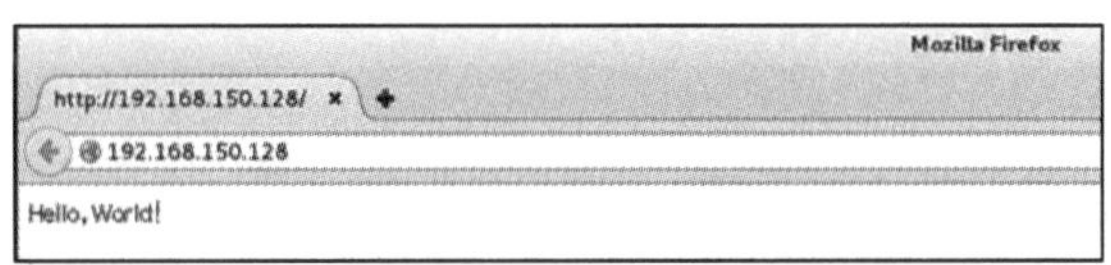

图 7.9 再次在客户端中访问制作的网站的结果

7.5 虚拟主机搭建

虚拟主机指将一台计算机虚拟成多台的 Web 服务器。例如，某公司从事计算机代管服务，也就是为其他企业提供 Web 服务。很明显，这家公司不可能为每家企业都提供一台物理计算机，而是使用一台功能强大的服务器，利用虚拟主机技术为多家企业提供 Web 服务。虽然所有的 Web 服务都是由同一台计算机提供的，但是访问者使用起来就像在不同的服务器上访问 Web 服务一样。使用虚拟主机技术可以将多个不同域名的主页都存放到同一台物理计算机上，访问者只要输入不同的域名就可以访问不同的网页。其实，很多小型企业或个人在建立网站时，向一些计算机服务提供商申请域名空间就是这个道理。

虚拟主机的特点如下。

- 在一台计算机上运行多个 Web 站点。
- 每个站点有自己独立的域名。
- 对用户透明，如同每个站点都在单独的一台计算机上运行。

Apache 提供了能够非常方便地建立虚拟主机的途径。使用 Apache 设置虚拟主机服务通常有两种方案：如果每个 Web 站点拥有不同的 IP 地址，则称其为“基于 IP 地址的虚拟主机”；如果每个站点的 IP 地址相同但域名不同，则称其为“基于域名的虚拟主机”。

7.5.1 搭建基于 IP 地址的虚拟主机

搭建基于 IP 地址的虚拟主机的前提条件如下。

- 有多块网卡，每块网卡有一个 IP 地址。
- 当只有一块网卡时，使用虚拟网卡的方法实现多个 IP 地址。

虽然在一台计算机上配置多块网卡来设置多个 IP 地址的方法使用起来比较简单，但是网络上提供计算机代管服务的企业一般会同时为几百家、几千家甚至更多的企业提供 Web 服务，而一台计算机不能同时安装几千个网卡，因此这种方法不够实用。设置多个 IP 地址的虚拟网卡的方法需要在服务器上设置 IP 别名，也就是在一台计算机的网卡上绑定多个 IP 地址，从而为多个虚拟主机服务，这种方法更加实用。如果使用该方法，则还需要确定 Linux

内核是否支持 IP 别名的设置，否则可能需要重新编译内核，让内核支持 IP 别名的功能。

实例：查看本机的 IP 地址（192.168.150.128），在不添加网卡的情况下为该服务器增加一个 IP 地址（192.168.128.200）从而实现两个独立站点，并可以使用 IP 地址分别访问各自的站点。

步骤 1：查看本机的 IP 地址。

```
[root@webserver ~]# ifconfig
ens33: flags=4163<UP,BROADCAST,RUNNING,MULTICAST>  mtu 1500
        inet   192.168.150.128      netmask   255.255.255.0      broadcast
192.168.150.255
        inet6 fe80::20c:29ff:fee9:f097  prefixlen 64  scopeid 0x20<link>
        ether 00:0c:29:e9:f0:97  txqueuelen 1000  (Ethernet)
        RX packets 12668  bytes 2113582 (2.0 MiB)
        RX errors 0  dropped 0  overruns 0  frame 0
        TX packets 2310  bytes 238539 (232.9 KiB)
        TX errors 0  dropped 0 overruns 0  carrier 0  collisions 0
```

说明：本机 IP 地址为 192.168.150.128，MAC 地址为 00:0c:29:e9:f0:97。

步骤 2：为 Linux 主机配置多个 IP 地址。

（1）ens33 网卡的配置文件为/etc/sysconfig/network-scripts/ifcfg-ens33，查看该文件的内容。

```
[root@webserver ~]# cat /etc/sysconfig/network-scripts/ifcfg-ens33
TYPE=Ethernet
BOOTPROTO=dhcp
DEFROUTE=yes
IPV4_FAILURE_FATAL=no
IPV6INIT=yes
IPV6_AUTOCONF=yes
IPV6_DEFROUTE=yes
IPV6_FAILURE_FATAL=no
NAME=ens33
UUID=c3656da0-2e85-4dda-96a2-13b47ec6a751
DEVICE=ens33
ONBOOT=yes
PEERDNS=yes
PEERROUTES=yes
IPV6_PEERDNS=yes
IPV6_PEERROUTES=yes
```

说明：网卡名称为“ens33”，IP 地址是使用 DHCP 方式自动获取的。

（2）切换到/etc/sysconfig/network-scripts 目录下，执行“cp ifcfg-eth33 ifcfg-eth33:1”命令。

```
[root@webserver ~]# cd /etc/sysconfig/network-scripts/
[root@webserver network-scripts]# cp ifcfg-ens33 ifcfg-ens33:1
[root@webserver network-scripts]# ls
ifcfg-ens33    ifdown-post      ifup-eth     ifup-sit
ifcfg-ens33:1  ifdown-ppp       ifup-ib      ifup-Team
ifcfg-lo           ifdown-routes    ifup-ippp    ifup-TeamPort
```

```
ifdown            ifdown-sit        ifup-ipv6    ifup-tunnel
ifdown-bnep       ifdown-Team       ifup-isdn    ifup-wireless
ifdown-eth        ifdown-TeamPort   ifup-plip    init.ipv6-global
ifdown-ib         ifdown-tunnel     ifup-plusb   network-functions
ifdown-ippp       ifup              ifup-post    network-functions-ipv6
ifdown-ipv6       ifup-aliases      ifup-ppp
ifdown-isdn       ifup-bnep         ifup-routes
```

说明：由上述内容可知，比原来多了一个 ifcfg-ens33:1 网卡。

（3）使用 Vim 编辑器编辑 ifcfg-ens33:1 网卡的配置文件。

在 ifcfg-ens33:1 文件中修改以下内容，并保存。设置网卡名称为“ens33:1”，IP 地址为 192.168.150.200。

```
BOOTPROTO=static
DEVICE=ens33:1
IPADDR=192.168.150.200
PREFXI=24
GATEWAY=192.168.150.1
```

说明：已经将该配置文件中的网卡名称修改为“ifcfg-ens33:1”，IP 地址修改为 192.168.150.200。

（4）停止 NetworkManager 服务。

```
[root@webserver network-scripts]# systemctl stop NetworkManager
```

说明：如果要使用 IP 别名，则一定要停止 NetworkManager 服务，否则两个 IP 地址不会同时生效，这一步是使用 IP 别名的关键。

（5）重启网络服务。

```
[root@webserver network-scripts]# systemctl restart network
```

（6）在本机查看 IP 地址。

```
[root@webserver network-scripts]# ifconfig
ens33: flags=4163<UP,BROADCAST,RUNNING,MULTICAST>  mtu 1500
        inet  192.168.150.128    netmask  255.255.255.0    broadcast
192.168.150.255
        inet6 fe80::20c:29ff:fee9:f097  prefixlen 64  scopeid 0x20<link>
        ether 00:0c:29:e9:f0:97  txqueuelen 1000  (Ethernet)
        RX packets 13415  bytes 2175947 (2.0 MiB)
        RX errors 0  dropped 0  overruns 0  frame 0
        TX packets 2375  bytes 246593 (240.8 KiB)
        TX errors 0  dropped 0 overruns 0  carrier 0  collisions 0
ens33:1: flags=4163<UP,BROADCAST,RUNNING,MULTICAST>  mtu 1500
        inet  192.168.150.200    netmask  255.255.255.0    broadcast
192.168.150.255
        ether 00:0c:29:e9:f0:97  txqueuelen 1000  (Ethernet)
```

说明：使用“ifconfig”命令可以看到相同的 MAC 地址拥有两个 IP 地址，正好符合我们的要求。

（7）在客户端上 ping 服务器的两个 IP 地址。

```
[root@webclient ~]# ping 192.168.150.128 -c 4
PING 192.168.150.128 (192.168.150.128) 56(84) bytes of data.
```

```
64 bytes from 192.168.150.128: icmp_seq=1 ttl=64 time=0.263 ms
64 bytes from 192.168.150.128: icmp_seq=2 ttl=64 time=0.247 ms
64 bytes from 192.168.150.128: icmp_seq=3 ttl=64 time=0.200 ms
64 bytes from 192.168.150.128: icmp_seq=4 ttl=64 time=0.255 ms
--- 192.168.150.128 ping statistics ---
4 packets transmitted, 4 received, 0% packet loss, time 3005ms
rtt min/avg/max/mdev = 0.200/0.241/0.263/0.026 ms
```

说明：主 IP 地址能够 ping 通。

```
[root@webclient ~]# ping 192.168.150.200 -c 4
PING 192.168.150.200 (192.168.150.200) 56(84) bytes of data.
64 bytes from 192.168.150.200: icmp_seq=1 ttl=64 time=0.252 ms
64 bytes from 192.168.150.200: icmp_seq=2 ttl=64 time=0.231 ms
64 bytes from 192.168.150.200: icmp_seq=3 ttl=64 time=0.240 ms
64 bytes from 192.168.150.200: icmp_seq=4 ttl=64 time=0.282 ms
--- 192.168.150.200 ping statistics ---
4 packets transmitted, 4 received, 0% packet loss, time 3000ms
rtt min/avg/max/mdev = 0.231/0.251/0.282/0.022 ms
```

说明：后来配置的 IP 地址也能 ping 通。

步骤 3：在/etc/httpd/conf.d 目录下新建配置文件 ip.conf，配置基于 IP 地址的虚拟主机。

```
[root@webserver ~]# vim /etc/httpd/conf.d/ip.conf
<VirtualHost 192.168.150.128:80>
        ServerAdmin seashorewang@***.com
        DocumentRoot "/var/www/html/www.***.com"
        ServerName www.***.com
        Errorlog logs/www.***.com
</VirtualHost>

<VirtualHost 192.168.150.200:80>
        ServerAdmin zjbdr@****.com
        DocumentRoot "/var/www/html/www.****.com"
        ServerName www.****.com
        Errorlog logs/www.****.com
</VirtualHost>
```

说明：在配置完成后保存并退出，这里的 ServerName 不能起到实际的作用，因为没有配置 DNS 服务器。

步骤 4：检查配置文件是否正确。

```
[root@webserver ~]# httpd -t
AH00112: Warning: DocumentRoot [/var/www/html/www.***.com] does not exist
AH00112: Warning: DocumentRoot [/var/www/html/www.****.com] does not exist
Syntax OK
```

说明：“httpd -t”命令用来进行配置文件语法检查，如果显示“Syntax OK”，则表示配置文件正确，出现警告是因为配置中的网站目录还没有创建。

步骤 5：分别建立站点目录。

```
[root@webserver ~]# cd /var/www/html/
[root@webserver html]# mkdir www.***.com
[root@webserver html]# mkdir www.****.com
[root@webserver html]# ls
index.html  www.***.com  www.****.com
```

说明：文件夹名称要和网站 conf 配置文件中一致。

步骤 6：分别创建对应站点。

为了测试方便，这里创建最简单的站点文件。在 www.***.com 中创建站点文件 index.html，该文件中的内容为“王老师，欢迎大家学习 Linux Web 服务器搭建！”。在 www.****.com 中创建站点文件 index.html，该文件中的内容为“张老师，欢迎大家学习 Linux Web 服务器搭建！”。

（1）创建 www.***.com 中的站点。

```
[root@webserver html]# cd www.***.com/
[root@webserver www.***.com]# vim index.html
```

网站内容如图 7.10 所示。

（2）创建 www.****.com 中的站点。

```
[root@webserver www.***.com]# cd ../www.****.com/
[root@webserver www.****.com]# vim index.html
```

网站内容如图 7.11 所示。

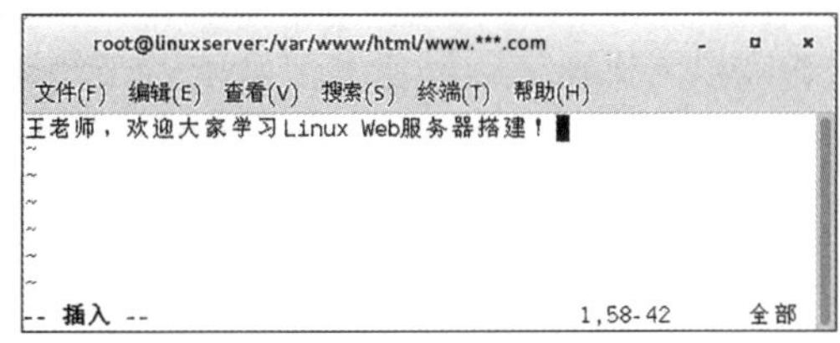

图 7.10　www.***.com 网站内容

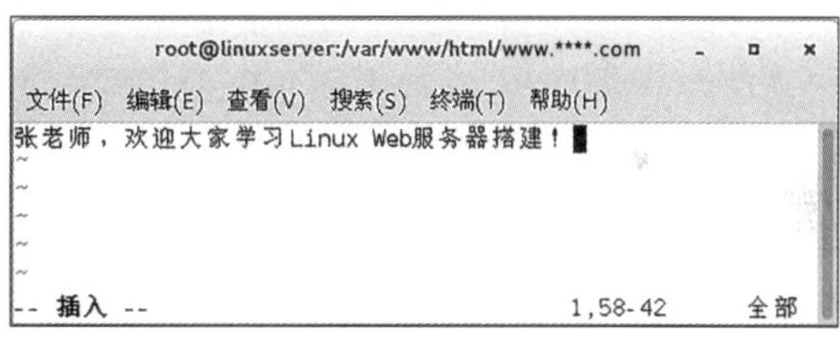

图 7.11　www.****.com 网站内容

步骤 7：设置网站权限。

```
[root@webserver ~]# chmod -R 755  /var/www/html/www.***.com/
[root@webserver ~]# chmod -R 755  /var/www/html/www.****.com/
[root@webserver ~]# ll -Z  /var/www/html/
drwxr-xr-x.  root  root  unconfined_u:object_r:httpd_sys_content_t:s0
www.***.com
drwxr-xr-x.  root  root  unconfined_u:object_r:httpd_sys_content_t:s0
www.****.com
```

说明：让其他用户和同组用户具有访问网站的权限，并且检查站点文件 SELinux 安全上下文类型与 httpd 服务是否相符。

步骤 8：重启 httpd 服务。

```
[root@webserver ~]# systemctl restart httpd
```

步骤 9：在客户端中进行测试。

在客户端浏览器的地址栏中输入 http://192.168.150.128/，并按回车键，显示的结果如图 7.12 所示的默认主页。

在浏览器的地址栏中输入 http://192.168.150.200/，并按回车键，显示的结果如图 7.13 所示。

图 7.12　访问 192.168.150.128 显示的结果

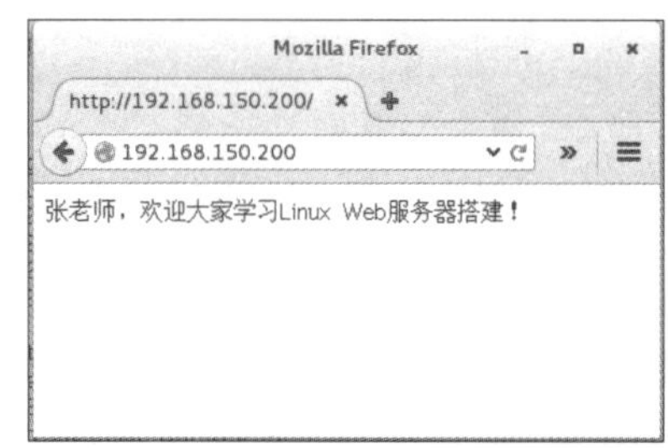

图 7.13　访问 192.168.150.200 显示的结果

基于 IP 地址的虚拟主机的实现方法存在一些缺陷，就是每增加一个虚拟主机，就必须增加一个 IP 地址。而实际的 IP 地址已经非常短缺，所以很难获取足够的 IP 地址满足实际的需要，即使能够获得，也是一种 IP 地址资源的浪费现象。

7.5.2　搭建基于域名的虚拟主机

前面讲到使用基于 IP 地址的虚拟主机不容易得到大量的 IP 地址，即使得到也是资源的极大浪费。一般在局域网内使用基于 IP 地址的虚拟主机，因为不用注册域名。而在实际的互联网上基本都使用基于域名的虚拟主机。基于域名的虚拟主机借助 DNS 技术，在一台服务器上配置多个站点。这种方式能够很巧妙地实现一个 IP 地址上建立多个站点的功能，是目前被广泛采用的虚拟主机技术。基于域名的虚拟主机不需要更多的 IP 地址，配置也比较简单，也不需要特殊的硬件支持。基于域名的虚拟主机在实际环境中都是使用一个 IP 地址的多个不同域名来区分每个站点的，这样就可以实现在同一台服务器上架设多个独立站点，不需要额外开支。

实例： 在客户端添加 www.***.com 和 www.****.com 两个域名解析。并且通过 DNS 解析域名到 192.168.150.128，实现通过域名分别访问各自的站点。

步骤 1： 查看本机的 IP 地址。

```
[root@webserver ~]# ifconfig
ens33: flags=4163<UP,BROADCAST,RUNNING,MULTICAST>  mtu 1500
        inet   192.168.150.128      netmask   255.255.255.0      broadcast
192.168.150.255
        inet6 fe80::20c:29ff:fee9:f097  prefixlen 64  scopeid 0x20<link>
        ether 00:0c:29:e9:f0:97  txqueuelen 1000  (Ethernet)
        RX packets 112008  bytes 132379707 (126.2 MiB)
        RX errors 0  dropped 0  overruns 0  frame 0
        TX packets 9602  bytes 701569 (685.1 KiB)
        TX errors 0  dropped 0 overruns 0  carrier 0  collisions 0
```

说明： 本机的 IP 地址为 192.168.150.128，MAC 地址为 00:0c:29:e9:f0:97。

步骤 2： 配置 DNS 服务器。

（1）安装 DNS 相关软件包。

在配置 DNS 服务器前，需要安装 DNS 相关软件包。DNS 软件包一共包括三个，分别为 bind（主程序）、bind-chroot（一款安全增强工具，用来改变 bind 服务器的默认目录）、bind-utils（DNS 工具包）。由于前面已经详细介绍了 DNS 服务器的搭建，这里只列出主要步骤。

```
[root@webserver ~]# yum install -y bind bind-chroot
```

说明：YUM 仓库配置正确，安装没有问题。

（2）配置全局配置文件/etc/named.conf。

首先，查看 DNS 服务器的配置文件。

```
[root@webserver ~]# cat /etc/named.conf
                                        ……
options {
    listen-on port 53 { 127.0.0.1; };
    listen-on-v6 port 53 { ::1; };
    directory    "/var/named";
    dump-file    "/var/named/data/cache_dump.db";
    statistics-file "/var/named/data/named_stats.txt";
    memstatistics-file "/var/named/data/named_mem_stats.txt";
    recursing-file  "/var/named/data/named.recursing";
    secroots-file   "/var/named/data/named.secroots";
    allow-query     { localhost; };
                                        ……
```

然后，修改接受 DNS 请求的监听端口的 IP 地址为“any”，修改接受 DNS 请求的客户端为“any”。

```
[root@webserver ~]# vim /etc/named.conf
                                        ……
    listen-on port 53 { any; };
                                        ……
    allow-query     { any; };
                                        ……
```

（3）配置域主服务器（配置域名为 www.***.com 与 www.****.com）。

首先，在 namd.conf 文件中添加 zone 定义。

```
[root@webserver ~]# vim /etc/named.conf
                                        ……
zone "seashorewang.com" IN {
        type master;
        file "***.com.zone";
};

zone "****.com" IN {
        type master;
        file "****.com.zone";
};
```

说明：新增加的 zone 名称非常重要，它对应的是域名。

然后，进入 zone 文件的配置目录，将 named.localhost 作为 zone 文件的模板进行复制。

```
[root@webserver etc]# cd /var/named/
[root@webserver named]# cp named.localhost  ***.com.zone
[root@webserver named]# cp named.localhost  ****.com.zone
[root@webserver named]# ls
chroot    data    dynamic    named.ca    named.empty    named.localhost
named.loopback  ***.com.zone  slaves  ****.com.zone
```

说明：name.localhost 是 Linux 操作系统提供给使用者的 zone 文件模板。

接着，在***.com.zone 中添加相应的资源记录。

```
[root@webserver named]# vim ***.com.zone
```

在模板文件中修改成以下配置后保存并退出。

```
@       IN      SOA     @       ROOT ( 2022081800 1H 15M 1W 1D )
@       IN      NS      WWW
WWW     IN      A       192.168.150.128
```

在****.com.zone 中添加相应的资源记录。

```
[root@webserver named]# vim ****.com.zone
```

最后，在模板文件中修改成以下配置后保存并退出。

```
@       IN      SOA     @       ROOT ( 2022081800 1H 15M 1W 1D )
@       IN      NS      WWW
WWW     IN      A       192.168.150.128
```

（5）重启 DNS 服务，设置服务名为“named”，并设置为开机自启动。

```
[root@webserver ~]# systemctl restart named
[root@webserver ~]# systemctl enable named
Created symlink from /etc/systemd/system/multi-user.target.wants/named.service to /usr/lib/systemd/system/named.service.
```

说明：修改 DNS 配置需要重启 DNS 服务。

（6）修改客户端的 DNS 配置。右击“网络管理”图标，在弹出的菜单中将“PCI 以太网”设置为“已连接”，如图 7.14 所示。

图 7.14　设置 PCI 以太网已连接

首先，在打开的设置界面中，先选择“有线”选项，再单击“编辑”按钮⚙，如图 7.15 所示。

然后，在打开的“有线”对话框的左侧列表中选择“IPv4”选项，在右侧修改 DNS 服务器的 IP 地址为 192.168.150.128，如图 7.16 所示，单击“应用”按钮。

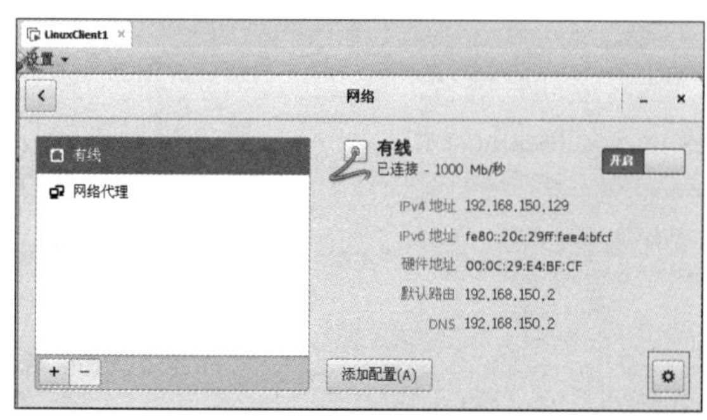

图 7.15　编辑网络连接

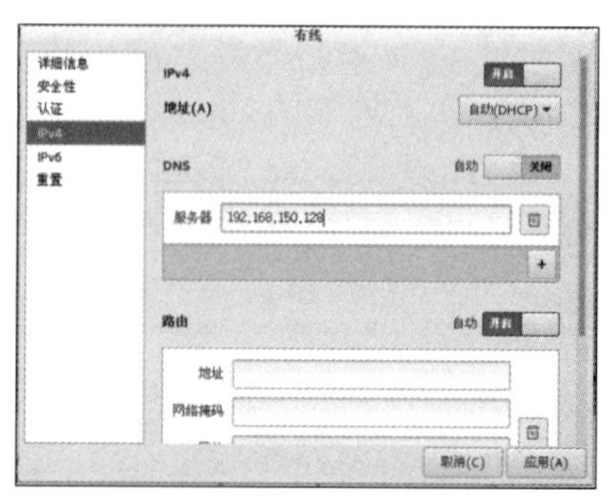

图 7.16　修改 DNS 服务器的地址

接着，重启网络服务。

```
[root@webserver ~]# systemctl restart network
```

最后，查看 DNS 配置是否修改成功。

```
[root@webclient ~]# cat /etc/resolv.conf
# Generated by NetworkManager
nameserver 192.168.150.128
```

（7）测试。

在客户端测试是否能够正确解析到设置的 IP 地址（如果解析不成功，则需要检查 DNS 的配置文件是否修改成功）。

```
[root@webclient ~]# ping www.***.com -c1
PING www.***.com (192.168.150.128) 56(84) bytes of data.
64 bytes from 192.168.150.128: icmp_seq=1 ttl=64 time=0.105 ms
--- www.***.com ping statistics ---
1 packets transmitted, 1 received, 0% packet loss, time 0ms
rtt min/avg/max/mdev = 0.105/0.105/0.105/0.000 ms
[root@webclient ~]# ping www.****.com -c1
PING www.****.com (192.168.150.128) 56(84) bytes of data.
64 bytes from 192.168.150.128: icmp_seq=1 ttl=64 time=0.105 ms
--- www.****.com ping statistics ---
1 packets transmitted, 1 received, 0% packet loss, time 0ms
rtt min/avg/max/mdev = 0.105/0.105/0.105/0.000 ms
```

步骤 3：在/etc/httpd/conf.d 目录下新建配置文件 domainname.conf，配置基于域名的虚拟主机。

```
[root@webserver ~]# vim /etc/httpd/conf.d/domainname.conf
<VirtualHost *:80>
        DocumentRoot "/var/www/html/www.***.com"
        ServerName www.***.com
        Errorlog logs/www.***.com
</VirtualHost>
<VirtualHost *:80>
        DocumentRoot "/var/www/html/www.****.com"
        ServerName www.****.com
        Errorlog logs/www.****.com
</VirtualHost>
```

说明：没有指定两个虚拟主机的 IP 地址。这时需要依靠 ServerName 对两个网站进行区分访问。

步骤 4：分别建立站点目录。

```
[root@webserver ~]# cd /var/www/html/
[root@webserver html]# mkdir www.***.com
[root@webserver html]# mkdir www.****.com
[root@webserver html]# ls
index.html  www.***.com  www.****.com
```

注意：文件夹名称要和站点 conf 配置文件的名称一致。

步骤 5：检查配置文件是否正确。

```
[root@webserver ~]# httpd -t
```

```
Syntax OK
```

说明： service httpd configtest 也可以用来进行配置文件语法检查。如果显示“Syntax OK”，则表示配置文件正确。

步骤 6： 分别创建对应站点。

为了测试方便，这里创建最简单的站点文件。在 www.***.com 中创建站点文件 index.html，文件内容为“王老师，欢迎大家学习 Linux Web 服务器搭建！”。在 www.****.com 中创建站点文件 index.html，文件内容为“张老师，欢迎大家学习 Linux Web 服务器搭建！”。操作过程参考 7.5.1 节。

（1）创建 www.***.com 中的站点。

```
[root@webserver html]# cd www.***.com/
[root@webserver www.***.com]# vim index.html
```

（2）创建 www.****.com 中的站点。

```
[root@webserver www.***.com]# cd ../www.****.com/
[root@webserver www.****.com]# vim index.html
```

步骤 7： 设置网站权限。

```
[root@webserver ~]# chmod -R 755  /var/www/html/www.***.com/
[root@webserver ~]# chmod -R 755  /var/www/html/www.****.com/
[root@webserver ~]# ll -Z  /var/www/html/
drwxr-xr-x.  root  root  unconfined_u:object_r:httpd_sys_content_t:s0
www.***.com
drwxr-xr-x.  root  root  unconfined_u:object_r:httpd_sys_content_t:s0
www.****.com
```

说明： 让其他用户和同组用户具有访问网站的权限，并且检查站点文件 SELinux 安全上下文类型与 httpd 服务是否相符。

步骤 8： 重启 httpd 服务。

```
[root@webserver ~]# systemctl restart httpd
```

步骤 9： 在客户端中进行测试。

在浏览器的地址栏中输入 http:/www.***.com，并按回车键，显示的结果如图 7.17 所示。

在浏览器的地址栏中输入 http://www.****.com，并按回车键，显示的结果如图 7.18 所示。

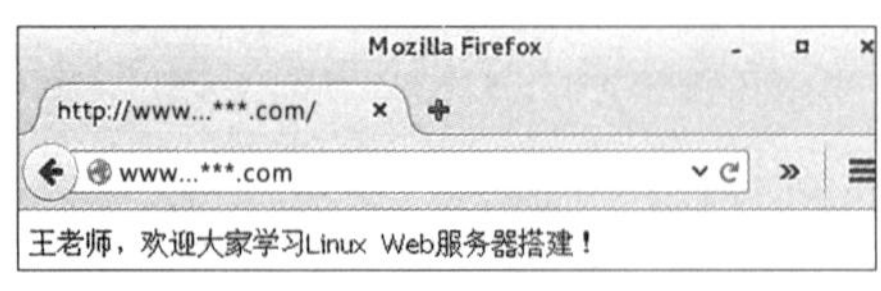

图 7.17　访问/www.***.com 显示的结果

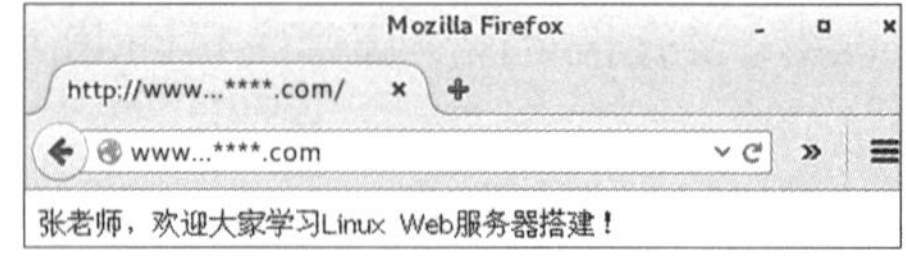

图 7.18　访问 www.****.com 显示的结果

说明： 通过域名成功访问了相应主页。

7.5.3 搭建基于端口的虚拟主机

当只有一台服务器和一个 IP 地址时，基于端口的虚拟主机可以根据端口的差异来区分各虚拟主机的访问，所有的虚拟主机共享一个 IP 地址。

实例：查看本机的 IP 地址（192.168.150.128），使用端口 8080 和 8888 实现两个独立站点的访问。

步骤 1：查看本机的 IP 地址。

```
[root@webserver ~]# ifconfig
ens33: flags=4163<UP,BROADCAST,RUNNING,MULTICAST>  mtu 1500
        inet   192.168.150.128      netmask   255.255.255.0      broadcast
192.168.150.255
        inet6 fe80::20c:29ff:fee9:f097  prefixlen 64  scopeid 0x20<link>
        ether 00:0c:29:e9:f0:97  txqueuelen 1000  (Ethernet)
        RX packets 12668  bytes 2113582 (2.0 MiB)
        RX errors 0  dropped 0  overruns 0  frame 0
        TX packets 2310  bytes 238539 (232.9 KiB)
        TX errors 0  dropped 0 overruns 0  carrier 0  collisions 0
```

说明：本机 IP 地址为 192.168.150.128，MAC 地址为 00:0c:29:e9:f0:97。

步骤 2：在/etc/httpd/conf.d 目录下新建配置文件 port.conf，配置基于端口的虚拟主机。

```
[root@webserver ~]# vim /etc/httpd/conf.d/port.conf
Listen 8080
Listen 8888
<VirtualHost 192.168.150.128:8080>
        DocumentRoot "/var/www/html/www.***.com"
        ServerName www.***.com
        Errorlog logs/www.***.com
</VirtualHost>

<VirtualHost 192.168.150.128:8888>
        DocumentRoot "/var/www/html/www.****.com"
        ServerName www.****.com
        Errorlog logs/www.****.com
</VirtualHost>
```

说明：当使用其他端口时，需要使用“Listen”命令设置监听的端口。

步骤 3：在防火墙将 TCP 端口 8080 和 8888 放行，并配置 SELinux。

```
[root@webserver ~]# vim /etc/httpd/conf.d/domainname.conf
[root@webserver ~]# firewall-cmd --permanent --add-port=8080/tcp
    success
[root@webserver ~]# firewall-cmd --permanent --add-port=8888/tcp
    success
[root@webserver ~]# firewall-cmd --reload
    success
[root@webserver ~]# semanage port -a -t http_port_t -p tcp 8080
    ValueError: Port tcp/8080 already defined
[root@webserver ~]# semanage port -a -t http_port_t -p tcp 8888
[root@webserver ~]# semanage port -l | grep http
http_cache_port_t      tcp    8080, 8118, 8123, 10001-10010
http_cache_port_t      udp    3130
http_port_t            tcp    8888, 80, 81, 443, 488, 8008, 8009, 8443, 9000
pegasus_http_port_t    tcp    5988
```

```
    pegasus_https_port_t    tcp     5989
```

说明：SELinux 模式为 Enforcing，需要将 8080 和 8088 的网络端口类型定义为“http_port_t”。

剩下的配置步骤与 7.5 节中的步骤 4～步骤 8 相同，此处不再赘述。

配置完成后，在客户端中进行测试。在浏览器的地址栏中输入“192.168.150.128:8080”，并按回车键，显示的结果如图 7.19 所示。

在浏览器的地址栏中输入“192.168.150.128:8888”，并按回车键，显示的结果如图 7.20 所示。

说明：通过不同的端口成功地访问了相应主页。

图 7.19　访问 192.168.150.128:8080 显示的结果

图 7.20　访问 192.168.150.128:8888 显示的结果

7.6　站点访问控制

对 Web 服务来说，在 Web 服务器与浏览器之间并不始终维持对话的过程，只要 Web 服务器完成了对一个 URL 的请求服务，连接就断开。HTTP 本身提供了唯一认证机制，Apache 服务器实现了这样的认证，使用该认证可以控制访问特定站点或部分特定站点的主机。

Apache 认证分为两种：一种是基于主机的认证，另一种是基于用户名和密码的认证。Internet 上绝大多数用户的 IP 地址是 ISP 动态分配的。因此，基于主机的认证方式不够实用，在多数情况下，基于用户名和密码的认证方式更加实用，应用更加广泛。

由于上网用户的 IP 地址基本是动态获得的，基于 IP 地址或主机名的认证方式（也就是前面介绍的基于主机的认证方式）很少使用，所以本书只介绍基于用户名与密码的认证方式。

基于用户名与密码的认证方式实现起来比较简单，当 WWW 浏览器请求经此认证方式保护的 URL 时，将会出现一个对话框，要求用户输入用户名与密码。在用户输入用户名与密码后，将输入的信息传给 Web 服务器，Web 服务器验证这些信息的正确性，如果正确，则返回页面，否则返回 401 错误。需要声明的是，基于用户名与密码的认证方式是基本的安全认证，不适用于安全性比较高的场合。Apache 中有许多模块可以支持这种方式的认证，下面实验基于用户名与密码认证的过程。

实例：使用 7.5.2 节中 IP 地址（192.168.150.128）与 www.***.com 的对应关系，并使用 7.5.2 节中创建的网页，给该网站加入基于用户名与密码的认证。其中，用户名为“hacker”，密码为“woyaodenglu”。

步骤 1：查看本机的 IP 地址。

步骤 2：配置 DNS 服务器。

以上两个步骤与 7.5.2 节中的步骤 1 和步骤 2 完全一致，这里省略，实验过程请参考

7.5.2 节的内容。

步骤 3： 修改/etc/httpd/conf.d/domainname.conf 配置文件，在该文件中编辑站点配置（使用 7.5.2 节中配置文件的内容，删除 www.****.com，仅保留 www.***.com）。

```
[root@webserver ~]# vim /etc/httpd/conf.d/domainname.conf
<VirtualHost *:80>
        DocumentRoot "/var/www/html/www.***.com"
        ServerName www.***.com
        Errorlog logs/www.***.com
</VirtualHost>
```

步骤 4： 检查配置文件是否正确。

```
[root@webserver ~]# apachectl configtest
AH00557: httpd: apr_sockaddr_info_get() failed for webserver
AH00558: httpd: Could not reliably determine the server's fully qualified domain name, using 127.0.0.1. Set the 'ServerName' directive globally to suppress this message
Syntax OK
```

说明： apachectl configtest 也可以用来进行配置文件语法检查，如果显示“Syntax OK”，则表示配置正确。至此本教材介绍了多种进行 httpd 语法检查的方法，请读者及时总结。

步骤 5： 建立站点目录与站点文件（站点目录使用 7.5.2 节中的站点目录，站点文件使用/var/www/html/www.***.com 目录下的站点）。

```
[root@webserver ~]# cd /var/www/html/www.***.com/
[root@webserver www.***.com]# ls
index.html
[root@webserver www.***.com]# vim index.html
```

修改 www.***.com 的网站内容，如图 7.21 所示。

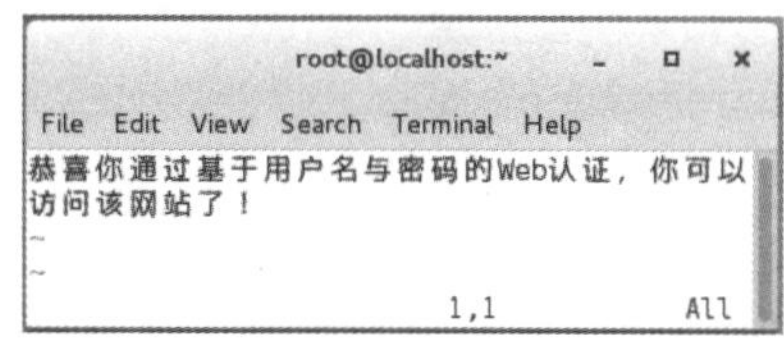

图 7.21　修改 www.***.com 的网站内容

步骤 6： 设置网站权限。

```
[root@webserver ~]# chmod -R 755  /var/www/html/www.***.com/
[root@webserver ~]# ll -Z  /var/www/html/
drwxr-xr-x.  root  root  unconfined_u:object_r:httpd_sys_content_t:s0 www.***.com
```

说明： 其他用户和同组用户具有访问网站的权限。

经过上面的步骤，需要认证的网站已经创建完成，接下来对基于用户名与密码的认证过程进行实验。

步骤 7： 创建认证用户名与密码。

```
[root@webserver ~]# htpasswd -cm /etc/httpd/.htpasswd hacker
New password:
Re-type new password:
```

```
Adding password for user hacker
```

“htpasswd”命令用来创建认证用户名与密码。在使用“htpasswd”命令创建密码时，不需要提前使用“useradd”命令创建用户，这个用户的信息也不保存在/etc/passwd 文件中。

步骤 8： 再次修改/etc/httpd/conf.d/domainname.conf 配置文件。

```
<Directory "/var/www/html/www.***.com">
        AuthName "please enter your name & passwd"
        AuthType Basic
        AuthUserFile /etc/httpd/.htpasswd
        Require valid-user
</Directory>
```

说明： 在配置文件中添加上面的记录，增加 hacker 并使用 AUTH 认证。

步骤 9： 重启 httpd 服务。

```
[root@webserver ~]# systemctl restart httpd.service
```

步骤 10： 在客户端中进行测试。

在客户端浏览器的地址栏中输入“http:/www.***.com”，并按回车键，会打开如图 7.22 所示的“需要验证”对话框。

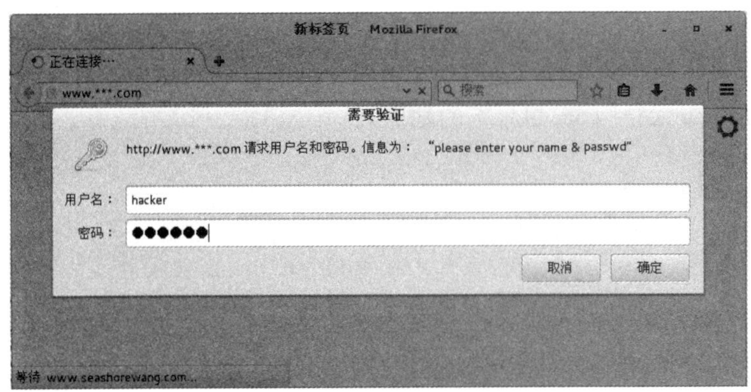

图 7.22 “需要验证”对话框

输入用户名与使用“htpasswd”命令创建的密码，并按回车键，会出现如图 7.23 所示的成功通过验证的提示信息。

图 7.23 成功通过验证的提示信息

说明： 至此，基于用户名与密码的验证成功。

在配置文件中增加基于用户名与密码的验证时，将验证文件存放到/etc/httpd 目录下，文件名为“.htpasswd”，该文件为隐藏文件，可以使用“cat”命令查看该文件内容。该文件为加密文件，文件内容是经过加密算法加密之后生成的密码信息。

```
[root@webserver ~]# cat /etc/httpd/.htpasswd
hacker:$apr1$gihAyX1H$1Bfx/7CCQMzPyyaI/3JXS/
```

7.7　LAMP 集成配置

目前，Internet 上的网站基本都是动态网站。在 Linux 平台中，最常用的组建动态网站的组合是 LAMP。LAMP 是由 Linux、Apache、MySQL 和 PHP 开源软件构建的，将这些软件的第一个字母组合起来，即 LAMP。

- Linux 是基于 GPL 协议的操作系统，具有开源、免费、稳定、多用户、多任务等特点。Linux 操作系统应用非常广泛，不仅是服务器操作系统最理想的选择，也是目前大型服务器使用最多的操作系统。
- Apache 为 Web 服务器软件，与微软公司的 IIS 相比，其具有快速、廉价、开源、安全可靠且易于维护的优点。
- MySQL 是流行的关系数据库管理系统，目前已经属于 Oracle 公司。MySQL 体积小、速度快、成本低且功能强大，是 Web 服务器后台应用最广泛、最合适的数据库。
- PHP 是一种运行在服务器端的动态网站的脚本语言。PHP 开源、跨平台、运行速度快且消耗资源少。当 PHP 作为 Apache 服务器的一部分时，运行代码不需要调用外部程序，服务器不需要承担额外的负担。

LAMP 环境能够提供动态 Web 站点服务及应用开发环境，是目前最成熟且比较传统的一种网站应用模式。

LAMP 环境的优势如下。

（1）成本低廉：开源，可快速获得，并免费使用。

（2）可定制：拥有大量的额外组件和扩展功能模块，可以根据需要定制，或者自行开发与添加新功能。

（3）易于开发：代码简洁，与 HTML 语言结合度高，修改网页代码方便。

（4）方便易用：PHP 属于解释性语言，开发的程序不需要编译，可以直接移植使用。

（5）安全和稳定：开源具有优势，发现问题后能够很快解决。

实例：在服务器上搭建 LAMP 环境，并使用开源软件 WordPress 建立个人博客。

步骤 1：查看本机的 IP 地址，并安装 httpd 服务。

```
[root@webserver ~]# ifconfig
ens33: flags=4163<UP,BROADCAST,RUNNING,MULTICAST>  mtu 1500
        inet   192.168.150.128      netmask   255.255.255.0      broadcast
192.168.150.255
        inet6 fe80::20c:29ff:fee9:f097  prefixlen 64  scopeid 0x20<link>
        ether 00:0c:29:e9:f0:97  txqueuelen 1000  (Ethernet)
        RX packets 12668  bytes 2113582 (2.0 MiB)
        RX errors 0  dropped 0  overruns 0  frame 0
        TX packets 2310  bytes 238539 (232.9 KiB)
        TX errors 0  dropped 0 overruns 0  carrier 0  collisions 0
[root@webserver ~]# yum -y install httpd
```

服务器的 IP 地址为 192.168.150.128。

步骤 2：启动 Web 服务，并设置开机启动。

```
[root@webserver ~]# systemctl start httpd
[root@webserver ~]# systemctl enable httpd
Created symlink from /etc/systemd/system/multi-user.target.wants/httpd.service to /usr/lib/systemd/system/httpd.service.
```

步骤 3：设置防火墙，让防火墙放行 Web 服务。

```
[root@webserver ~]# firewall-cmd --permanent --add-service=http
success
[root@webserver ~]# firewall-cmd --reload
success
```

步骤 4：安装 MariaDB 数据库，启动该数据库，并将其设置为开机自启动。MariaDB 数据库管理系统是 MySQL 的一个分支，主要由开源社区维护，采用 GPL 授权许可 MariaDB 的目的是完全兼容 MySQL，包括 API 和命令行。MariaDB 可以轻松成为 MySQL 的代替品。

```
[root@webserver ~]# yum -y install mariadb-server
[root@webserver ~]# systemctl start mariadb
[root@webserver ~]# systemctl enable mariadb
```

步骤 5：使用脚本命令"mysql_secure_installation"初始化数据库，设置数据库用户 root 的密码为 WordPress，并在数据库中创建数据库 WordPress。

```
[root@webserver ~]# mysql_secure_installation
NOTE: RUNNING ALL PARTS OF THIS SCRIPT IS RECOMMENDED FOR ALL MariaDB
     SERVERS IN PRODUCTION USE!  PLEASE READ EACH STEP CAREFULLY!
In order to log into MariaDB to secure it, we'll need the currentpassword for the root user.  If you've just installed MariaDB, and you haven't set the root password yet, the password will be blank,so you should just press enter here.
Enter current password for root (enter for none):       #按回车键
Set root password? [Y/n]                                #输入"Y"，按回车键
New password:                                           #设置 root 密码
Re-enter new password:                                  #再次输入密码
Remove anonymous users? [Y/n]                           #输入"Y"，按回车键删除匿名用户
Disallow root login remotely? [Y/n]                     #输入"Y"，按回车键禁止远程登录
Remove test database and access to it? [Y/n] #输入"Y"，按回车键删除测试数据库
Reload privilege tables now? [Y/n]                      #输入"Y"，按回车键重载授权信息
All done!   If you've completed all of the above steps, your MariaDBinstallation should now be secure.
Thanks for using MariaDB!
[root@webserver ~]# mysql -uroot -pwordpress    #密码登录 MySQL
MariaDB [(none)]> create database wordpress;    #创建数据库 wordpress
MariaDB [(none)]> quit                          #退出 MySQL
```

步骤 6：安装 PHP 和 php-mysql。php-mysql 是通过 PHP 连接和操作数据库的软件包。

```
[root@webserver ~]# yum -y install php  php-mysql
[root@webserver ~]# cp -R wordpress/  /var/www/html/
```

步骤 7：将 WordPress 5.1 软件包复制到/var/www/html 目录下，并重启 httpd 服务。

```
[root@webserver ~]# cp -R wordpress/   /var/www/html/
[root@webserver ~]# systemctl restart httpd
```

步骤 8：打开浏览器，在地址栏中输入“192.168.150.128/wordpress”，并按回车键，会打开 WordPress 安装界面，如图 7.24 所示。

步骤 9：单击“现在就开始！”按钮，在进入的界面中输入数据库名、用户名、密码等数据库连接信息，如图 7.25 所示，单击“提交”按钮。

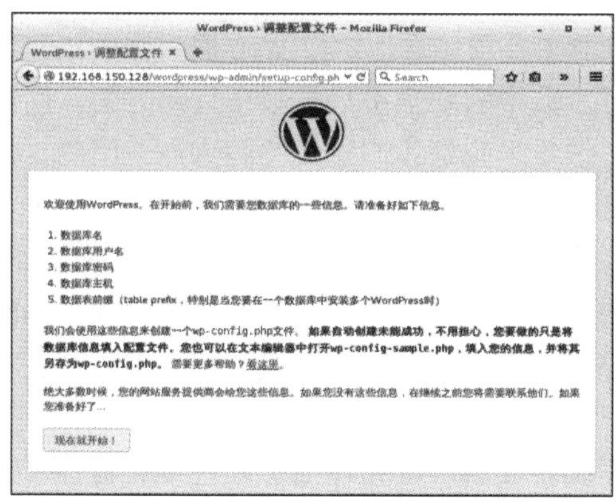

图 7.24　WordPress 安装界面

图 7.25 数据库连接信息

步骤 10：在进入的界面中配置站点标题、管理员的用户名与密码等信息后，单击“安装 WordPress”按钮，如图 7.26 所示。WordPress 安装成功后显示的界面如图 7.27 所示，此时即可登录博客后台管理自己的博客了。

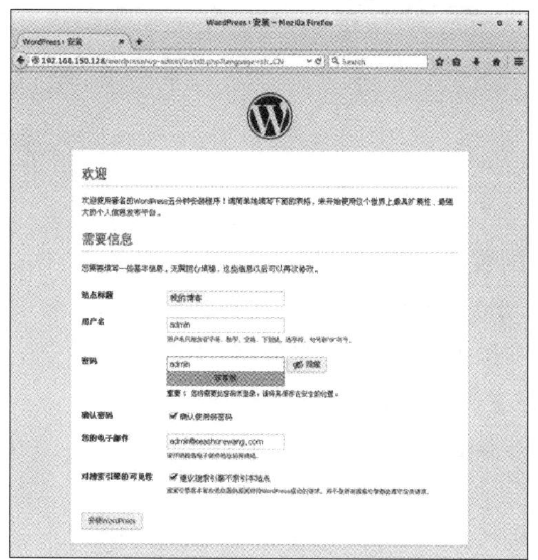

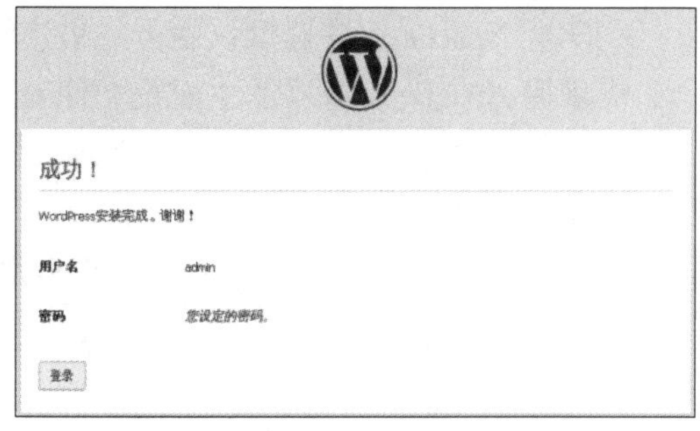

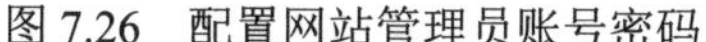

图 7.26　配置网站管理员账号密码　　　图 7.27　WordPress 安装成功后显示的界面

7.8　总结

本章讲解了 Web 的基础知识、Apache 的环境搭建及配置文件，实践了 Apache 服务器的默认站点搭建与配置、基于 IP 地址的虚拟主机搭建、基于域名的虚拟主机搭建、基于端口的虚拟主机搭建、基于用户名与密码的安全认证、LNMP 集成配置。

7.9 课堂思政

在信息时代，Web 服务器是提供信息服务的主要载体之一，在 Web 服务器的搭建过程中，我们要本着安全、高效、实用的原则进行，其中的安全不只局限在攻防方面，网站信息是否符合社会主义核心价值观、是否弘扬正能量也应是我们应关注的重点。因此，作为新时代 IT 人，我们应该正确使用互联网，客观对待带有舆论性的各种“热点”。

2022 年 3 月 17 日，国务院新闻办公室举行 2022 年“清朗”系列专项行动新闻发布会。国家互联网信息办公室网络综合治理局局长表示，网络谣言是广大网民最深恶痛绝的网络乱象之一。整治网络谣言是网络生态治理的重要内容，也是回应民众关切、保障网民权益的迫切需要。

作为新时代的大学生，我们不仅要能够正确获取和辨析各种信息，还要有责任、有义务自觉做到“不信谣、不传谣”，自觉抵制不良信息，从而为实现正确的舆论引导做出自己的贡献，努力做新时代“四有好青年”。

实训 7 Web 服务器的搭建、配置与管理

一、实训目的

- 掌握 HTTP 及 Web 服务器的基本原理。
- 了解 Apache 服务器的基础知识。
- 学会 Apache 服务器默认站点的搭建与配置。
- 掌握 Apache 服务器的主配置文件/etc/httpd/conf/httpd.conf 的配置方法。
- 能够搭建、配置与管理基于 IP 地址的虚拟主机的 Web 服务器。
- 能够搭建、配置与管理基于域名的虚拟主机的 Web 服务器。
- 掌握基于用户名与密码认证的 Web 服务器搭建。

二、项目背景

小 A 在大鸟老师的指点下又取得了一定的进步，信心满满的小 A 对很多服务器的搭建都得心应手。正好小 A 正在学习 PHP 网站的设计与开发，他已经不再满足于让自己开发的网站“睡”在 U 盘之中。于是他开始学习与研究 Linux 操作系统中 Web 服务器的安装、搭建与配置。

三、实训内容

- httpd 服务管理 Systemctl start | stop | restart|status httpd。
- Apache 服务器的/etc/httpd/conf//httpd.conf 主配置文件的解析与配置。
- 搭建默认站点 Web 服务器。

- 搭建基于 IP 地址的虚拟主机的 Web 服务器。
- 搭建基于域名的虚拟主机的 Web 服务器。
- 搭建基于用户名与密码安全认证的 Web 服务器。

四、实训步骤

【实训环境和条件】

1．VMware Workstation 15.5 或以上版本的虚拟机软件。
2．两台 CentOS 7 虚拟机，一台作为 Web 服务器，另一台作为 Web 客户端。

【实训内容】

- Web 服务器的 IP 地址为 192.168.150.100。
- Web 端口为 8080（80 端口已经被占用）。
- 网站的首页为 index.html。
- 管理员邮箱为 student@***.com。
- 网站编码类型为 GB232。
- 所有的网站资源存放在/var/www/html 目录下。
- Apache 服务器工作的根目录为/etc/httpd。
- 申请的域名为 www.****.com 和 www.**.com。
- 实现默认站点的搭建与配置。
- 实现基于 IP 地址的虚拟主机的 Web 服务器搭建。
- 实现基于域名的虚拟主机的 Web 服务器主机搭建。
- 实现基于用户名与密码安全认证的 Web 服务器搭建。
- 搭建 LAMP 环境，安装 WordPress。

Web 实验二：Linux 个人主页

08 第 8 章 邮件服务器的配置与管理

电子邮件一直以来都是 Internet 中被应用最广泛的服务之一，常用于在客户间传递信息。几乎所有企业和用户都有自己的邮箱，较大型的企业还有自己的邮件服务系统。未来广告公司为了方便公司内部管理，实现办公现代化、文件无纸化的需求，决定搭建自己的内部邮件服务器，实现公司内部邮件的集中管理。本章将详细介绍邮件的基础知识，以及在 Linux 操作系统中搭建 postfix 邮件服务器的具体过程。

8.1 邮件的基础知识

电子邮件诞生于 1960 年，基于网络的电子邮件出现在 1971 年，第一封电子邮件在阿帕网成功发送，标志着一个具有划时代意义的应用的诞生。1987 年，我国第一封电子邮件成功发送，标志着我国与整个世界以网络的方式连接在了一起。互联网浏览器的诞生使得电子邮件被广泛使用，成为上网用户的网络通行证。现在，大型门户网站都有自己的邮件服务器，而普通网民如果没有电子邮箱，则寸步难行。注册账号需要电子邮件地址，激活账号、修改密码也需要通过电子邮箱来实现。

邮件服务器基础知识

虽然电子邮件的很多功能已经被即时通信的方式取代，但是在商业环境下，电子邮件依然是主要交流方式。不同于其他服务，电子邮件服务是由很多部分组成的，并不是一个服务就可以完成的。

8.1.1 邮件系统与电子邮件

下面用生活中寄送邮件的流程来诠释什么是邮件系统、什么是邮件服务器、什么是邮箱。在现实生活中，我们经常用到一些快递或邮局的业务。例如，要给一个朋友寄包裹，需要填写这个朋友的地址、邮编、姓名与联系方式等必要信息，通过所在地具有邮寄功能业务的组织将包裹寄出去。当包裹到达收件人所在的地区时，由该地区具有相同邮寄功能业务的组织负责把包裹送到该朋友的手中。整个包裹寄送的过程应用的就是邮件系统，具有邮寄功能业务的组织就是邮件服务器，朋友的地址就是邮箱地址。当然，在包裹寄送的过程中用到的地址、邮编、姓名等在电子邮件系统中都有与之对应的功能。

邮件服务器是处理邮件交换的软/硬件设施的总称（相当于前面介绍的具有邮寄功能业务的组织），包括电子邮件程序（邮寄过程中的各种工作人员）、电子邮箱（邮寄的地址）等。它是为用户提供电子邮件服务的电子邮件系统，人们通过邮件服务器来实现邮件的交换。电子邮件服务器程序通常不能由用户启动，而是一直在系统中运行。它一方面负责将本机上需要发送的电子邮件发送出去，另一方面负责接收其他主机发送过来的电子邮件，并把各电子邮件分发给相应用户。

电子邮件程序是网络主机上运行的一种应用程序，是操作和管理电子邮件的软件系统。在处理电子邮件时，需要选择一种供人们使用的电子邮件程序。由于网络环境的多样性，各种网络环境的操作系统与软件系统也不同，因此电子邮件系统也不完全相同。Linux 操作系统中常见的邮件服务器软件有 Sendmail、postfix、Gmail 等。目前主流的邮件服务器基本都是基于 postfix 技术搭建的。

8.1.2　电子邮件的工作原理

在电子邮件系统中是按照用户发送的指令进行电子邮件的发送、接收、转发的。下面通过一个案例来介绍电子邮件的工作原理。

实例： 详解使用 linux@***.com 邮箱给***@qq.com 邮箱发送电子邮件的过程。

电子邮件系统的工作流程如图 8.1 所示。下面按照步骤详细解读由 linux@***.com 邮箱发送电子邮件，到***@qq.com 邮箱接收电子邮件的整个过程。

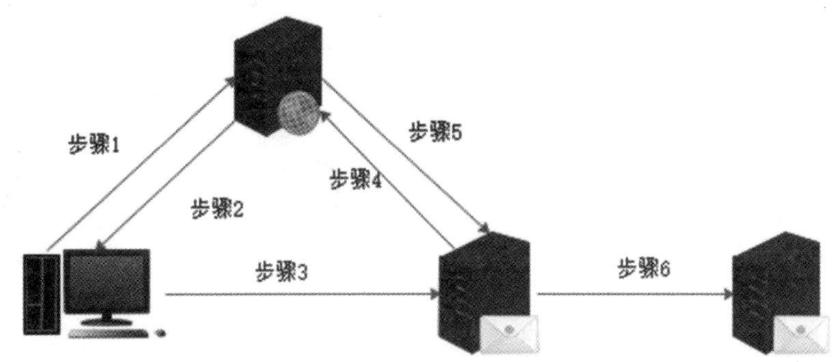

图 8.1　电子邮件系统的工作流程

步骤 1： 用户登录 linux@***.com 邮箱，登录过程中客户端无法直接定位到***.com 邮件服务器，于是将***@qq.com 发送给 DNS 服务器寻求帮助。

步骤 2： DNS 服务器收到客户端的请求，正向解析并将***@qq.com 所对应的 IP 地址发送给客户端。

步骤 3： 客户端成功登录到 linux@***.com 邮箱，并填写电子邮件的相关内容。

步骤 4： 在***.com 邮件服务器发送电子邮件时，由于无法解析目标邮箱***@qq.com，再次求助 DNS 服务器。

步骤 5： DNS 服务器根据 qq.com 的 MX（Mail exchange）记录解析出其对应的 IP 地址，并返回给源邮件服务器。

步骤 6： ***.com 邮件服务器将电子邮件发送给步骤 5 返回的 IP 地址。

8.1.3 电子邮件的发送和接收

1. 电子邮件的发送

SMTP（Simple Mail Transfer Protocol，简单邮件传输协议）是一组用于从源地址到目的地址传送电子邮件的规则，可以控制信息的中转方式。它的目标是可靠、高效地传送电子邮件，能够发送或中转电子邮件。

SMTP 是定义邮件传输的最常用的协议，是基于 TCP 服务的应用层协议，由 RFC 2821 定义，SMTP 规定的命令是以明文方式执行的。它基于以下的通信模型：根据用户的邮件请求，由发送方 SMTP 建立与接收方 SMTP 之间的双向通道。接收方 SMTP 可以是最终接收者，也可以是中间传送者。由发送方 SMTP 生成并发送 SMTP 命令，接收方 SMTP 向发送方 SMTP 返回响应信息。

连接建立后，发送方 SMTP 发送 MAIL 命令来指明发件人，如果接收方 SMTP 认可，则返回 OK 应答。发送方 SMTP 再发送 RCPT 命令来指明收件人；如果接收方 SMTP 也认可，则再次返回 OK 应答，否则将给予拒绝应答（但不终止整个邮件的发送操作）。当有多个收件人时，双方将如此重复多次。这一过程结束后，发送方 SMTP 开始发送邮件内容，并以一个特别序列为终止。如果接收方 SMTP 成功处理了邮件，则返回 OK 应答。

如果一个 SMTP 服务器接受了转发任务，但后来由于转发路径不正确或其他原因无法发送该邮件，则必须发送一个“邮件无法递送”消息给最初发送该消息的 SMTP 服务器。为防止因该消息发送失败而导致报错，从而在两台 SMTP 服务器之间循环发送的情况，可以将该消息的回退路径置空。SMTP 通信方式如图 8.2 所示。

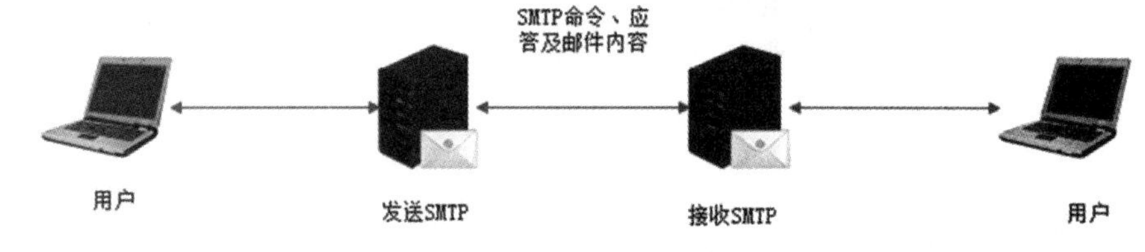

图 8.2 SMTP 通信方式

2. 电子邮件的接收

POP 3（电子邮件协议第三版）是一种提供动态访问存储在邮件服务器上的电子邮件的协议。POP 3 允许用户主机连接到邮件服务器上，并将存放在邮件服务器上的电子邮件下载到本地计算机。POP 3 不对电子邮件提供更多的管理功能，通常在电子邮件被下载后就删除。更多的管理功能则由 IMAP 4 来实现。

POP 3 服务使用 110 端口，邮件服务器通过侦听 TCP 的 110 端口，为使用 POP 3 收取电子邮件的用户提供服务。当用户主机需要使用 POP 3 服务时，就与服务器主机建立 TCP 连接。当连接建立后，邮件服务器先发送一个表示已准备好的确认消息，双方再交替发送命令和响应，从而接收邮件，这一过程一直持续到连接终止。一条 POP 3 指令由一个不区分大小写的命令和一些参数组成。命令和参数都使用可打印的 ASCII 字符，中间使用空格隔开。命令一般为 3～4 个字母，而参数却可以长达 40 个字符。

除了 POP 3，IMAP 4 也支持同样的功能。IMAP 4 提供了在远程邮件服务器上管理电子邮件的手段，它能为用户提供有选择地从邮件服务器接收电子邮件、基于服务器的信息处理和共享信箱等功能。IMAP 4 使用户可以在邮件服务器上建立任意层次结构的保存电子邮件的文件夹，并且可以灵活地在文件夹之间移动电子邮件，随心所欲地组织自己的电子邮箱，而 POP 3 只能在本地依靠用户代理的支持来实现这些功能。如果用户代理支持，则 IMAP 4 还可以实现选择性下载附件的功能。假设一封电子邮件中含有 5 个附件，用户可以选择下载其中的两个，而不是所有。

与 POP 3 类似，IMAP 4 仅提供面向用户的电子邮件收发服务。电子邮件在因特网上的收发还是依靠 SMTP 服务器来完成的。电子邮件的接收过程如图 8.3 所示，具体过程分三步。

图 8.3　电子邮件的接收过程

第 1 步：用户通过 POP 3 连接到服务器的 110 端口，并且输入用户名与密码来取得认证和授权。

第 2 步：服务器验证用户名与密码后，会去服务器邮箱（/var/spool/mail/用户名）中找到该用户的电子邮件。

第 3 步：服务器将用户的电子邮件传送到用户的本地计算机，同时，将服务器中该用户相应的电子邮件删除。

8.1.4　电子邮件的功能组件

一封电子邮件需要经过网络上的一个或多个邮件服务器才能被发送到目的地。在整个传输过程中，发件人、收件人及中间经历的服务器，都在扮演各自的角色，完成自己的任务，在电子邮件的传输过程中，它们有各自的专有名称，下面详细说明。

1. MUA

MUA（Mail User Agent）即邮件用户代理，它的作用是帮助发件人将电子邮件传送到邮件服务器，或者从邮件服务器收取电子邮件并保存到用户的本地计算机中。从这个角度看，它很像现在快递公司的上门取件人和快递投递人。当然，从现在的情况看，用户更习惯于直接登录提供邮寄服务的网站，在浏览器上实现寄送和查看功能。不过如果想要将电子邮件从邮件服务器下载到本地管理，还需要使用 MUA 软件。常见的 MUA 软件有微软公司开发的 Outlook Express。

2. MTA

MTA（Mail Transfer Agent）即邮件传输代理，它的作用是接收用户或其他 MTA 发来的电子邮件，或者将电子邮件寄送出去，具体功能要根据如下两种情况来判定。

- 当收到的电子邮件目的地是本地用户时，那么 MTA 将该电子邮件收下，存放在系统中该用户的电子邮箱之中。

- 当收到的电子邮件目的地不在该 MTA 管辖范围内时，将该电子邮件转发到下一台 MTA 上。

因此，MTA 实际上就是起到收件和中继功能的邮件服务器。本教材提到的邮件服务器实际上就是指 MTA，而用到的协议是指 SMTP。所以请读者注意，本教材后面提到的邮件服务器 postfix 或 sendmail，安装后都是在监听 SMTP 的 25 端口，如果需要支持用户将电子邮件下载到本地功能，则需要安装 Dovecot，这款软件支持 POP 3 和 IMAP。

3. MDA

MDA（Mail Delivery Agent）即邮件投递代理。事实上，MDA 和 MTA 的区别并没有那么明显，MDA 是挂在 MTA 下面的一个小程序，用于分析邮件头，并决定是将电子邮件存放在用户邮箱还是转发到其他服务器。同时，MDA 还具有一些过滤邮件及自动回复等功能。因此也可以说，一台邮件服务器是 MTA 还是 MDA，取决于这台服务器进行的动作。当用户或其他 MTA 收取电子邮件时，它就是 MTA；当邮件服务器将电子邮件发送到本地邮箱或中继转发时，它就是 MDA。

在邮件传输过程中，MUA、MTA 和 MDA 等组件的相互关系，以及 SMTP 和 POP 3 等协议的角色如图 8.4 所示。

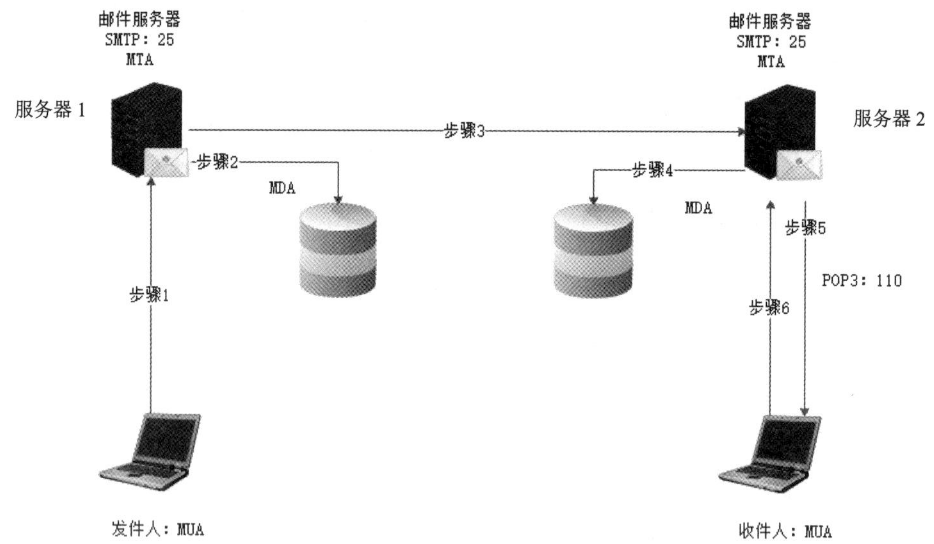

图 8.4　邮件传输过程中各组件的相互关系及协议的角色

步骤 1： 发件人作为 MUA，将电子邮件发送到邮件服务器，服务器 1 会使用 SMTP 监听 25 端口，当收到用户 MUA 的发送请求时，服务器 1 收取电子邮件。这时服务器 1 充当 MTA 的角色。

步骤 2： 服务器 1 检查收件人地址，如果收件人是本服务器所管理的域用户，则会替用户收下该电子邮件，并存放在该用户在服务器 1 上的邮箱中，这时服务器 1 充当 MDA 的角色。

步骤 3： 如果电子邮件不在本服务器的管理范围内，则会将电子邮件 RELAY 到下一台邮件服务器，即服务器 2。服务器 2 同样在 25 端口监听。当收到服务器 1 的中继邮件后，服务器 2 就会收下电子邮件，这时服务器 2 充当 MTA 的角色。

步骤 4：如果服务器 2 发现收件人是本地用户，则将该电子邮件存放在该用户在服务器 2 的邮箱之中，这时服务器 2 充当 MDA 的角色。

步骤 5：收件人希望将自己的电子邮件从服务器 2 的邮箱中下载到本地计算机中，于是使用 MUA 软件连接服务器 2，服务器 2 同时安装了 POP 3，开始侦听 110 端口是否有用户发来连接请求，当收到电子邮件时，验证用户身份并授权。

步骤 6：用户通过 MUA 软件，将电子邮件从服务器 2 的邮箱中下载到本地计算机中，同时服务器 2 删除用户的电子邮件。

8.1.5　电子邮件的安全性

电子邮件的广泛应用也带来了相应的安全隐患。由于电子邮件所使用的 SMTP、POP 3、IMAP 等协议都是明文传输的，而使用 POP 3 会验证用户的用户名和密码等信息，因此很容易造成隐私泄漏。解决这个问题需要引入第三方协议——安全套接字层（Secure Socket Layer，SSL）协议。在 Web 服务器架设中，可以使用这个协议来加密数据，相应的协议是 HTTPS。使用了 SSL 加密功能的 POP3 和 IMAP 就变成了 POP3S 及 IMAPS 协议。

邮件明文和隐私泄漏只是电子邮件带来的问题之一，下面列举一些电子邮件带来的安全问题。

1. 传播病毒

电子邮件不仅可以传递文字信息，还可以添加附件。附件可以是图片、文件、音乐等文件，当某些邮件服务器支持超大附件时，还可以传播视频或大型软件安装包等文件，因此在这样的环境下，用户如果不小心，很容易使计算机被病毒感染。

2. 黑客入侵

没有一个服务器是绝对安全没有漏洞的。如果在部署邮件服务器时不够谨慎，则可能给黑客入侵提供“大门”。如果用户不小心泄漏了密码，或者使用容易被猜到的密码，也可能被黑客利用。

3. 垃圾邮件

相信大家都对邮箱里收到的很多垃圾邮件和广告邮件很反感，这些电子邮件不仅污染了用户的上网环境，还占用了大量的带宽，造成用户所用计算机的连接速度和上网质量下降。

4. 不实的邮件内容

互联网上存在一些个人或组织，通过各种媒体传播不实的信息和言论，当然电子邮件也是他们的媒介之一。在互联网的海量信息中，无法鉴别通过电子邮件传输的信息的真实性，用户也很可能因误信而转发，从而造成谣言的传播。

因此，维护邮件服务器并非一件轻松的事情，它很可能给管理员带来更多的麻烦和困扰。也许架设邮件服务器并不是很难，相信大家通过对本章内容的学习都可以架设自己的邮件服务器，但是在这里要提醒大家，维护和管理邮件服务器才是真正困难的事情，只是上面提到的安全问题就够很多管理员头痛了。因此，在实际情况中，读者一定要仔细评估架设邮件服务器的可行性。

8.2 postfix 邮件服务器的搭建

在早期版本的 Linux 操作系统中，默认常用的邮件服务器是 sendmail，但是由于其固有的设计缺陷，以及难以读懂的配置文件，因此现在它已经被 postfix 取代。postfix 在设计时就完全兼容于 sendmail，并且在安全性及效率方面都比 sendmail 高，配置文件更加简单易懂。postfix 服务在系统内的名称为“postfix”，系统中的某些功能需要用到这个服务。postfix 默认使用的是 TCP 的 25 端口。postfix 默认启动，但是只为本机提供服务，本机的用户之间可以通过各种 MUA 向后发送邮件。下面讲解 postfix 邮件服务器的搭建。

8.2.1 环境准备

同时启动 Server 和 Client 两台虚拟机，设置网络连接方式均为 NAT，服务器与客户端的 IP 地址可以采用手动方式或 DHCP 方式分配，保证两台虚拟机之间可以互相 ping 通。在 CentOS 7 操作系统中默认安装了 postfix。如果读者的操作系统中没有安装 postfix，则请参考第 1 章中相应的内容设置 YUM 仓库，并使用“yum install postfix -y”命令来安装该软件。查看与 postfix 相关的软件包的命令如下。

```
[root@linuxserver ~]# rpm -qa | grep postfix
postfix-2.10.1-7.el7.x86_64
```

8.2.2 postfix 配置文件解析

在搭建邮件服务器前，读者需要了解 postfix 的配置文件，以及这些配置文件的作用。与大部分服务的配置文件一样，postfix 的主配置文件也放置在/etc/postfix 目录下，主配置文件的名称为“main.cf”。在/etc/postfix 目录下还有其他配置文件。

```
[root@linuxserver ~]# ls -l /etc/postfix
总用量 148
-rw-r--r--. 1 root root 20876 10月 31 2018 access
-rw-r--r--. 1 root root 11883 10月 31 2018 canonical
-rw-r--r--. 1 root root 10106 10月 31 2018 generic
-rw-r--r--. 1 root root 21545 10月 31 2018 header_checks
-rw-r--r--. 1 root root 27176 10月 31 2018 main.cf
-rw-r--r--. 1 root root  6105 10月 31 2018 master.cf
-rw-r--r--. 1 root root  6816 10月 31 2018 relocated
-rw-r--r--. 1 root root 12549 10月 31 2018 transport
-rw-r--r--. 1 root root 12696 10月 31 2018 virtual
```

说明：

- /etc/postfix/main.cf：postfix 的主配置文件，几乎所有关于邮件服务器的配置参数都是在这个文件内设置的。并且，该配置文件对所有配置参数都有详细的说明和配置示例，因此，只需要仔细阅读该文件内容，就可以设置好邮件服务器。

- /etc/postfix/master.cf：规定了 postfix 的每个程序的工作参数，虽然该文件对邮件服务器来说也很重要，但是在一般情况下不需要修改这个文件内容。
- /etc/postfix/access：作为设置允许邮件服务器转发邮件的地址的数据库文件，在默认安装时该文件的配置是空的，但是可以通过注释详细地进行文件说明，包括作用及配置方法等。当需要对可转发邮件的网段进行限制时，就需要配置这个文件，同时还需要在主配置文件内启用该文件才能生效。
- /etc/postfix/virtual：在进行虚拟别名域配置时需要修改的配置文件，该文件同/etc/postfix/access 一样，默认配置是空的，但是可以通过注释详细地进行文件说明和配置。如果有需要，则同样需要在主配置文件内声明才会生效。

除了这些相关的配置文件，postfix 还有一些可执行文件，分别实现相应的功能，这些可执行文件放置在/usr/sbin 目录下。

```
[root@linuxserver ~]# ls -l /usr/sbin | grep post
-rwx------. 1 root root      790576 8月   7 2019 glibc_post_upgrade.x86_64
-rwxr-xr-x. 1 root root      260048 10月 31 2018 postalias
-rwxr-xr-x. 1 root root      139408 10月 31 2018 postcat
-rwxr-xr-x. 1 root root      371992 10月 31 2018 postconf
-rwxr-sr-x. 1 root postdrop  218632 10月 31 2018 postdrop
-rwxr-xr-x. 1 root root      122112 10月 31 2018 postfix
-rwxr-xr-x. 1 root root      130552 10月 31 2018 postkick
-rwxr-xr-x. 1 root root      130520 10月 31 2018 postlock
-rwxr-xr-x. 1 root root      122328 10月 31 2018 postlog
-rwxr-xr-x. 1 root root      259832 10月 31 2018 postmap
-rwxr-xr-x. 1 root root      139232 10月 31 2018 postmulti
-rwxr-sr-x. 1 root postdrop  260112 10月 31 2018 postqueue
-rwxr-xr-x. 1 root root      143400 10月 31 2018 postsuper
-rwxr-xr-x. 1 root root      247960 10月 31 2018 sendmail.postfix
```

说明：

- /usr/sbin/postfix：postfix 的主要执行文件，可以使用它来启动或重新读取配置文件，配置 postfix 参数实现相应功能，常用的参数有 start（启动服务）、stop（停止服务）、reload（重新读入配置文件）、check（检查相关配置文件）、flush（强制寄出目前正在队列中的邮件）。
- /usr/sbin/postmap：postmap 命令可以用于/etc/postfix/access 文件和/etc/postfix/virtual 文件，当通过主配置文件激活并且正确配置这两个文件后，需要使用此命令将其转换为数据库文件，用法如下。

```
[root@linuxserver ~]# postmap /etc/postfix/access
[root@linuxserver ~]# postmap /etc/postfix/virtual
```

- /usr/sbin/postalias：postalias 命令的用法类似于 postmap，只不过它设置的是/etc/aliases 文件，用于生成别名数据库文件。当我们设置文件或修改/etc/aliases 后，并不会马上生效，需要使用这个命令，将/etc/aliases 文件中被修改的部分读入/etc/aliases.db 文件，这样才可以使修改生效。

- /usr/sbin/postconf：postconf 是一个非常实用的命令，可以列出当前的主配置文件的详细设置数据，包括系统默认的设置，数据内容非常多。也可以使用“postconf -n”命令来显示非内置数据。

如果只需要一个基本功能的邮件服务器，通过修改/etc/postfix/main.cf 主配置文件就可以实现，postfix 服务器的主配置文件设置得相当人性化，不仅配置通俗易懂，还有大量的注释说明并配以示例。下面详细解析主配置文件中需要设置的内容。

```
myhostname = virtual.domain.tld
mydomain = domain.tld
myorigin = $mydomain
inet_interfaces = localhost
inet_protocols = all
mydestination = $myhostname, localhost.$mydomain, localhost
alias_maps = hash:/etc/aliases
alias_database = hash:/etc/aliases
mynetworks_style = subnet
mynetworks = 168.100.189.0/28, 127.0.0.0/8
```

说明：主配置文件中的字段有很多，本教材主要截取了需要配置的几个重要字段。

打开 vim /etc/postfix/main.cf 主配置文件后发现，该文件的内容非常多，注释之外的有效参数也有很多，下面对常用参数进行简单介绍。

（1）myhostname：设置邮件服务器的主机名，需要使用完整的主机名。

（2）mydomain：设置邮件服务器所在域的域名。

示例如下：

```
myhostname=www.***server.com
mydomain= ***server.com
```

（3）myorigin：设置本机寄出的电子邮件显示的发件人地址。当收件人收到该电子邮件后，发件人地址会显示在邮件头中“mail from:”的后面。

示例如下：

```
myorigin=$myhostname
myorigin=$mydomain
```

“$”表示取该变量的值。例如，$mydomain 表示取 mydomain 的值，也就是 linuxserver.com。

（4）inet_interfaces：设置邮件服务器监听的网络接口，在默认情况下，postfix 只会监听 loopback 接口（127.0.0.1）。

```
[root@linuxserver ~]# netstat -tlnup | grep :25
tcp      0    0 127.0.0.1:25       0.0.0.0:*    LISTEN      1676/master
tcp6     0    0 ::1:25             :::*         LISTEN      1676/master
```

因此，来自其他地方的电子邮件将不会被邮件服务器所受理，如果希望邮件服务器对整个网络开放，则需要修改 main.cf 文件中的如下字段。

```
inet_interfaces=all
```

（5）inet_protocols：设置监听的 IP 地址版本（IPv4 或 IPv6），默认值为 all，即全部监听，一般情况下不需要修改。

（6）mydestination：设置可以接收的电子邮件的主机名和域名，这个配置非常重要，决定了邮件服务器是否接收该电子邮件。当邮件服务器接收到电子邮件时，检查该电子邮件头的“mail to:”部分，只有设置“mydestination”的域名才会被邮件服务器接收，此处部分系统有默认的设置，在默认设置后追加可以接收的电子邮件的主机名和域名即可。

示例如下：

```
mydestination = $myhostname, localhost.$mydomain, localhost, $mydomain
```

上述示例中加粗的部分即新添加的内容。

（7）mynetworks：设置邮件服务器可以转发哪些网络发来的电子邮件，这项设置也很重要，换句话说，这里设置的是邮件服务器信任的客户端。当然，这里的设置也可以使用 /etc/postfix/ access 文件来实现。

示例如下：

```
mynetworks = 192.168.150.0/24
```

（8）relay_domains：设置邮件服务器可以转发哪些域发来的电子邮件。相对于 mynetworks 指定的可信任客户端，这里的配置是可信任的网域或下游 MTA 服务器。在一般情况下，不需要修改，使用默认设置即可。

示例如下：

```
relay_domains=$mydestination
```

8.2.3　搭建邮件服务器

邮件服务器收发

步骤 1：修改/etc/postfix/main.cf主配置文件中的参数，可以参照8.2.2节中关于参数作用的解释，个性化地设置相应参数的值，配置完成后可以使用“postconf -n”命令进行检查。

```
[root@linuxserver ~]# postconf -n
inet_interfaces = all
inet_protocols = all
mydestination = $myhostname, localhost.$mydomain, localhost, $mydomain
mydomain = ***server.com
myhostname = www. ***server.com
mynetworks = 192.168.150.0/24
myorigin = $mydomain
relay_domains = $mydestination
```

步骤 2：配置 DNS 中的邮件解析，读者可以在前面搭建好的 DNS 服务器的基础上进行修改，在正向解析数据库中修改 www.***server.com 条目，增加 MX 记录。

```
[root@linuxserver ~]# cat /var/named/named.zheng | grep MX
www     MX 10   192.168.150.100
```

步骤 3：设置防火墙，让防火墙永久放行邮件服务器端口。

```
[root@linuxserver ~]# firewall-cmd --add-service=smtp --permanent
success
[root@linuxserver ~]# firewall-cmd --reload
Success
```

步骤 4：重启 postfix 服务并查看运行状态。

```
[root@linuxserver ~]# systemctl restart postfix
[root@linuxserver ~]# systemctl status postfix
● postfix.service - postfix Mail Transport Agent
```

```
   Loaded: loaded (/usr/lib/systemd/system/postfix.service; enabled; vendor preset: disabled)
   Active: active (running) since 四 2022-08-04 12:28:30 CST; 12s ago
  Process: 3384 ExecStop=/usr/sbin/postfix stop (code=exited, status=0/SUCCESS)
  Process: 3400 ExecStart=/usr/sbin/postfix start (code=exited, status=0/SUCCESS)
  Process: 3399 ExecStartPre=/usr/libexec/postfix/chroot-update (code=exited, status=0/SUCCESS)
  Process: 3395 ExecStartPre=/usr/libexec/postfix/aliasesdb (code=exited, status=0/SUCCESS)
 Main PID: 3473 (master)
    Tasks: 3
   CGroup: /system.slice/postfix.service
           ├─3473 /usr/libexec/postfix/master -w
           ├─3474 pickup -l -t unix -u
           └─3475 qmgr -l -t unix -u

8月 04 12:28:30 linuxserver systemd[1]: Stopped postfix Mail Transport Agent.
8月 04 12:28:30 linuxserver systemd[1]: Starting postfix Mail Transport Agent...
8月 04 12:28:30 linuxserver postfix/postfix-script[3471]: starting the postfix mail system
8月 04 12:28:30 linuxserver postfix/master[3473]: daemon started -- version 2.10.1, configuration /etc/postfix
8月 04 12:28:30 linuxserver systemd[1]: Started postfix Mail Transport Agent.
[root@linuxserver ~]# netstat -tlnup | grep :25
tcp      0    0 0.0.0.0:25        0.0.0.0:*     LISTEN      3600/master
tcp6     0    0 :::25             :::*          LISTEN      3600/master
```

说明：从上面的输出中可以看到，postfix 邮件服务器处于运行（running）状态，并且已经在全网段监听 25 端口，监听 25 端口的主进程是 master，也就是 postfix 邮件服务器的主进程。这里读者需要注意一点，如果读者的系统曾开启过其他邮件服务器（如 sendmail），postfix 邮件服务器将启动失败，原因是其他邮件服务器同样基于 SMTP，并默认监听 25 端口。所以如果想用 postfix 邮件服务器，就需要确保系统中没有其他进程占用 25 端口。

步骤 5：邮件收发测试。

```
[root@www ~]# mail -s "Test mail server" user@***server.com
邮件收发测试!
.
EOT
[root@www ~]# su - user
[user@www ~]$ mail
Heirloom Mail version 12.5 7/5/10.  Type ? for help.
"/var/spool/mail/user": 1 message 1 new
>N  1 root                  Fri Aug  5 09:05  20/619   "Test mail server"
```

```
& 1
Message  1:
From root@linuxserver.com  Fri Aug  5 09:05:38 2022
Return-Path: <root@***server.com>
X-Original-To: user@***server.com
Delivered-To: user@***server.com
Date: Fri, 05 Aug 2022 09:05:38 +0800
To: user@***server.com
Subject: Test mail server
User-Agent: Heirloom mailx 12.5 7/5/10
Content-Type: text/plain; charset=utf-8
From: root@***server.com (root)
Status: R
邮件收发测试!
```

说明：使用“mail”命令可以发送电子邮件，“-s”选项用于指定电子邮件的主题，按回车键后可以进入电子邮件正文编辑界面。在编辑完成后，输入字符“.”结束编辑并发送电子邮件。从上面的测试中可以看到，user 用户已经收到了 root 用户发送的主题为“Test mail server”的电子邮件。

8.2.4　虚拟别名域的设置

使用虚拟别名域能够将发给虚拟域的电子邮件发送到真实域的用户邮箱中，从而实现群组邮递的功能，即指定一个虚拟邮件地址，任何发给这个邮件地址的电子邮件都将由邮件服务器自动转发到真实域的一组用户的邮箱中。这里的虚拟域可以是不存在的域，而真实域既可以是本地域（/etc/postfix/main.cf 文件中的 mydestination 参数指定的域），也可以是远程域或 Internet 域。虚拟域是真实域的一个别名，实际上是通过一个虚拟别名域表，实现了虚拟域的邮件地址到真实域的邮件地址的重定向。

步骤 1：编辑主配置文件/etc/postfix/main.cf 添加下列内容。

```
[root@www ~]# cat /etc/postfix/main.cf | grep virtual | grep -v ^#
virtual_alias_domains = ***mail.com
virtual_alias_maps = hash:/etc/postfix/virtual
```

步骤 2：编辑/etc/postfix/virtual 文件，内容如下。

```
[root@www ~]# tail -2 /etc/postfix/virtual
@linuxmail.com @***server.com
admin@***mail.com root,user
```

说明：上述内容中的第 1 行表示发送给***mail.com 域的电子邮件实际上会发送到***server.com 域中。第 2 行表示发送给 admin@***mail.com 域的电子邮件实际上会发送给 root 用户和 user 用户。

步骤 3：重新生成虚拟域数据库文件并重启 postfix 服务。

```
[root@www ~]# postmap /etc/postfix/virtual
[root@www ~]# systemctl restart postfix
```

步骤 4：测试虚拟别名域。

```
[root@www ~]# mail -s "Test virtual domain" admin@***mail.com
测试虚拟别名域
```

```
.
EOT
[root@www ~]# mail
Heirloom Mail version 12.5 7/5/10.  Type ? for help.
"/var/spool/mail/root": 3 messages 3 new
>N  1 user@localhost.local  Mon Apr 18 08:20 2177/148302 "[abrt] kernel:
WARNING:  CPU:  0  PID:  5436  at  drivers/scsi/scsi_lib.c:2773  scsi_device_
quiesce+0xb0/0xc0"
 N  2 user@localhost.local  Mon Apr 18 19:15  723/51569 "[abrt] gnome-
settings-daemon: gsd-xsettings killed by SIGTRAP"
 N 3 root                  Fri Aug  5 09:18  18/612   "Test virtual domain"
& 3

……

测试虚拟别名域
[user@www ~]$ mail
Heirloom Mail version 12.5 7/5/10.  Type ? for help.
"/var/spool/mail/user": 2 messages 2 new
>N  1 root                 Fri Aug  5 09:05  20/619   "Test mail server"
 N  2 root                 Fri Aug  5 09:18  18/612   "Test virtual domain"
& 2

……

测试虚拟别名域
```

说明：由上面的测试结果可以看出，发送给 admin@***mail.com 虚拟域的电子邮件，同时被 root 和 user 两个用户收到了，说明虚拟别名域配置成功。

8.2.5 邮件别名的设置

设置邮件别名

邮件别名是邮件服务器里非常实用的一项功能。在实际应用中，Linux 操作系统中可能有很多用户，而一些用户又同属于一个组。如果想要群发电子邮件来通知一个组中的所有用户，就可以使用此功能，从而让所有想通知的用户都收到该电子邮件。

有些读者可能还想到这样一种情况：在系统中运行了很多服务，也有以服务名命名的用户，这些用户都被设置为不能登录系统，而服务则以这些系统用户的身份来运行。当某些服务执行的程序产生信息需要通知管理员时，产生的信息会以电子邮件的方式发送给 root 用户，其实这也是邮件别名设置的作用。

还有一种情况：由于 root 用户的权限很大，没有限制，在一般情况下，管理员只会使用一般账号登录系统，只有在需要用到 root 用户权限进行配置时才切换到 root 用户。当系统服务产生信息时，管理员希望系统除了给 root 用户发送通知电子邮件，也给自己的一般账号发送通知电子邮件，从而通知发生的情况，这时也可以使用邮件别名的方式完成这项任务。

由于虚拟别名域中也可以实现群发电子邮件的功能，为了使实验效果不受到干扰，需要先设置 8.2.4 节中的虚拟别名域的注释，再实施本节的实验，下面是邮件别名的设置。

```
[root@www ~]# cat /etc/postfix/main.cf | grep alias_
......
alias_maps = hash:/etc/aliases
alias_database = hash:/etc/aliases
#virtual_alias_domains = ***mail.com
#virtual_alias_maps = hash:/etc/postfix/virtual
[root@www ~]# systemctl restart postfix.service
```

说明：上面的输出中省略了一些注释信息，邮件别名数据库的配置默认使用系统中的/etc/aliases 文件，不需要更改。注释虚拟别名域的配置后，需要重启 postfix 邮件服务器。

```
[root@www ~]# vim /etc/aliases
 [root@www ~]# cat /etc/aliases | grep admin
newsadmin:      news
ftpadmin:       ftp
ftp-admin:      ftp
admin:          root,user
[root@www ~]# postalias /etc/aliases
[root@www ~]# systemctl restart postfix.service
```

说明：在/etc/aliases 文件中，第 1 列表示别名，第 2 列则是真正接收电子邮件的用户名，最后一行表示发送给虚拟用户 admin 的电子邮件最终会被 root 和 user 两个用户收到。修改完邮件别名数据库文件，需要用 postalias 命令使之生效。

下面测试邮件别名功能。

```
[root@www ~]# mail -s "Test alias function" admin@linuxserver.com
测试邮件别名功能
.EOT
[root@www ~]# mail
Heirloom Mail version 12.5 7/5/10.  Type ? for help.
"/var/spool/mail/root": 4 messages 4 new
>N  1 user@localhost.local  Mon Apr 18 08:20 2177/148302 "[abrt] kernel: WARNING: CPU: 0 PID: 5436 at drivers/scsi/scsi_lib.c:2773 scsi_device_quiesce+0xb0/0xc0"
 N  2 user@localhost.local  Mon Apr 18 19:15 723/51569 "[abrt] gnome-settings-daemon: gsd-xsettings killed by SIGTRAP"
 N  3 root                  Fri Aug  5 09:18  18/612   "Test virtual domain"
 N  4 root                  Mon Aug  8 09:39  18/620   "Test alias function"
& 4
......
测试邮件别名功能
[root@www ~]# su - user
上一次登录：五 8月  5 09:19:26 CST 2022pts/0 上
[user@www ~]$ mail
Heirloom Mail version 12.5 7/5/10.  Type ? for help.
"/var/spool/mail/user": 3 messages 3 new
>N  1 root                  Fri Aug  5 09:05  20/619   "Test mail server"
 N  2 root                  Fri Aug  5 09:18  18/612   "Test virtual domain"
 N  3 root                  Mon Aug  8 09:39  18/620   "Test alias function"
& 3
......
测试邮件别名功能
```

8.2.6 设置主机过滤

前面提到通过设置主配置文件/etc/postfix/main.cf 中的 mynetworks 参数就可以限定允许转发电子邮件的用户。当然，postfix 还提供了使用 access 文件来设置电子邮件过滤的方法，设置步骤如下。

步骤 1：当不设置过滤时，使用客户端连接服务器发送电子邮件。

```
[client-1@client1 ~]$ telnet 192.168.150.100 25
Trying 192.168.150.100...
Connected to 192.168.150.100.
Escape character is '^]'.
220 www.***server.com ESMTP postfix
HELO www.***server.com
250 www.***server.com
MAIL FROM:CLIENT1@CLIENT1.***SERVER.COM
250 2.1.0 Ok
RCPT TO:root@***server.com
250 2.1.5 Ok
DATA
354 End data with <CR><LF>.<CR><LF>
Subject:Client1 test mail

This is a test mail from client1
.
250 2.0.0 Ok: queued as B1C5A315C345
QUIT
221 2.0.0 Bye
Connection closed by foreign host.
```

说明：

（1）在客户端使用“telnet”命令连接到邮件服务器的 25 端口来发送电子邮件（如果没有“telnet”命令，则可以使用“yum install telnet –y”命令安装）。

（2）使用“HELO”命令测试服务端是否有响应。

（3）“MAIL FROM:<address>”用于指定电子邮件发送者的地址。

（4）“RCPT TO:<address>”用于指定电子邮件接收者。

（5）“DATA”命令表示下面开始编辑电子邮件。

（6）“Subject:<Test>”用于指定电子邮件主题，输入主题后，需要连续按两次回车键。

（7）编辑电子邮件正文，电子邮件正文输入完成后输入句点“.”来表示编辑完毕。

（8）输入“QUIT”命令退出 telnet 连接。

步骤 2：在服务端查看邮件，结果如下。

```
[root@www ~]# mail
Heirloom Mail version 12.5 7/5/10.  Type ? for help.
"/var/spool/mail/root": 5 messages 5 new
>N  1 user@localhost.local  Mon Apr 18 08:20 2177/148302 "[abrt] kernel: WARNING: CPU: 0 PID: 5436 at drivers/scsi/scsi_lib.c:2773 scsi_device_quiesce+0xb0/0xc0"
```

```
    N  2 user@localhost.local   Mon Apr 18 19:15 723/51569 "[abrt] gnome-
settings-daemon: gsd-xsettings killed by SIGTRAP"
    N  3 root                  Fri Aug  5 09:18  18/612   "Test virtual domain"
    N  4 root                  Mon Aug  8 09:39  18/620   "Test alias function"
    N  5 CLIENT1@CLIENT1.LINU  Mon Aug  8 10:20  11/420   "Client1 test mail"
   & 5
   Message  5:
   From CLIENT1@CLIENT1.***SERVER.COM  Mon Aug  8 10:20:54 2022
   Return-Path: <CLIENT1@CLIENT1.***SERVER.COM>
   X-Original-To: root@***server.com
   Delivered-To: root@***server.com
   Subject:Client1 test mail
   Status: R
   This is a test mail from client1
```

说明：由上面的查看结果可以看到，邮件服务器收到了客户端的电子邮件。

步骤 3：按照如下方式编辑/etc/postfix/main.cf 和/etc/postfix/access 文件，并在被禁止的客户端中进行测试，结果如下。

```
[root@www ~]# cat /etc/postfix/main.cf | grep mynetworks | grep -v ^#
mynetworks = hash:/etc/postfix/access
[root@www ~]# tail -1 /etc/postfix/access
192.168.150.101  REJECT
[root@www ~]#postmap /etc/postfix/access
[client-1@client1 ~]$ telnet 192.168.150.100 25
Trying 192.168.150.100...
Connected to 192.168.150.100.
Escape character is '^]'.
220 www.***server.com ESMTP postfix
HELO www.***server.com
250 www.***server.com
MAIL FROM:client-1@client1.***server.com
250 2.1.0 Ok
RCPT:root@***server.com
221 2.7.0 Error: I can break rules, too. Goodbye.
Connection closed by foreign host.
```

说明：

（1）如果拒绝一个网段，则可以采用 192.168.150 的方式，也可以使用域名或域名后缀的方式（***server.com 或.edu.cn）。

（2）在配置完成后，需要使用“postmap”命令重新生成 access.db 数据库文件。

（3）在被拒绝的客户端中进行测试，发现无法使用 postfix 邮件服务器发送邮件。

8.3　Dovecot 的安装和配置

经过前面的讲解，读者已经知道 postfix 邮件服务器是作为 MTA 来使用的，使用 SMTP 来收发电子邮件。如果没有架设 WebMail，则需要每次连接到 MTA 来收发电子邮件。在前面的内容中介绍过，接收电子邮件的功能是 MRA，相比于发送电子邮件的 SMTP，接收电子邮件使用到的协议则是 POP 3 和 IMAP。

在 Linux 操作系统中，可以使用 Dovecot 架设的 MRA 服务来实现这些功能。Dovecot 是一个开源的支持 POP3 和 IMAP 的软件，这款软件安全、方便、易管理，并且占用的内存很小，是一款非常方便、好用的邮件访问代理软件。

Dovecot 的安装、启动与其他服务器一样，步骤如下。

步骤 1：安装 Dovecot。

```
[root@www ~]# yum install dovecot -y
……
已安装:
  dovecot.x86_64 1:2.2.36-8.el7
作为依赖被安装:
  clucene-core.x86_64 0:2.3.3.4-11.el7  portreserve.x86_64 0:0.0.5-11.el7
完毕 !
```

说明：在前面的配置中，由于需要搭建 DNS 服务器对邮件服务器的地址进行解析，所以很可能在实验的时候已经将/etc/resolv.conf 文件中的 nameserver 字段改成了本地 DNS 服务器的地址。如果读者的软件仓库地址是设置的互联网镜像仓库，此时安装就会因为无法解析地址而失败。解决方法是先将/etc/resolv.conf 文件中的 DNS 服务器的地址修改为可以公用 DNS 服务器的地址，并安装 Dovecot 软件包，安装完成后再修改成本地 DNS 服务器的地址即可。

步骤 2：设置配置文件。

```
[root@www ~]# vim /etc/dovecot/dovecot.conf
[root@www ~]# cat /etc/dovecot/dovecot.conf | grep protocols
# Most (but not all) settings can be overridden by different protocols and/or
#protocols = imap pop3 lmtp
protocols = imap pop3 imaps pop3s
```

说明：在上面示例中，编辑的/etc/dovecot/dovecot.conf 文件是主配置文件，打开后会发现里面的内容基本都是被注释的。在配置文件的末尾有一行“!include conf.d/*.conf”，表示/etc/dovecot/conf.d 目录下文件名后缀为“.conf”的文件都会被包含（include）在主配置文件中。换言之，修改该目录下的任何文件名后缀为“.conf”的文件都是对服务器的重新配置，修改完成后也需要重新启动使之生效。

步骤 3：使用 SSL 协议保证邮件传输的安全。

（1）查看或安装 OpenSSL 套件。

```
[root@www ~]# rpm -qa | grep openssl
xmlsec1-openssl-1.2.20-7.el7_4.x86_64
openssl-libs-1.0.2k-25.el7_9.x86_64
openssl-1.0.2k-25.el7_9.x86_64
openssl-devel-1.0.2k-25.el7_9.x86_64
```

如果没有安装 OpenSSL 套件，则可以执行下面的命令进行安装。

```
yum install openssl -y
```

（2）修改配置文件中的 SSL 设定。

```
[root@www ~]# vim /etc/dovecot/conf.d/10-ssl.conf
```

```
[root@www ~]# cat /etc/dovecot/conf.d/10-ssl.conf | grep ssl | grep -v ^#
ssl = required
ssl_cert = </etc/pki/dovecot/certs/linuxserver.pem
ssl_key = </etc/pki/dovecot/private/linuxserver.pem

[root@www ~]# vim /etc/dovecot/conf.d/10-auth.conf
[root@www ~]# cat /etc/dovecot/conf.d/10-auth.conf | grep -v ^# | grep
disable
disable_plaintext_auth = yes
```

说明：上面的示例中修改了位于/etc/dovecot/conf.d 目录下关于 SSL 的配置文件，其中 ssl_cert 和 ssl_key 字段分别指定了证书和私钥，默认系统中存在 dovecot.pem 格式的证书文件，该证书包含私钥。也可以使用 OpenSSL 生成单独的 key 文件和 crt 证书文件来分别存放私钥和证书。

步骤 4：创建私钥和自签名证书。

（1）生成 pem 证书文件的方式。

```
[root@www ~]# cd /etc/pki/tls/certs/
[root@www certs]# make linuxserver.pem
umask 77 ; \
PEM1=`/bin/mktemp /tmp/openssl.XXXXXX` ; \
PEM2=`/bin/mktemp /tmp/openssl.XXXXXX` ; \
/usr/bin/openssl req -utf8 -newkey rsa:2048 -keyout $PEM1 -nodes -x509 -
days 365 -out $PEM2  ; \
cat $PEM1 >  linuxserver.pem ; \
echo ""    >> linuxserver.pem ; \
cat $PEM2 >> linuxserver.pem ; \
rm -f $PEM1 $PEM2
Generating a 2048 bit RSA private key
.......+++
.................................................................+++
writing new private key to '/tmp/openssl.V4VDnT'
-----
You are about to be asked to enter information that will be incorporated
into your certificate request.
What you are about to enter is what is called a Distinguished Name or a DN.
There are quite a few fields but you can leave some blank
For some fields there will be a default value,
If you enter '.', the field will be left blank.
-----
Country Name (2 letter code) [XX]:CN
State or Province Name (full name) []:Hebei
Locality Name (eg, city) [Default City]:Xingtai
Organization Name (eg, company) [Default Company Ltd]:xpc
Organizational Unit Name (eg, section) []:xxgcx
Common Name (eg, your name or your server's hostname) []:www.
***server.com
Email Address []:admin@***server.com
```

```
[root@www certs]# chmod 400 linuxserver.pem
[root@www certs]# cp linuxserver.pem /etc/pki/dovecot/certs/
[root@www certs]# cp linuxserver.pem /etc/pki/dovecot/private/
```

说明：上面示例中加粗显示的是需要读者自行填入的部分，分别代表了国家、省份、城市、组织名称、部门名称、服务器主机名及电子邮箱等信息，填完后系统会生成 pem 证书文件。接着只需要按照步骤 3 中 SSL 配置文件设置的私钥和证书路径存放 pem 证书文件即可。这里需要注意的是，由于 pem 证书文件同时包含了证书和私钥，因此只需要一个文件就可以。如果需要单独生成私钥和证书文件并存放，则可以按照下面的配置实现。

（2）分别生成 key 文件和 crt 证书文件。

```
[root@www ~]# openssl genrsa -aes256 -out server.key 2048
Generating RSA private key, 2048 bit long modulus
..........................................................+++
..........+++
e is 65537 (0x10001)
Enter pass phrase for server.key:
Verifying - Enter pass phrase for server.key:

[root@www ~]# openssl req -new -x509 -key server.key -out server.crt -days 365
Enter pass phrase for server.key:
You are about to be asked to enter information that will be incorporated
into your certificate request.
What you are about to enter is what is called a Distinguished Name or a DN.
There are quite a few fields but you can leave some blank
For some fields there will be a default value,
If you enter '.', the field will be left blank.
-----
Country Name (2 letter code) [XX]:CN
State or Province Name (full name) []:Hebei
Locality Name (eg, city) [Default City]:Xingtai
Organization Name (eg, company) [Default Company Ltd]:xpc
Organizational Unit Name (eg, section) []:xxgcx
Common Name (eg, your name or your server's hostname) []:www.linuxserver.com
Email Address []:admin@***server.com
```

说明：在上面示例中，由于生成的是自签名证书文件，因此就省去了生成 csr 证书请求文件的过程，使用生成的私钥直接生成了 crt 证书文件。接下来只需要将 key 文件和 crt 证书文件分别放到 10-ssl.conf 文件中设置的路径下即可。

步骤 5：启动 dovecot 服务，并设置为开机自启动，然后设置防火墙。

```
[root@www ~]# systemctl start dovecot
[root@www ~]# systemctl enable dovecot
Created symlink from /etc/systemd/system/multi-user.target.wants/dovecot.service to /usr/lib/systemd/system/dovecot.service.
[root@www ~]# firewall-cmd --add-service={imap,imaps,pop3,pop3s} --permanent
```

```
success
[root@www ~]# firewall-cmd --reload
success
[root@www ~]# netstat -tlnup | grep dovecot
tcp      0    0 0.0.0.0:993   0.0.0.0:*        LISTEN      3560/dovecot
tcp      0    0 0.0.0.0:995   0.0.0.0:*        LISTEN      3560/dovecot
tcp      0    0 0.0.0.0:110   0.0.0.0:*        LISTEN      3560/dovecot
tcp      0    0 0.0.0.0:143   0.0.0.0:*        LISTEN      3560/dovecot
tcp6     0    0 :::993        :::*             LISTEN      3560/dovecot
tcp6     0    0 :::995        :::*             LISTEN      3560/dovecot
tcp6     0    0 :::110        :::*             LISTEN      3560/dovecot
tcp6     0    0 :::143        :::*             LISTEN      3560/dovecot
```

说明：由结果可以看到，dovecot 服务已经启动，并且分别监听加密和非加密端口。

8.4　邮件客户端软件

8.4.1　Mail

在前面的配置中，我们已经使用“mail”命令来收发电子邮件，Mail 是一个非常简单实用的邮件客户端软件，可以使用它来查看、撰写和提交电子邮件。下面对“mail”命令的用法做一些补充。

（1）使用“mail”命令发送邮件。

```
[root@www ~]# mail -s "Subject" user@***server.com
这是邮件正文
.
EOT
```

说明：上述命令中“-s”选项后面的是电子邮件的主题，在编辑完电子邮件正文后使用“.”来结束编辑，并发送电子邮件。

（2）将文件内容作为电子邮件正文发送。

```
[root@www ~]# df -h  > filesystem.txt
[root@www ~]# mail -s "df output" user@***server.com  < ./filesystem.txt
```

说明：这种发送电子邮件的方式非常适合需要其他工程师协助的场景，将其需要的内容存放到一个文件中，并使用输入重定向将文件内容作为电子邮件正文发送给对方。

（3）发送附件。

```
[root@www ~]# yum install sharutils -y
[root@www  ~]#  uuencode  ./filesystem.txt  mydf  |  mail  -s  "df  content"
user@***server.com
```

说明：如果发送附件需要用到“uuencode”命令，则需要安装 sharutils 软件包。安装完成后使用如上所示的方法就可以将文件作为附件发送给收件人了。

（4）查看电子邮件。

```
[user@www ~]$ mail
Heirloom Mail version 12.5 7/5/10.  Type ? for help.
```

```
"/var/spool/mail/user": 6 messages 6 new
>N  1 root                Fri Aug  5 09:05  20/619   "Test mail server"
 N  2 root                Fri Aug  5 09:18  18/612   "Test virtual domain"
 N  3 root                Mon Aug  8 09:39  18/620   "Test alias function"
 N  4 root                Wed Aug 10 09:19  18/599   "Subject"
 N  5 root                Wed Aug 10 09:23  28/1226  "df output"
 N  6 root                Wed Aug 10 09:30  35/1497  "df content"
```

说明：由以上输出可以看到所有收到的电子邮件，如果需要对命令行操作，则请按照以下指令实施。

（1）读电子邮件：选择要查看的邮件编号就可以打开该电子邮件。

（2）回复电子邮件：按“R”键可以回复电子邮件，回复的电子邮件为符号“>”所指示的电子邮件。

（3）删除电子邮件：按“D”键。

（4）退出：按“Q”键。

8.4.2 Mutt

读者在实验中可以发现，“mail”命令在使用中并不那么友好，因此很多人会选择使用“mutt”命令来替代“mail”命令进行电子邮件的收发。使用“mutt”命令不仅可以像使用“mail”命令一样来发送电子邮件，还可以通过 POP3 和 IMAP 收取电子邮件，使用简单、方便。两者不同的是，“mail”命令一般已经默认安装在系统中，而“mutt”命令则需要管理员安装相应的软件，安装方法如下。

```
[root@www ~]# yum install mutt -y
```

下面列举出了“mutt”命令的常用选项。

- -a <file>：添加附件。
- -b <address>：盲抄送（Blind Carbon Copy，BCC）电子邮件，收件人不知道该电子邮件还发给了哪些账号。
- -c <address>：与“-b”选项相反，收件人可以看到该电子邮件还抄送给了哪些账号。
- -f <文件>：指定要阅读哪一个信箱。
- -i <文件>：指定一个“mutt”命令需要的包含在正文中的文件。
- -p：叫回一个延后寄送的电子邮件。
- -R：以只读模式打开信箱。
- -s <主题>：指定一个标题，如果有空白，则必须被包括在引号中。
- -h：帮助消息。

在了解“mutt”命令的用法后，下面使用“mutt”命令进行电子邮件的收发操作的演示。

步骤 1：使用“mutt”命令发送电子邮件。

```
[root@www ~]# su - user
[user@www ~]$ mutt -s 'Use mutt to send mail' root@linuxserver.com
```

在第一次使用“mutt”命令时会进入新的界面，并在底部显示是否创建邮箱（“y：/home/user/Mail 不存在。创建它吗？([yes]/no):y”），输入“y”并按回车键后，底部会显示以下内容：

```
To: root@***server.com
```

按回车键后会显示以下内容：

```
Subject: Use mutt to send mail
```

继续按回车键后会调用 vi 编辑器，用于编辑电子邮件正文，输入“i”进行电子邮件编辑“使用‘mutt’命令发送邮件测试!”

编辑完成后，按“Esc”键退出 vim 的编辑模式，并输入“:wq”保存并退出 Vim 编辑器，返回 mutt 的操作界面，如图 8.5 所示。

在该界面中输入“y”发送电子邮件。

使用“-i”和“-a”命令分别可以实现将文件内容作为正文，以及将文件作为附件发送，用法与“mail”命令相似，此处不再演示。

步骤 2：使用“mutt”命令接收电子邮件。

使用“mutt”命令不用设置任何选项和参数就可以查看邮箱里的电子邮件，如图 8.6 所示。可以使用方向键选择想要查看的电子邮件，也可以使用最上排的命令菜单，对电子邮件进行相应的操作。可以看出“mutt”命令比“mail”命令更加方便和友好。

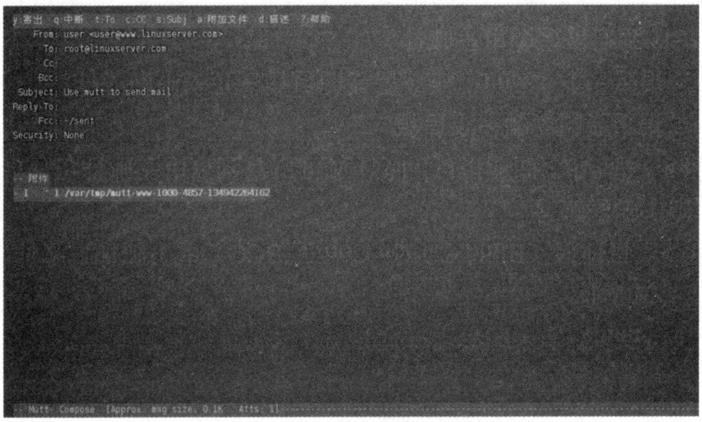

图 8.5　mutt 的操作界面

图 8.6　使用“mutt”命令查看电子邮件

步骤 3：使用“mutt”命令连接远程邮箱收取电子邮件。

```
[root@client1 ~]# mutt -f imaps://www.***server.com
```

输入命令后，会进入 TLS 的连接中，这里就需要读者按照 8.3 节中的方法配置 Dovecot 服务及 SSL 加密连接，进入如下界面，如图 8.7 所示。

```
q:退出  ?:帮助
此证书属于:
   www.linuxserver.com  admin@linuxserver.com
   xpc
   xxgcx
   Xingtai  Hebei  CN

此证书发布自:
   www.linuxserver.com  admin@linuxserver.com
   xpc
   xxgcx
   Xingtai  Hebei  CN

此证书有效
   来自 Wed, 10 Aug 2022 00:53:08 UTC
   发往 Thu, 10 Aug 2023 00:53:08 UTC
SHA1 指纹: 6334 668E 7D8F A098 4A1B 1B89 E71D BD7E E517 8062
MD5 指纹: F348 7DCD 2465 B210 5379 FEFD 8177 8AB3

-- Mutt: SSL 证书检查 (检查链中有 1 个证书, 共 1 个)
拒绝(r), 接受一次(o), 总是接受(a)
```

图 8.7　连接邮箱时提示是否接收自签名证书界面

首先输入“a”设置为总是接受，进入输入用户名和密码界面，输入需要接收的用户名和对应的密码，就可以查看电子邮件了。

8.5　总结

本章介绍了邮件的基础知识逐步演示了 postfix 邮件服务器的搭建、Dovecot 的安装和配置，以及常用的邮件客户端软件的使用方式。

用户可以使用“mail”“mutt”等命令，实现邮件的发送和下载。

8.6　课堂思政

1986 年 8 月 25 日，北京时间 11 时 11 分，中国科学院高能物理研究所 ALEPH 组组长吴为民在北京 710 所的一台 IBM-PC 机上，通过卫星远程登录到位于瑞士日内瓦的欧洲核子研究组织（CERN）的一台机器上，向位于日内瓦的诺贝尔奖获得者杰克 • 斯坦伯格发送了一封电子邮件；1987 年 9 月，王运丰教授向德国成功发送了一封电子邮件，内容为 *Across the Great Wall we can reach every corner in the world*（越过长城，走向世界），这是从北京向海外发出的中国第一封电子邮件，预示着我们开始拥抱互联网，向世界开放。

习近平总书记在庆祝改革开放 40 周年大会上的讲话中指出，40 年的实践充分证明，改革开放是党和人民大踏步赶上时代的重要法宝，是坚持和发展中国特色社会主义的必由之路，是决定当代中国命运的关键一招，也是决定实现“两个一百年”奋斗目标、实现中华民族伟大复兴的关键一招。推进改革开放和中国特色社会主义事业，是实现中华民族伟大复兴的必由之路。改革开放对中华民族伟大复兴具有至关重要的意义，它为实现中华民族伟大复兴提供了势不可挡的磅礴力量。作为新时代的大学生，我们在传承和发展改革开放的文化传统，为中华民族伟大复兴的目标努力添砖加瓦，努力做新时代“四有好青年”，积极拥抱互联网，正确使用互联网，在信息网络时代，紧跟时代发展的趋势，为实现中华民族的伟大复兴积极贡献自身力量。

实训 8　邮件服务器的搭建、配置与管理

一、实训目的

- 掌握电子邮件的工作原理。
- 掌握 POP3 和 IMAP。
- 掌握搭建 postfix 邮件服务器的方法。
- 掌握主配置文件/etc/postfix/main.cf 的配置方法。
- 能够搭建、配置与管理邮件服务器。

二、项目背景

小 A 已经成功搭建了 DNS、DHCP、Samba、NFS、Web 等一系列服务器，并掌握了这些服务器的配置与管理方法，于是信心满满地找到大鸟老师说：“我已经精通了 Linux 服务器！”，这时正坐在计算机前发送电子邮件的大鸟老师有些惊讶，于是他指了指正在发送的电子邮件说：“你给我搭建一个服务器，让我发送一个电子邮件试试”。小 A 立刻心慌起来，这个他真不会啊。于是小 A 再次虚心向大鸟老师请教，在掌握了本章的基本知识后，小 A 决定自己动手搭建邮件服务器。

三、实训内容

- 安装和配置基本邮件服务器。
- 在 DNS 服务器中添加邮件服务器的 MX 资源记录。
- 搭建邮件服务器发送和接收电子邮件。
- 配置虚拟别名域和邮件别名。
- 配置邮件认证功能。
- 使用“mail”“mutt”命令收发电子邮件。

四、实训步骤

【实训环境和条件】

1．VMware Workstation 15.5 或以上版本的虚拟机软件。

2．两台 CentOS 7 虚拟机，一台作为邮件服务器，主机名为“Mail”；另一台作为客户端，主机名为“Training”。

【实训结构图】

实训环境结构如图 8.8 所示。

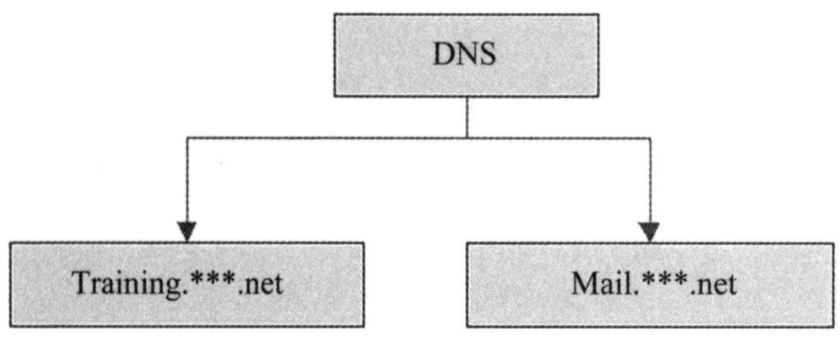

图 8.8　实训环境结构

【实训内容】

1. 通过 NAT 的方式将两台虚拟机联通。
2. 在服务器上搭建 DNS 服务器。
3. 在服务器上搭建邮件服务器。
4. 在客户端中加入服务器所属的域。
5. 在客户端上安装 Mail 和 Mutt。
6. 在客户端上测试电子邮件发送和接收服务。

第 9 章 其他常用服务器的配置与管理

09

未来广告公司架设了多台服务器，将服务器放置在公司的核心机房中，与系统管理员不在同一个楼层。为了更科学地管理公司，该公司提出了如下诉求：第一，为了防止出现安全事故，或者出现服务器损害而无法溯源的情况，公司希望可以由单独一台服务器来保存所有的系统工作日志；第二，公司希望所有员工使用的计算机都能够自动获取 IP 地址，不需要每次都由员工手动设置；第三，所有计算机的时间都要保持准确。同时，该公司的系统工程师希望能够随时随地访问服务器。因此，经过技术部的讨论和商议，决定部署日志服务器、DHCP 服务器、NTP 服务器及远程管理服务器。这些服务器分别用于信息记录、安全维护、网络地址分配、时间同步及远程管理等。本章将介绍日志服务器、DHCP 服务器、NTP 服务器、SSH 服务器和 VNC 服务器的工作原理及应用配置。

9.1 日志服务器

9.1.1 日志服务的基础知识

在企业日常应用中，出于明确责任、追踪系统数据的来源与走向，或者更好地监控系统的出错或报警情况，往往采用日志的方式进行管理。日志可以采用文本或存入指定数据库的方式进行存储和保留。

日志对安全来说非常重要，它记录了系统每天发生的各种事情，可以通过日志来检查错误发生的原因，或者查看受到攻击时攻击者留下的痕迹。

日志主要的功能是审计和监测。它还可以实时地监测系统状态，以及监测和追踪侵入者等。日志是用来记录系统运行时的一些相关信息的纯文本文件。日志的目的是保存相关程序的运行状态、错误信息等，并对系统进行日志分析、保存历史记录，以及在出现错误时发现并分析错误。

日志信息的管理通常采用两种方法，一种方法是将不同服务器的日志信息都存放在各自系统内，系统管理员对各服务器进行分散管理；另一种方法是使用日志服务器。日志服务器是一个从其他主机收集日志并集中存放的系统，很容易使来自多个主机的日志条目相互关联，对其进行统一管理、分析，以及配合自动化工具进行实时地监控，可以有效地提高日志信息的管理效率。

9.1.2 日志服务的类型

1. 保存日志的类型

Linux 操作系统一般会保存以下三种类型的日志。

（1）内核信息。

（2）服务信息。

（3）应用程序信息。

Linux 操作系统中用来实现日志功能的服务的名称为“rsyslog”，在 CentOS 5 之前的版本中，系统的日志服务为 sysklogd，从 CentOS 6 开始使用 rsyslog，CentOS 7 也使用了 rsyslog 作为系统的日志服务。rsyslog 一般都会被默认安装，并且被设置为开机自启动，可以通过命令控制 rsyslog 服务。

```
service rsyslog start | stop | restart | status
```

2. 使用 rsyslog

（1）为了防止在系统崩溃而无法获取日志时分享崩溃原因，可以使用 rsyslog 传输日志，并将日志存放到远程日志服务器上。

（2）rsyslog 日志一般被存放到日志服务器上，可以减轻当前系统的压力，rsyslog 可以在一定程度上减轻系统的磁盘 I/O 负担。

（3）rsyslog 使用网络中可靠的传输协议 TCP，可以保证日志的可靠性，还可以对日志进行过滤，提取出有效的日志。rsyslog 是轻量级的日志，可以支持大量日志同时写入，而不会过大地增加系统与网络开销。

3. Linux 操作系统中三个主要的日志子系统

（1）连接时间日志：由多个程序执行，把日志写入/var/log/wtmp、/var/run/utmp 和 login 等目录来更新 wtmp 和 utmp 文件，使系统管理员能够跟踪“谁”在“何时”登录到系统。在使用编辑器查看这两个文件时，会发现一堆乱码，但是可以清晰地看到“runlevel”参数，也就是系统启动的级别。

（2）进程统计：由系统内核执行。当一个进程终止时，在进程日志文件中为每个进程写一条记录。进程统计的目的是为系统中的基本服务提供命令使用统计。

（3）错误日志：由 syslogd(8)执行。各种系统守护进程、用户程序和内核通过 syslog(3)向/var/log/messages 目录中写入一些重要的日志信息。

9.1.3 日志服务的基本应用

实例 1：查看当前系统下日志服务的状态。

```
[root@www ~]# systemctl status rsyslog
● rsyslog.service - System Logging Service
   Loaded: loaded (/usr/lib/systemd/system/rsyslog.service; enabled; vendor preset: enabled)
   Active: active (running) since 五 2022-10-07 08:58:24 CST; 1min 29s ago
     Docs: man:rsyslogd(8)
```

```
            http://www.***.com/doc/
     Main PID: 1352 (rsyslogd)
        Tasks: 3
       CGroup: /system.slice/rsyslog.service
               └─1352 /usr/sbin/rsyslogd -n
    10 月  07  08:58:23  www.****.com  systemd[1]:  Starting  System  Logging
Service...
    10 月  07  08:58:24  www.****.com  rsyslogd[1352]:   [origin  software=
"rsyslogd"  swVersion="8.24.0-38.el7"  x-pid="1352"  x-info="http://www.***.
com"] start
    10月 07 08:58:24 www.***.com systemd[1]: Started System Logging Service.
```

说明：从上面的输出中可以看到，目前系统的状态是“运行中”（running），该服务默认为开机自启动。

rsyslog 服务的配置文件为/etc/rsyslog.conf，日志文件一般存放在/var/log 目录下，如图 9.1 所示。

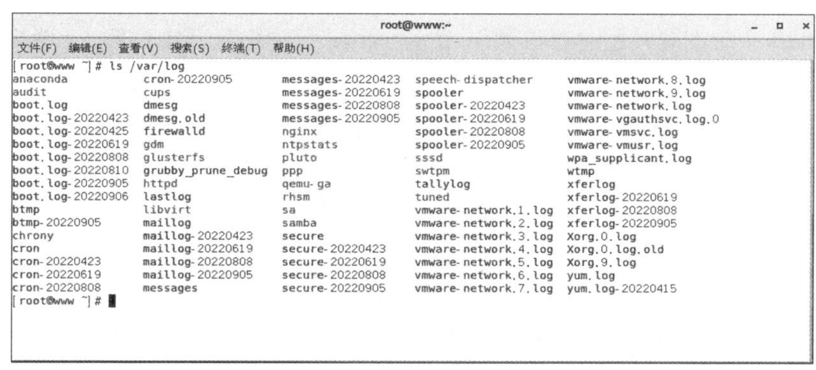

图 9.1　Linux 操作系统存放的日志文件

说明：/var/log 目录下存放了已经在当前 Linux 操作系统中安装的服务的日志。这些日志的名称很多都带有“.log”后缀。

- dmesg 中存放的是内核信息。
- boot.log 中存放的是系统启动情况的日志信息。
- maillog 中存放的是邮件日志信息。
- secure 中存放的是与系统登录和安全相关的信息。
- messages 中存放的是一些正常信息。
- httpd 中存放的是与 Web 服务相关的信息。
- samba 中存放的是与 Samba 服务相关的信息。
- yum.log 中存放的是与 YUM 仓库有关的日志。

说明：在自己的系统环境中，查看到的日志可能有区别，这是因为编者的系统内已经安装了一些服务。新系统中可能不存在这些服务，如果想看到这些服务对应的日志，则需要安装这些服务。

实例 2：查看系统的启动日志。

```
[root@www ~]# tail -n 15 /var/log/boot.log
[  OK  ] Reached target Remote File Systems.
```

```
         Starting Virtualization daemon...
         Starting Crash recovery kernel arming...
         Starting Permit User Sessions...
         Starting Availability of block devices...
[  OK  ] Started Availability of block devices.
[  OK  ] Started NFS Mount Daemon.
[  OK  ] Started Permit User Sessions.
         Starting GNOME Display Manager...
[  OK  ] Started Job spooling tools.
[  OK  ] Started Command Scheduler.
[  OK  ] Started System Logging Service.
[  OK  ] Started OpenSSH server daemon.
[  OK  ] Started GNOME Display Manager.
[  OK  ] Started NIS/YP (Network Information Service) Server.
```

说明：boot.log 文件记录的是启动日志信息，是每次启动系统过程中屏幕上呈现的信息。

实例 3：使用“tail -f”命令监控系统登录日志。

Linux 操作系统的登录信息存放到/var/log/secure 日志中，其中存放了和系统登录、用户增删改、修改密码等相关的日志信息。

步骤 1：使用“tail -f secure”命令监控/var/log/secure 日志变化情况。

```
[root@www ~]# tail -f /var/log/secure
Oct  7 08:58:24 www sshd[1351]: Server listening on :: port 22.
Oct  7 08:58:39 www gdm-launch-environment]: pam_unix(gdm-launch-environment:session): session opened for user gdm by (uid=0)
Oct  7 08:59:10 www polkitd[938]: Registered Authentication Agent for unix-session:c1 (system bus name :1.35 [/usr/bin/gnome-shell], object path /org/freedesktop/PolicyKit1/AuthenticationAgent, locale zh_CN.UTF-8)
Oct  7 08:59:46 www sshd[2397]: Accepted password for root from 192.168.150.1 port 5675 ssh2
Oct  7 08:59:46 www sshd[2397]: pam_unix(sshd:session): session opened for user root by (uid=0)
Oct  7 08:59:46 www sshd[2433]: Accepted password for root from 192.168.150.1 port 5678 ssh2
Oct  7 08:59:46 www sshd[2433]: pam_unix(sshd:session): session opened for user root by (uid=0)
Oct  7 09:06:37 www gdm-password]: pam_unix(gdm-password:session): session opened for user root by (uid=0)
Oct  7 09:06:40 www polkitd[938]: Unregistered Authentication Agent for unix-session:c1 (system bus name :1.35, object path /org/freedesktop/PolicyKit1/AuthenticationAgent, locale zh_CN.UTF-8) (disconnected from bus)
Oct  7 09:06:41 www polkitd[938]: Registered Authentication Agent for unix-session:5 (system bus name :1.77 [/usr/bin/gnome-shell], object path /org/freedesktop/PolicyKit1/AuthenticationAgent, locale zh_CN.UTF-8)
```

在另一个终端中切换用户：

```
[root@www ~]# su - user
上一次登录：三 8月 10 10:08:45 CST 2022pts/0 上
```

回到原终端查看日志：

```
Oct  7 09:14:51 www su: pam_unix(su-l:session): session opened for user user by root(uid=0)
```

说明：“tail”命令的“-f”选项可以实时显示出日志中新增加的内容。当发生切换用户的操作时，secure 日志产生了一条新的记录，提示 root 用户执行了“su”命令。

步骤 2：查看新增一个用户的日志显示信息。

```
[root@www ~]# useradd loguser
[root@www ~]# passwd loguser
更改用户 loguser 的密码 。
新的 密码：
无效的密码： 密码少于 8 个字符
重新输入新的 密码：
passwd：所有的身份验证令牌已经成功更新。
[root@www ~]# tail /var/log/secure
Oct  7 08:59:46 www sshd[2433]: Accepted password for root from 192.168.150.1 port 5678 ssh2
Oct  7 08:59:46 www sshd[2433]: pam_unix(sshd:session): session opened for user root by (uid=0)
Oct  7 09:06:37 www gdm-password]: pam_unix(gdm-password:session): session opened for user root by (uid=0)
Oct  7 09:06:40 www polkitd[938]: Unregistered Authentication Agent for unix-session:c1 (system bus name :1.35, object path /org/freedesktop/PolicyKit1/AuthenticationAgent, locale zh_CN.UTF-8) (disconnected from bus)
Oct  7 09:06:41 www polkitd[938]: Registered Authentication Agent for unix-session:5 (system bus name :1.77 [/usr/bin/gnome-shell], object path /org/freedesktop/PolicyKit1/AuthenticationAgent, locale zh_CN.UTF-8)
Oct  7 09:14:51 www su: pam_unix(su-l:session): session opened for user user by root(uid=0)
Oct  7 09:20:18 www useradd[3605]: new group: name=loguser, GID=2006
Oct  7 09:20:18 www useradd[3605]: new user: name=loguser, UID=2006, GID=2006, home=/home/loguser, shell=/bin/bash
Oct  7 09:20:25 www passwd: pam_unix(passwd:chauthtok): password changed for loguser
Oct  7 09:20:25 www passwd: gkr-pam: couldn't update the login keyring password: no old password was entered
```

说明：在/var/log/secure 日志中最后四行是创建用户时产生的相应日志。

9.1.4 Facility 与 Priority

rsyslog 服务通过 Facility（日志设施）来定义日志的消息来源，方便对日志分类。Facility 根据功能或程序对日志进行分类，并有专门的工具负责记录日志。Facility 日志分类如表 9.1 所示。

表 9.1　Facility 日志分类

Facility	说明	Facility	说明
auth	授权日志信息	mail	邮件日志信息
authpriv	认证日志信息	mark	标签日志信息

续表

Facility	说明	Facility	说明
cron	定时任务日志信息	syslog	日志服务本身信息
daemon	进程日志信息	news	新闻日志信息
kern	内核日志信息	security	系统安全日志信息
lpr	打印日志信息	user	用户日志信息
ftp	FTP 日志信息	local	自定义的日志信息

rsyslog 服务的配置文件为/etc/rsyslog.conf，该文件中详细记录了各项日志操作的具体信息。rsyslog 配置文件中的日志配置规则如下。

```
Facility.priority      log_location
设备.优先级            动作
[root@www ~]# cat /etc/rsyslog.conf | grep  ^[^#]
$ModLoad imuxsock # provides support for local system logging (e.g. via logger command)
$ModLoad imjournal # provides access to the systemd journal
$WorkDirectory /var/lib/rsyslog
$ActionFileDefaultTemplate RSYSLOG_TraditionalFileFormat
$IncludeConfig /etc/rsyslog.d/*.conf
$OmitLocalLogging on
$IMJournalStateFile imjournal.state
*.info;mail.none;authpriv.none;cron.none       /var/log/messages
authpriv.*                                     /var/log/secure
mail.*                                         -/var/log/maillog
cron.*                                         /var/log/cron
*.emerg                                        :omusrmsg:*
uucp,news.crit                                 /var/log/spooler
local7.*                                       /var/log/boot.log
```

说明：

（1）“-/var/log/maillog”中的“-”表示不需要等待日志同步，不需要真正写入硬盘。因为电子邮件的日志一般比较多，一天中可能有几十万名用户在使用电子邮件，没必要一定等到数据完全同步。

（2）“.*”表示所有，即这个服务的所有日志都存放到后面的位置。

（3）“*.info;mail.none;authpriv.none;cron.none /var/log/messages”表示所有 Facitlity 的 info 级别的记录及 info 级别以上的记录都会存放到 /var/log/messages 目录中，除了电子邮件的所有信息、认证的所有信息、定时任务的所有信息。

（4）“authpriv.* /var/log/secure”表示认证的所有信息都会存放到/var/log/secure 日志中。

实例 1： 修改安全信息对应的日志存储位置，并测试。

步骤 1： 创建目录与文件。

```
[root@www ~]# mkdir /logtest
[root@www ~]# touch /logtest/secure
```

步骤 2： 修改/etc/rsyslog.conf 配置文件中安全日志的存放位置。

```
[root@www ~]# cat /etc/rsyslog.conf | grep auth
# Don't log private authentication messages!
*.info;mail.none;authpriv.none;cron.none              /var/log/messages
```

```
# The authpriv file has restricted access.
authpriv.*                                          /logtest/secure
```

步骤3： 测试修改效果。

```
终端1:
[root@www ~]# systemctl restart rsyslog
[root@www ~]# setenforce 0
终端2:
[root@www ~]# su - user
上一次登录：五 10月  7 09:37:30 CST 2022pts/2 上
[user@www ~]$ exit
退出登录
[root@www ~]# su - loguser
上一次登录：五 10月  7 09:37:34 CST 2022pts/2 上
终端1的日志显示：
[root@www ~]# tail -f /logtest/secure
Oct  7 09:39:21 www su: pam_unix(su-l:session): session opened for user
user by root(uid=0)
Oct  7 09:39:21 www su: pam_unix(su-l:session): session closed for user
user
Oct  7 09:39:24 www su: pam_unix(su-l:session): session opened for user
loguser by root(uid=0)
```

说明： 在上面的配置中，将安全日志的存放位置由secure日志修改为/logtest/secure文件，这个实例有以下两个要注意的地方。

（1）修改完/etc/rsyslog.conf文件后，一定要重启rsyslog服务。

（2）将系统的SELinux模式设置为“Permissive”，否则无法向新的日志文件中写入内容，查看服务状态可以看到一条报错信息：“file '/logtest/secure': open error: Permission denied [v8.24.0-38.el7 try http://www.***.com/e/2433]”。

rsyslog服务对日志源的管理除了使用Facility进行分类管理，对于同一日志源产生的消息，还要根据日志源的重要程度进行优先级别划分。优先级别共分为以下8个等级。

- Emergency：紧急级别，表示系统已经不可用，这种日志是最严重的，一般这种情况出现在使用日志服务器时，发送日志的机器系统已经不能使用。
- Alert：报警级别，这种级别的日志需要立即处理，严重级别仅次于Emergency，如果不及时处理，则很可能导致系统无法使用。
- Critical：风险级别，表示系统出现严重错误，不至于造成灾难性的后果，但是错误程度比较高。
- Error：错误信息，相当于程序中的错误信息，表示系统出现了错误但可以改正，一旦改正完成将不会造成影响。
- Warning：一般警告级别，表示系统在运行某些程序时由于环境不具备，或者一些其他原因造成的警告信息，它一般不会对系统的运行产生影响。
- Notice：正常信息，但是比较重要。
- Informational：最正常的信息。
- Debug：调试信息。

9.1.5 日志服务器的应用

在 Linux 操作系统的运维过程中，日志很重要也非常有用。系统管理员往往通过日志对 Linux 服务器进行监管。当一些设备出现故障或者操作错误时，查看日志是排除故障中至关重要的步骤。

在日常的小事件中，日志可能起不到至关重要的作用，但在系统安全相关的问题中，日志的作用非常重要。例如，服务器瘫痪了，什么原因造成瘫痪的，受到了来自哪个 IP 地址的攻击，这个攻击者做了哪些破坏，通过查看日志你都能找到答案。讲解到这里可能有些读者认为这样的描述不严谨，系统瘫痪了还能查看到日志吗？当然，如果在单个主机上接收日志，那就要看机器的破坏程度。为了更好地对日志进行保护，一般将日志信息保存到专门用于存储的日志服务器上，由日志服务器对日志进行统一的管理、查找与分析。这个日志服务器一般被存放在数据中心，有着严格的保护措施。接下来介绍如何搭建、配置与管理日志服务器。

搭建、配置与管理日志服务器首先要准备相应的服务器硬件，然后在准备的硬件基础的 Linux 操作系统下安装日志服务器，接着设置如何从主机上获取日志，最后进行简单的测试，用来检验日志管理。

日志服务器的架构如图 9.2 所示。

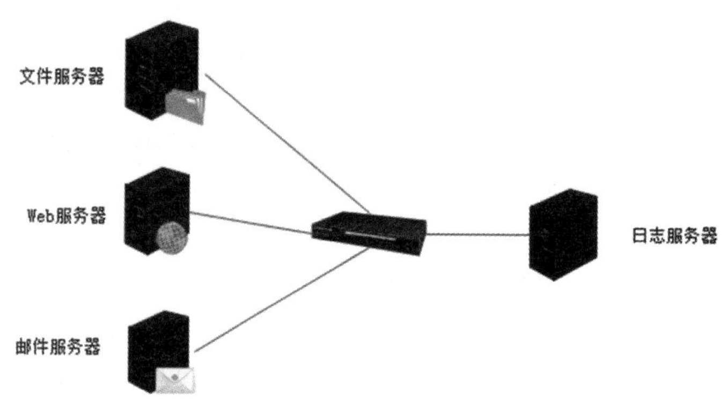

图 9.2 日志服务器的架构

接下来进行日志服务器的搭建、配置、管理与测试。

步骤 1： 客户端设置。

在客户端的/etc/rsyslog.conf 配置文件中，注释掉“*.info;mail.none;authpriv.none;cron.none”和“authpriv.*”两行，增加“*.* @192.168.150.100”行。

```
[root@client1 ~]# cat /etc/rsyslog.conf | grep 192.168.150.100
*.*                                            @192.168.150.100
[root@client1 ~]# systemctl restart rsyslog
```

说明：

（1）“@”后面为 IP 地址，表示将客户端的所有日志信息保存到“@”后面的 IP 地址对应的日志服务器主机上。

（2）“@”表示采用 UDP 进行数据传输，“@@”表示采用 TCP 进行数据传输。UDP 传输效率比较高，但是 TCP 传输更有保障。

步骤 2：服务器端设置。

```
[root@www ~]# vim /etc/rsyslog.conf
$ModLoad imudp
$UDPServerRun 514
$ModLoad imtcp
$InputTCPServerRun 514
```

说明：

（1）$ModLoad imudp：开启支持 UDP 的模块。

（2）$UDPServerRun 514：允许接收 UDP 的 514 端口传来的日志。

（3）ModLoad imtcp：开启支持 TCP 的模块。

（4）$InputTCPServerRun 514：允许接收 TCP 的 514 端口传来的日志。

修改/etc/rsyslog.conf/配置文件，开启两个模块和协议支持的端口。日志服务器需要载入合适的 TCP 和 UDP 插件来支持接收系统日志，载入的这两个模块支持监听 TCP 和 UDP 的端口，并且指定由哪个端口接收事件。在这种情况下，可以使用 TCP 和 UDP 的 514 端口，还需要确认本地防火墙是否开启。

步骤 3：重启服务并设置防火墙规则。

```
[root@www ~]# systemctl restart rsyslog
[root@www ~]# firewall-cmd --add-port=514/tcp
success
[root@www ~]# firewall-cmd --add-port=514/udp
success
```

步骤 4：测试。

```
客户端
 [root@client1 ~]# logger -p info "This is a log message from client1"
```

说明：“logger”命令用来生成一条日志写到日志服务器中；“-p”用来指定日志的级别。在本例中日志是 info 级别；双引号中的内容为写入的日志的信息。

```
服务器端
[root@www ~]# tail /var/log/messages
……
Oct  7 09:57:17 client1 systemd: Stopped System Logging Service.
Oct  7 09:57:17 client1 systemd: Starting System Logging Service...
Oct  7 09:57:17 client1 rsyslogd: [origin software="rsyslogd" swVersion=
"8.24.0-38.el7" x-pid="4328" x-info="http://www.rsyslog.com"] start
Oct  7 09:57:17 client1 systemd: Started System Logging Service.
Oct  7 09:57:19 client1 root: This is a log message from client1
```

说明：以上内容忽略了不相关的内容。通过服务器端的输出可以看到客户端重启服务，以及通过“logger”命令写入的日志信息。

9.2　DHCP 服务器

在配置企业网络时，如果让管理员逐台为员工计算机配置 IP 地址，则工作量会非常大，而且容易因为操作失误引起 IP 地址冲突。另外，如果网络内的计算机变动比较多，比如有很多笔记本电脑等移动设备经常更换上网地点，则需要随时更改 IP 地址。而如果有员工长期出差，则其计算机在关机的情况下也要占用一个 IP 地址，显然这会造成 IP 地址的浪费。因此，当一个企业内部除了少数服务器或具备某些功能的计算机需要固定的 IP 地址，其他计算机通过 DHCP 服务器来动态管理和分配 IP 地址时，可以简化管理员的工作，也方便计算机用户。本节将介绍 DHCP 的基础知识与 DHCP 服务器的配置。

9.2.1 DHCP 的基础知识

在这个全面拥抱移动互联网的时代，人们已经彻底离不开网络。一个设备与网络相连需要有一个独立的 IP 地址。但是经常遇到这样的情况：当我们携带笔记本电脑到分公司或其他公司需要上网时；当我们旅游在外，在宾馆的房间需要上网时；当我们使用手机或平板电脑在餐厅、咖啡馆使用免费 Wi-Fi 时，将计算机或移动设备接入网络，并没有要求输入 IP 地址。其实在未接入网络时，我们并不能够完全知道该网络环境的 IP 地址。

在很多情况下，我们的笔记本电脑、手机、平板电脑等设备在接入网络时确实并没有指定 IP 地址，但能够连接网络，这是因为设备已经获取了 IP 地址，这就是 DHCP 服务器的作用。其实，DHCP 服务器的作用远不止这些，在本教材的模拟环境（VMware Workstation）下，当使用 NAT 方式设置虚拟机网络时，就需要 VMware Workstation 提供的 DHCP 服务器来为虚拟系统分配 IP 地址，而 Linux 操作系统的无人值守批量安装操作系统，也需要 DHCP 服务器的支持。下面详细介绍 DHCP 服务器。

DHCP（Dynamic Host Configuration Protocol，动态主机配置协议）是局域网常用的协议，在应用层工作，使用 UDP 的 67 端口实现控制报文的传递。它可以为客户端自动分配 IP 地址、子网掩码、默认网关和 DNS 等参数。现在普通家庭使用的宽带上网及家用路由器均支持 DHCP 分配 IP 地址。

1. DHCP 的工作过程

DHCP 基于客户端/服务器模式。安装了 DHCP 服务软件的服务器被称为“DHCP 服务器”，启用了 DHCP 功能的客户端被称为“DHCP 客户端”。当 DHCP 客户端启动时，它会自动与 DHCP 服务器通信，由 DHCP 服务器为 DHCP 客户端提供自动分配 IP 地址的服务。

DHCP 服务器负责集中管理所有 DHCP 客户端的 IP 地址指定，并负责处理 DHCP 客户端的 DHCP 请求，DHCP 客户端只能使用 DHCP 服务器分配给它的信息。DHCP 服务器提供 3 种 IP 地址分配模式：自动分配、动态分配和手动分配。自动分配是指当 DHCP 客户端第一次成功从 DHCP 服务器获得一个 IP 地址后永久使用这个 IP 地址；动态分配是指当 DHCP 客户端获取到 DHCP 服务器为其分配的 IP 地址后并不是永久使用该 IP 地址，每次使用完毕，DHCP 客户端会释放这个 IP 地址，留给其他 DHCP 客户端使用；手动分配是由管理员指定 IP 地址，这种情况不常用。

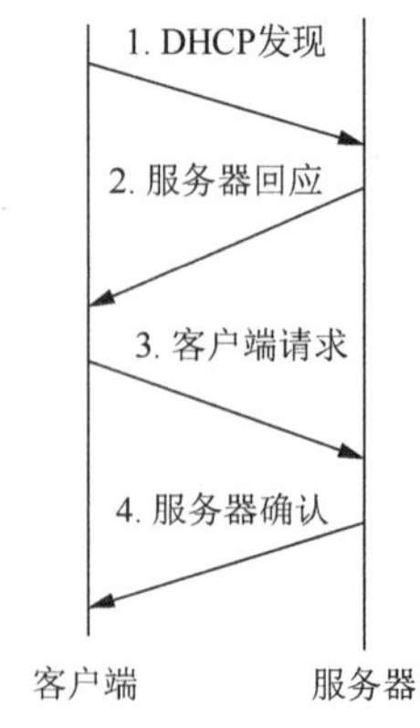

图 9.3　DHCP 的工作过程

DHCP 使用两个常用端口，分别为 67 端口和 68 端口。其中 67 端口作为 DHCP 服务器的端口，68 端口作为 DHCP 客户端的端口。DHCP 的工作过程如图 9.3 所示。

（1）如果局域网中存在 DHCP 服务器，则当 DHCP 客户端第一次登录网络时，DHCP 客户端发现本身没有任何 IP 地址的指定信息，就会使用广播的方式在网络中发送 DHCP 的“discover”信息，寻找附近的 DHCP 服务器，局域网内所有使用 TCP/IP 的主机都能收到这条广播信息，但只有 DHCP 服务器才会回应。

（2）当 DHCP 服务器收到客户端的广播信息后，查找 DHCP 服务器上的 IP 地址分配情况，在未被分配并非保留 IP 地址中拿出一个 IP 地址，以单播的方式向 IP 客户端回应，且提供相应的网络地址参数，包括 IP 地址、子网掩码、默认网关、DNS 服务器的 IP 地址等。

（3）DHCP 客户端在收到 DHCP 服务器发送的网络参数后进行选择，并以广播的方式发送，由于此时尚未成功获取 IP 地址，因此还是以广播的方式发送，发送的内容中包含了选定 DHCP 服务器请求的 IP 地址的信息。

（4）DHCP 服务器在收到 DHCP 客户端选择信息后予以确认（DHCP ACK），告诉 DHCP 客户端可以使用它提供的 IP 地址与相关信息，此时 DHCP 客户端将完成 TCP/IP 信息与网卡绑定，并最终完成获取。

说明：DHCP 还有一个常用端口 546，作为 DHCPv6 客户端的端口。由于 IPv6 中已经没有了广播地址，因此 DHCPv6 的工作方式与本节讲述的 DHCPv4 工作方式有所不同，但与本教材无关，因此不再赘述。如无特别说明，本教材中的 DHCP 均指 DHCPv4。

DHCP 的具体工作过程如下。

（1）如果系统设置的是 DHCP 客户端在开机时自动获取 IP 地址，则它会以广播的方式发送一个 DHCP DISCOVER，即发送一个目标 IP 地址为 255.255.255.255 的数据包，这个地址是广播地址，因此局域网内的所有主机都会接收到该数据包。这样，局域网内的 DHCP 服务器会收到 DHCP 客户端的请求，而其他普通计算机则会忽略该消息，因为其不具有分配地址的功能。

（2）DHCP 服务器在收到该消息后，会对 DHCP 客户端使用“DHCP OFFER”做出回应。由于此时 DHCP 客户端尚未获取到 IP 地址，因此 DHCP 服务器的回应是根据该 DHCP 客户端的 MAC 地址进行设置的。DHCP 服务器做出回应依据以下三个方面。

- 查看 DHCP 服务器设置的针对该 DHCP 客户端的 MAC 地址是否绑定了 IP 地址，如果绑定了，就将该 IP 地址分配给该 DHCP 客户端。由于在实际应用中，我们希望局域网内某些特殊机器获取的 IP 地址是固定的，因此 DHCP 服务器提供了 MAC 地址与 IP 地址的绑定功能。这样，被绑定的 IP 地址只会分配给该机器。
- 查看服务器日志文件，寻找该机器是否曾经通过 DHCP 服务器获取过某个 IP 地址。如果有记录，并且该 IP 地址尚未被分配，则将此 IP 地址提供给 DHCP 客户端。这也是办公室的机器总是获取相同 IP 地址的原因。
- 如果上面两个条件都不满足，则 DHCP 服务器会从 IP 地址池中将尚未使用的 IP 地址分配给该 DHCP 客户端。

（3）DHCP 客户端在接收到 DHCP 服务器的单播信息后，如果接受该 DHCP 服务器提供的租约，就会根据该服务器提供的网络参数（IP 地址、子网掩码、网段、默认网关、DNS

服务器的 IP 地址等）设置机器，同时发送广播来确认该租约。这里要注意一种特殊情况，即局域网内不止有一台 DHCP 服务器。如果出现这样的情况，则一般情况下 DHCP 客户端会接受最先提供租约的 DHCP 服务器分配的网络参数，即先到先得。因此，读者在搭建 DHCP 服务器时，不要在已经存在 DHCP 服务器的局域网中进行测试，以免影响到该局域网的使用，或者在测试 DHCP 服务器时遇到麻烦。

（4）DHCP 服务器在收到 DHCP 客户端的回馈后，会发送单播信息给 DHCP 客户端确认该信息。同时，会告知 DHCP 客户端分配的网络参数的租期，并开始计时。

2. DHCP 的租期

DHCP 服务器是以 IP 地址租约的方式为 DHCP 客户端提供服务的，它有限定租期和永久租用两种方式。

DHCP 服务器在给 DHCP 客户端分配网络参数时，DHCP 客户端并非永久占有该 IP 地址，而是有一个期限，这个时期称为租期。DHCP 的租期如图 9.4 所示。

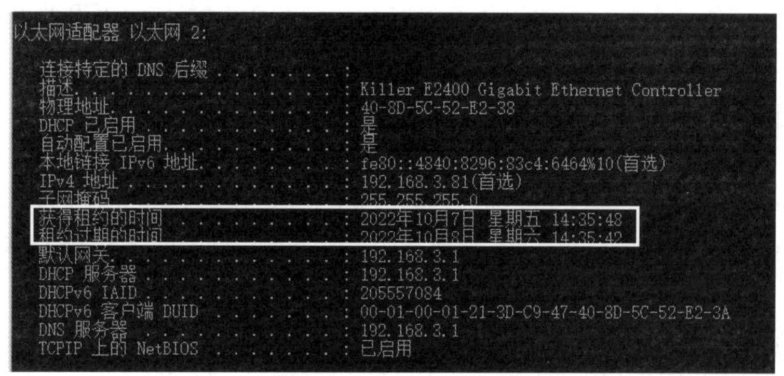
```
以太网适配器 以太网 2:

   连接特定的 DNS 后缀 . . . . . . . :
   描述. . . . . . . . . . . . . . . : Killer E2400 Gigabit Ethernet Controller
   物理地址. . . . . . . . . . . . . : 40-8D-5C-52-E2-38
   DHCP 已启用 . . . . . . . . . . . : 是
   自动配置已启用. . . . . . . . . . : 是
   本地链接 IPv6 地址. . . . . . . . : fe80::4840:8296:83c4:6464%10(首选)
   IPv4 地址 . . . . . . . . . . . . : 192.168.3.81(首选)
   子网掩码  . . . . . . . . . . . . : 255.255.255.0
   获得租约的时间  . . . . . . . . . : 2022年10月7日 星期五 14:35:48
   租约过期的时间  . . . . . . . . . : 2022年10月8日 星期六 14:35:42
   默认网关. . . . . . . . . . . . . : 192.168.3.1
   DHCP 服务器 . . . . . . . . . . . : 192.168.3.1
   DHCPv6 IAID . . . . . . . . . . . : 205557084
   DHCPv6 客户端 DUID  . . . . . . . : 00-01-00-01-21-3D-C9-47-40-8D-5C-52-E2-3A
   DNS 服务器  . . . . . . . . . . . : 192.168.3.1
   TCPIP 上的 NetBIOS  . . . . . . . : 已启用
```

图 9.4　DHCP 的租期

如果租期时间到了，并且 DHCP 客户端没有重新续租该 IP 地址，DHCP 服务器就会将该 IP 地址收回。当 IP 地址的租期达到 50%以上时，DHCP 客户端会发送一个单播的续租请求给 DHCP 服务器，请求保留获取的网络参数并延长租期。如果 DHCP 服务器收到该请求并同意续租，则会发送一个确认包给 DHCP 客户端。如果在租期还剩 50%的时间中 DHCP 客户端没有续租成功，则在租期达到 87.5%时，DHCP 客户端还会发送一次广播的地址请求。

3. DHCP 中继

很多读者可能存在这样一个疑问：如果本单位存在着多个局域网，是不是需要每个局域网都搭建一个 DHCP 服务器呢？

DHCP 客户端使用广播数据包来请求 IP 地址，而广播是不能跨越网段的，因此，看起来每个局域网都需要架设一个 DHCP 服务器才可以解决问题，但是这样做很浪费资源。假如一个办公室就是一个局域网，而且只有十几台计算机，那么每个局域网都搭建一台 DHCP 服务器不仅浪费，还增加了管理员管理和维护的成本，这并不是一个明智的选择。

通过 DHCP 中继（DHCP Relay，又称 DHCP 中继代理）可以解决这个问题。DHCP 中继可以实现在不同的物理网段和子网之间处理和转发 DHCP 请求，过程如下。

（1）当 DHCP 客户端启动时，会在当前局域网内发送广播信息和 DHCP 请求。

（2）本地网络如果不存在 DHCP 服务器，本地网络中配置了 DHCP 中继的网络设备则将该请求数据包转换为单播数据包，并将请求转发给其他网络上的 DHCP 服务器。

（3）DHCP 服务器收到请求后会将配置信息发送给该网段中的中继，并由中继发送给发送请求的 DHCP 客户端，完成配置。

9.2.2　DHCP 服务器的配置

DHCP 随机分配地址

1．安装 DHCP 服务器

下面的实例中列出了如何查看系统中安装的 DHCP 软件包，以及如何使用 YUM 仓库安装 DHCP 服务器。

```
[root@www ~]# rpm -qa | grep dhcp
dhcp-libs-4.2.5-77.el7.centos.x86_64
dhcp-common-4.2.5-77.el7.centos.x86_64
[root@www ~]# yum install dhcp -y
……省略安装过程
[root@www ~]# rpm -qa | grep dhcp
dhcp-common-4.2.5-83.el7.centos.1.x86_64
dhcp-4.2.5-83.el7.centos.1.x86_64
dhcp-libs-4.2.5-83.el7.centos.1.x86_64
```

安装完成后，再查看就会发现 DHCP 服务器已经被成功安装在系统中了，同时可以看到该服务器的版本号和架构等信息。

DHCP 分配固定地址

2．DHCP 配置文件

1）主配置文件/etc/dhcp/dhcpd.conf

与大多数服务器一样，DHCP 服务器的主配置文件也是放存在/etc 目录下的，dhcpd.conf 文件是分配 IPv4 地址的主配置文件，dhcpd6.conf 是分配 IPv6 地址的主配置文件，这里不再赘述，其他三个都是文件夹，其中放置着一些脚本文件，不在本教材的讨论范围内。

```
[root@www ~]# ls /etc/dhcp/
dhclient.d  dhclient-exit-hooks.d  dhcpd6.conf  dhcpd.conf  scripts
```

当第一次打开 dhcpd.conf 文件时，会发现里面没有配置信息，只有以下几行注释。

```
[root@www ~]# cat /etc/dhcp/dhcpd.conf
cat /etc/dhcp/dhcpd.conf
#
# DHCP Server Configuration file.
#   see /usr/share/doc/dhcp*/dhcpd.conf.example
#   see dhcpd.conf(5) man page
```

由上述内容可以看出，主配置文件的样本配置文件为/usr/share/doc/dhcp*/dhcpd.conf.sample。其中，“*”代表 DHCP 服务器当前的版本号，在实际配置中，可以将该样本配置文件复制过来，并改名为“dhcpd.conf”，覆盖原来的空白配置文件，也可以将样本配置文件中的内容按照需求，部分复制到空白的主配置文件中。在实际应用中，推荐大家采用第二种方法。

下面，对 DHCP 配置文件/etc/dhcp/dhcpd.conf 的格式、语法及内容进行详细的解释。DHCP 配置文件的通用格式如下。

```
选项/参数# 这些选项/参数全局有效
声明{
        选项/参数# 这些选项/参数局部有效
    }
```

DHCP 配置文件中的参数（parameter）用来表明如何执行任务、是否要执行任务，或者将哪些网络配置选项发送给客户端，配置文件参数如表 9.2 所示。

表 9.2　配置文件参数

参数	解释
ddns-update-style	配置 DHCP-DNS 互动更新模式
default-lease-time	指定默认租赁时间的长度，单位是秒
max-lease-time	指定最大租赁时间的长度，单位是秒
hardware	指定网卡接口类型和 MAC 地址
server-name	通知 DHCP 客户端服务器名称
get-lease-hostnames flag	检查 DHCP 客户端使用的 IP 地址
fixed-address ip	分配给 DHCP 客户端一个固定的 IP 地址
authritative	拒绝不正确的 IP 地址要求

DHCP 配置文件中的声明（declaration）用来描述网络布局、提供 DHCP 客户端的 IP 地址等，配置文件声明如表 9.3 所示。

表 9.3　配置文件声明

声明	解释
shared-network	告知一些子网络是否分享相同网络
subnet	描述一个 IP 地址是否属于该子网
range 起始 IP 地址 终止 IP 地址	提供动态分配 IP 地址的范围
host 主机名称	针对某台有特殊要求的主机设置
group	为一组参数提供声明
allow unknown-clients；deny unknown-client	是否动态分配 IP 地址给未知的使用者
allow bootp;deny bootp	是否响应激活查询
allow booting；deny booting	是否响应使用者查询
filename	开始启动文件的名称，应用于无盘工作站
next-server	设置服务器从引导文件中装入主机名称，应用于无盘工作站

说明：子网设置以 subnet ipnetmask 掩码开始，在一对大括号内设置该子网的相应配置。子网内的配置文件主要包括如下声明。

- range 起始 IP 地址 终止 IP 地址：该声明表示在当前子网内，可以通过 DHCP 分配给 DHCP 客户端的 IP 地址范围。例如，将 10.1.1.100～10.1.1.200 内的 IP 地址通过 DHCP 分配给 DHCP 客户端，可以写成“range 10.1.100　10.1.1.200”。
- host 主机名称{}：该声明是针对某台有特殊要求的主机设置的，当需要给这台特殊的主机一个固定的 IP 地址时，可以配置该项，主机名称可以自己设置。在该项配置里需要设置如下两个内容。
  - hardware ethernet MAC 地址：将这台特殊主机的 MAC 地址写在里面。
  - fixed-address IP 地址：将需要单独分配给这台主机的 IP 地址写在里面。

DHCP 配置文件中的选项（option）用来配置 DHCP 可选参数，全部以关键字“option”开始，配置文件选项如表 9.4 所示。

表 9.4　配置文件选项

选项	解释
subnet-mask	为 DHCP 客户端设定子网掩码
domain-name	为 DHCP 客户端指明 DNS 名称
domain-name-servers	为 DHCP 客户端指明 DNS 服务器的 IP 地址
host-name	为 DHCP 客户端指定主机名称
routers	为 DHCP 客户端设定默认网关
broadcast-address	为 DHCP 客户端设定广播地址
ntp-server	为 DHCP 客户端设定网络时间服务器的 IP 地址
time-offset	为 DHCP 客户端设定与格林尼治时间的偏移时间，单位是秒

2）/var/lib/dhcp/dhcpd.leases 文件

该文件记录的是所有 DHCP 客户端获取 IP 地址的租期起止时间，因此，在初始情况下，此文件是空白的。

3．DHCP 配置过程

按照如下参数配置 DHCP。

- DHCP 服务器的 IP 地址为 192.168.150.100。
- 当前的局域网内使用的 IP 地址网段为 192.168.150.0/24。
- 默认租期为 1 天，最长为 2 天。
- 网关及 DNS 服务器的 IP 地址都设置为 192.168.150.2。
- 可分配 IP 地址段为 192.168.150.31～192.168.150.40。
- 给指定 MAC 地址的主机固定分配的 IP 地址为 192.168.150.50。

主配置文件如下。

1）全局设定

```
[root@www ~]# cat /etc/dhcp/dhcpd.conf
#
# DHCP Server Configuration file.
#   see /usr/share/doc/dhcp*/dhcpd.conf.example
#   see dhcpd.conf(5) man page
#
option domain-name "***.com";
option domain-name-servers 192.168.150.2;
default-lease-time 86400;
max-lease-time 172800;
option routers 192.168.150.2;

subnet 192.168.150.0 netmask 255.255.255.0 {
   range 192.168.150.31 192.168.150.40;
}
```

2）启动 DHCP 服务并配置防火墙规则

```
[root@www ~]# systemctl start dhcpd
```

```
[root@www ~]# firewall-cmd --add-service=dhcp
Success
```

说明：本实例中采用临时允许 DHCP 服务的方式配置，如果需要永久添加 DHCP 服务到防火墙允许的规则中，则需要加上“-permanent”关键字，并重新载入防火墙规则。

在客户端配置网卡时，采用 DHCP 方式获取地址，进行测试。

```
[root@client1 ~]# cat /etc/sysconfig/network-scripts/ifcfg-ens33 | grep BOOT
BOOTPROTO=dhcp
ONBOOT=yes
```

重启网络服务并查看网卡的地址。

```
[root@client1 ~]# systemctl restart network
[root@client1 ~]# ip addr show ens33
2: ens33: <BROADCAST,MULTICAST,UP,LOWER_UP> mtu 1500 qdisc pfifo_fast state UP group default qlen 1000
    link/ether 00:0c:29:51:24:d9 brd ff:ff:ff:ff:ff:ff
    inet 192.168.150.31/24 brd 192.168.150.255 scope global noprefixroute dynamic ens33
       valid_lft 86394sec preferred_lft 86394sec
    inet6 fe80::92f4:ddab:12da:3c97/64 scope link noprefixroute
       valid_lft forever preferred_lft forever
```

说明：在命令输出中可以看到客户端的 IP 地址是地址池中的第一个地址。

3）配置与测试 MAC 地址与 IP 地址绑定

在 DHCP 服务器的主配置文件中增加如下配置。

```
[root@www ~]# cat /etc/dhcp/dhcpd.conf
……
host client1 {
  hardware ethernet 00:0c:29:51:24:d9;
  fixed-address 192.168.150.50;
}
```

说明：DHCP 客户端的 MAC 地址可以使用“ip”命令查看，在上面查看 DHCP 客户端的 IP 地址时，细心的读者应该也能找到该网卡的 MAC 地址。

重启服务并在 DHCP 客户端重新获取 IP 地址并查看结果。

```
服务器端：
[root@www ~]# systemctl restart dhcpd
客户端：
[root@client1 ~]# systemctl restart network
[root@client1 ~]# ip addr show ens33
2: ens33: <BROADCAST,MULTICAST,UP,LOWER_UP> mtu 1500 qdisc pfifo_fast state UP group default qlen 1000
    link/ether 00:0c:29:51:24:d9 brd ff:ff:ff:ff:ff:ff
    inet 192.168.150.50/24 brd 192.168.150.255 scope global noprefixroute dynamic ens33
       valid_lft 86398sec preferred_lft 86398sec
    inet6 fe80::92f4:ddab:12da:3c97/64 scope link noprefixroute
       valid_lft forever preferred_lft forever
```

说明：从查看结果可以看到，DHCP 客户端的 IP 地址已经变成了“192.168.150.50”，该地址是与其 MAC 地址绑定的，不属于地址池范围的单独地址。

需要注意，因为虚拟机软件自带 DHCP 功能，使用 NAT 模式联网时会自动给网卡分配 IP 地址，当网络中存在多个 DHCP 服务器时，DHCP 客户端获取的 IP 地址是随机的，取决于第一个响应 DHCP 客户端请求的 DHCP 服务器是哪一台，所以在进行实验时，需要先关闭虚拟机自带的 DHCP 功能，以 VMWare Workstation 为例，具体做法如下。

在虚拟机界面中选择“编辑”→“虚拟网络编辑器”选项，在打开的“虚拟网络编辑器”对话框中取消勾选“使用本地 DHCP 服务将 IP 地址分配给虚拟机”复选框，如图 9.5 所示，单击“确定”按钮即可。

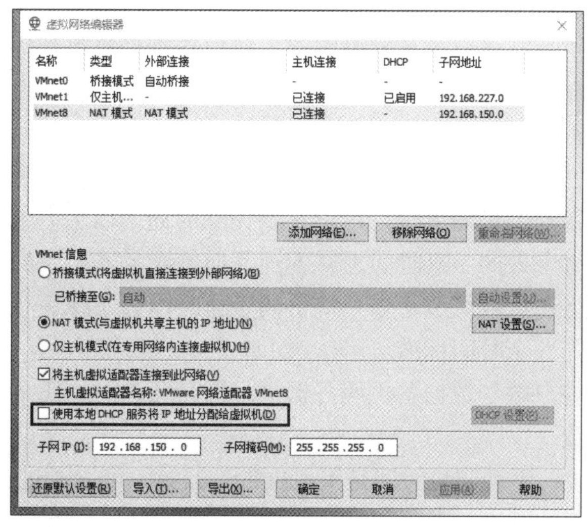

图 9.5　取消勾选“使用本地 DHCP 服务将 IP 地址分配给虚拟机”复选框

9.3　NTP 服务器

9.3.1　NTP 的基础知识

服务器与普通计算机一样，其内部记录的时间记录在系统的基本输入/输出系统（Basic Input/Output System，BIOS）中，但如果互补金属氧化物半导体（Complementary Metal-Oxide-Semiconductor，CMOS）电池没电了，或者由于某些特殊原因清除了 BIOS 参数，则会造成计算机的时间不准。另外，不同的操作系统都存在一定的时间设置问题，如果始终让计算机读取自身的 BIOS 时间，则很有可能造成本机时间与真实时间之间的差距。要想调整时间，目前最可靠的方式是将系统时间与互联网时间同步，用于同步时间的服务器就是 NTP 服务器。

NTP 服务器基础知识

1. NTP

网络时间协议（Network Time Protocol，NTP）是使互联网上的服务器与客户端时间同步的协议。它由 RFC 1305 定义，基于 UDP，端口号为 123。NTP 服务器的主要目的就是使网络内需要严格同步时间的设备的时间统一。NTP 既可以使用其他时钟源同步时间，也可以作为时钟源来同步其他设备的时间。

原本世界各地的时间并不相同，1884 年在华盛顿召开的国际经度会议上，为了克服时间混乱，会议规定将全球划分为 24 个时区。我国采用的北京时间其实是东八区的时间。

2. 需要同步时间的应用

在大部分情况下，并不需要使用时间同步，不过有一些重要的网络应用对时间有相当严格的要求，需要保证时间的精确性。因此，可以使用 NTP 保证网络设备时间的同步，应用主要如下。

- 网络日志管理：当网络设备从网络中的其他设备中采集日志信息和调试信息时，需要以时间作为参照依据。
- 定时任务：Linux 操作系统可以使用 cron 指定系统在某些时间需要做的事情，也可以指定系统每过多久需要做的事情，因此要求系统的时间准确无误。
- 计费系统：在查询手机账单时，可以看到详细的通话信息，包括打电话的起止时间及通话时长，每个人的手机时间也许不同，但是服务器记录的时间必须是一致的。
- 多系统协作：当通过网络进行多系统协同工作时，为了保证正确的执行顺序，所有系统必须使用同一个时间标准。
- 数据备份：当客户端和数据备份服务器进行增量备份时，服务器与客户端也必须在时间上保持一致。

显然在上述情况中，手动同步时间是不可能的。因此，可以通过 NTP 在网络中快速同步时间，并且保证时间的精度。

3. NTP 的工作流程

NTP 以客户端和服务器的方式进行通信，每次通信会产生两个数据包。客户端发送一个请求数据包，在服务器接收请求数据包后返回一个应答数据包。两个数据包都带有时间戳。NTP 根据这两个数据包内的时间戳来确定时间误差，并通过一系列算法来消除网络传输的不确定性的影响。

假如客户端的时间是 14:00，服务器的时间是 14:10，那么 NTP 的工作流程如下。

步骤 1：客户端发送数据包给服务器，数据包内有客户端发送数据包时的时间戳，如时间是 14:00:00。

步骤 2：如果传送时间是 1 秒，则服务器收到数据包时，加盖自己的时间戳是 14:10:01。

步骤 3：如果服务器处理时间是 1 秒，则服务器返回给客户端的数据包内的时间戳则是 14:10:02。

步骤 4：如果客户端收到服务器返回的数据包在 1 秒之后，则客户端的本地时间应该是 14:00:03。

步骤 5：客户端与服务器的时间差为 10 分钟，网络数据的传递耗费时间是 2 秒，客户端就可以根据这些时间数据进行时间更正了。

在传送数据包时，客户端和服务器可以采用点对点的方式，也可以采用多个客户端对一个服务器的广播/多播方式。处于两种方式下的客户端在初始时和服务器进行如同点对点的简短信息交换，据此对往返延时进行量化判断。此后，采用广播/多播方式的客户端只接收广播/多播消息的状态，并根据第一次信息交换的判断值修正时间。不同之处是服务器在广播方式下周期性地向广播地址发送时间刷新信号；而在多播方式下则周期性地向多播地址发送时间刷新信号。在广播/多播方式下，一个服务器可以为大量的客户端提供时间，但精度较低。

NTP 要求的资源较少，通信带宽很小。NTP 数据包的净长度 NTPv 3 下为 64 字节，在 NTPv 4 下为 72 字节；在 IP 层分别为 76 字节和 84 字节。如果采用广播方式，则服务器会以固定的间隔向客户端广播发送一个数据包；如果采用服务器/客户端方式，则通信间隔将在指定的范围内变化（一般是 64～1024 秒），同步情况越好，间隔越长。

9.3.2　NTP 的环境搭建

NTP 服务的名称为“ntpd”，主配置文件为/etc/ntp.conf。

查询和安装 NTP 服务器，命令如下。

```
[root@www ~]# rpm -qa | grep ntp
ntpdate-4.2.6p5-29.el7.centos.2.x86_64
fontpackages-filesystem-1.44-8.el7.noarch
python-ntplib-0.3.2-1.el7.noarch
ntp-4.2.6p5-29.el7.centos.2.x86_64
```

如果没有 NTP 服务器，则使用如下命令安装。

```
[root@www ~]# yum install ntp -y
```

虽然 NTP 服务器的软件架构比较简单，但是与 NTP 和时间有关的系统文件却不少。

- /etc/ntp.conf：配置 NTP 服务器的主配置文件。
- /usr/share/zoneinfo：一个重要的目录，其中存放着各时区的时间格式文件。例如，在安装 Linux 操作系统时选择的 Asia/Shanghai 时区文件就存放在/usr/share/zoneinfo/Asia/Shanghai 目录下。
- /etc/localtime：这个文件在本机中就是由/usr/share/zoneinfo/Asia/Shanghai 文件复制得到的。

9.3.3　主配置文件的设置

NTP 服务器类似于 DNS，也是分层架构的。在配置 NTP 服务器时，也需要设置一个上游服务器。我们可以先将自己的时间与上游服务器的时间同步，再将下游客户端的时间同步。

在/etc/ntp.conf 文件中，使用“restrict”命令进行控制权限的设置，格式如下。

```
restrict  ip  mask  掩码参数
```

实例：查看/etc/ntp.conf 文件中的内容。

```
[root@www ~]# cat /etc/ntp.conf | grep ^[^#]
driftfile /var/lib/ntp/drift
restrict default nomodify notrap nopeer noquery
restrict 127.0.0.1
```

```
restrict ::1
server 0.centos.pool.ntp.org iburst
server 1.centos.pool.ntp.org iburst
server 2.centos.pool.ntp.org iburst
server 3.centos.pool.ntp.org iburst
includefile /etc/ntp/crypto/pw
keys /etc/ntp/keys
disable monitor
```

在/etc/ntp.conf 文件中，参数如果没有任何设置，则表示不受任何限制。一般可以设置的参数有以下几个。

- ignore：拒绝所有 NTP 连接。
- nomodify：客户端不能修改服务器的时间参数，只能用来进行时间校准。
- noquery：不允许客户端查询服务器，即不提供服务。
- notrap：不提供远程事件日志记录功能。
- notrust：拒绝没有通过认证的客户端。

如果要设置上游服务器的 IP 地址，则可以使用“server ip”的方式进行设置，上游服务器可以设置多个，一般按照设置的先后顺序选择。如果要指定优先选择的服务器，则在该服务器 IP 地址的后面加上“prefer”关键字。

9.3.4 NTP 服务器的搭建与配置

NTP 服务器是基于 NTP 环境搭建的，也就是本实验必须在完成 NTP 环境的搭建与配置的基础上才能完成。

NTP 服务器的搭建与配置

常用网络上能够使用的 NTP 地址如下。

- 国家授时中心服务器的 IP 地址：210.72.145.44。
- 阿里云公网 NTP 服务器：ntp.aliyun.com。
- 腾讯云 NTP 服务器：time1.cloud.tencent.com。
- 国内一些大学 NTP 时间源服务器：s1a.time.edu.cn，北京邮电大学；s1b.time.edu.cn，清华大学；s1c.time.edu.cn，北京大学；s1d.time.edu.cn，东南大学；s2h.time.edu.cn，四川大学网络管理中心；s2j.time.edu.cn，大连理工大学网络与信息化中心；s2k.time.edu.cn，CERNET 桂林主节点。

实例：按照如下方式修改/etc/ntp.conf 文件。

```
[root@www ~]# cat /etc/ntp.conf | grep ^[^#]
driftfile /var/lib/ntp/drift
restrict default nomodify notrap nopeer noquery
restrict 192.168.150.100  nomodify notrap nopeer noquery
restrict 192.168.150.101  nomodify notrap
restrict 127.0.0.1
restrict ::1
server 210.72.145.44 prefer iburst
server ntp.aliyun.com iburst
includefile /etc/ntp/crypto/pw
keys /etc/ntp/keys
```

```
disable monitor
```

说明：

（1）“restrict”表示允许同步的源，其后面的参数的意义参照 9.3.3 节中的解析。

（2）“server”指向了本服务器的上游 NTP 服务器。

重启 NTP 服务并设置防火墙。

```
[root@www ~]# systemctl restart ntpd
[root@www ~]# vim /etc/ntp.conf
[root@www ~]# firewall-cmd --add-service=ntp
success
```

使用“ntpstat”命令，查看是否连接到上游 NTP 服务器并更新时间。

```
[root@www ~]# ntpstat
synchronised to NTP server (203.107.6.88) at stratum 3
   time correct to within 209 ms
   polling server every 64 s
```

说明：第一次查看时显示“unsynchronised”，说明无法使用上游 NTP 服务器，但下面的测试是成功的。通常启动 NTP 服务器后需要等待 10～15 分钟，才能与上游 NTP 服务器顺利连接。

可以看出，架设的 NTP 服务器已经连接了上游 NTP 服务器，并进行了时间调整，调整了大约 209 毫秒，并且每隔 64 秒就会进行一次时间调整。

另外，还可以使用“ntpq -p”命令查看上游 NTP 服务器的连接状态。

```
[root@www ~]# ntpq -p
     remote       refid      st t when poll reach   delay   offset  jitter
==============================================================================
 210.72.145.44  .INIT.          16 u  -   64    0    0.000    0.000   0.000
*203.107.6.88   10.137.38.86    2 u  40  64   77   19.594    1.745   2.540
```

说明：“remote”表示 NTP 服务器的 IP 地址或主机名；“refid”表示参考上游 NTP 服务器的 IP 地址；“st”表示 stratum 层；“when”表示多长时间前进行过时间同步，单位为秒；“poll”表示下次更新在多长时间之后；“delay”表示延迟时间；“offset”表示补偿时间；“jitter”表示 Linux 操作系统时间与 BIOS 硬件时间之间的差异，单位为毫秒。

在客户端与搭建的 NTP 服务器同步时间。

```
[root@client1 ~]# ntpdate 192.168.150.100
 7 Oct 21:41:18 ntpdate[11342]: adjust time server 192.168.150.100 offset
-0.010305 sec
```

说明：当前显示客户端和 NTP 服务器的时间偏差非常小，只有 0.010305 秒，读者可以修改客户端时间，将时间偏差设置得大一些，这样在使用客户端与 NTP 服务器同步时间时，可以看得更加明显。

9.4　远程管理服务器

在实际的企业应用中，系统管理工程师进行服务器管理、操作比较频繁，如果每次管理都需要去企业数据中心对服务器进行操作，则非常麻烦。所以在实际应用中，管理员会配置远程管理服务器，这样就可以在办公区界面甚至在 Internet 中进行服务器的管理。远程管理服务器通过字符终端或图形化界面等方式对服务器进行远程连接、管理与设置。当远程登录到 Linux 服务器时，将获得该服务器的 Shell，实现远程管理。

9.4.1 远程管理

远程管理指用户要管理的计算机不在本地，用户使用远程应用程序连接计算机，远程应用程序负责先将用户输入的信息传递给主机，再在对其进行远程控制的计算机上显示主机输出的所有信息。与个人计算机不同，服务器一般都在互联网数据中心（Internet Data Center，IDC）中运行，所以我们通常不会直接接触服务器硬件，而是通过各种远程管理方式对服务器进行控制。常见的远程管理应用程序有 RDP、Telnet、SSH、VNC 等，下面主要介绍 SSH 和 VNC 这两个最常用的远程管理服务器。

9.4.2 SSH 概述

Telnet 是传统的远程桌面管理程序，但是它的通信方式为明文传输，存在安全隐患，传输的数据比较容易被截获。因此，这种方式被逐渐淘汰。

SSH（Secure Shell，安全外壳）采用加密并且压缩的方式在网络上传输数据，能够防止 DNS 与 IP 地址欺骗，从而有效防止对网络传输数据的非法截获与破解。SSH 是 Linux、UNIX、MAC 及其他网络设备最常用的远程字符终端管理协议，SSH 使用密钥对数据进行加密传输，保证了数据远程管理的安全性。

SSH 采用非对称加密算法，使用 SSL 协议实现传输层的安全保护，发展到 3.0 版本后，SSL 被谷歌公司曝出有严重安全漏洞，并在自己公司相关产品中强制使用传输层安全（Transport Layer Security，TLS）协议。其实 TLS 协议的前身也是 SSL 协议，当 SSL 协议得到广泛使用时，IETF 将 SSL 协议进行了标准化，即 TLS 协议，标准化文档为 RFC 2246。TLS 协议有三个版本，分别为 1.0、1.1 与 1.2 版本，其中 TLS 的 1.0 版本对应了 SSL 协议的 3.0 版本，目前 TLS 协议的最新版本是 RFC 5246 定义的 TLS 1.2。SSH 协议工作在 OSI 模型的第四层——传输层，使用 TCP 协议，端口号是 22。OpenSSH 是 SSH 协议的一个开源程序，大多数 Linux 操作系统均使用 OpenSSH。

9.4.3 SSH 服务器的配置

SSH 的命令格式如下。

```
ssh [-l login_name] [parameter] [hostname | user@hostname] [command]
```

parameter 参数的选项如下。

- -l login_name：指定登录远程主机的用户名。
- -V：显示版本。
- -f：需要配合命令，不登录远程主机，直接发送一条命令。
- -p port：启用非标准端口连接远程主机上的端口。

在默认情况下，Linux 操作系统的 SSH 服务是默认开启的，并且防火墙也会默认放开

22 端口。因此，在保证网络畅通的基础上，即便不需要额外配置，系统也可以实现 SSH 远程登录。

实例 1： SSH 远程登录。

SSH 服务的主配置文件是/etc/ssh/sshd_config，该文件中设置了密钥文件、认证方式、转发方式、端口号等，默认不需要任何修改。

```
[root@www ~]# cat /etc/ssh/sshd_config | grep -v ^#
HostKey /etc/ssh/ssh_host_rsa_key
HostKey /etc/ssh/ssh_host_ecdsa_key
HostKey /etc/ssh/ssh_host_ed25519_key
SyslogFacility AUTHPRIV
AuthorizedKeysFile     .ssh/authorized_keys
PasswordAuthentication yes
ChallengeResponseAuthentication no
GSSAPIAuthentication yes
GSSAPICleanupCredentials no
UsePAM yes
X11Forwarding yes
AcceptEnv  LANG  LC_CTYPE  LC_NUMERIC  LC_TIME  LC_COLLATE  LC_MONETARY
LC_MESSAGES
AcceptEnv LC_PAPER LC_NAME LC_ADDRESS LC_TELEPHONE LC_MEASUREMENT
AcceptEnv LC_IDENTIFICATION LC_ALL LANGUAGE
AcceptEnv XMODIFIERS
Subsystem     sftp    /usr/libexec/openssh/sftp-server
```

在 Linux 操作系统中登录服务器，命令如下。

```
[root@client1 ~]# ssh root@192.168.150.100
root@192.168.150.100's password:
Last login: Wed Feb 15 09:26:42 2023 from 192.168.150.101
```

如果想在 Windows 操作系统中远程登录 Linux 服务器，则可以使用终端软件。常用的终端软件有 SecureCRT、PuTTY、Xshell 等，本教材采用免费的 PuTTY 进行演示，PuTTY 界面如图 9.6 所示。

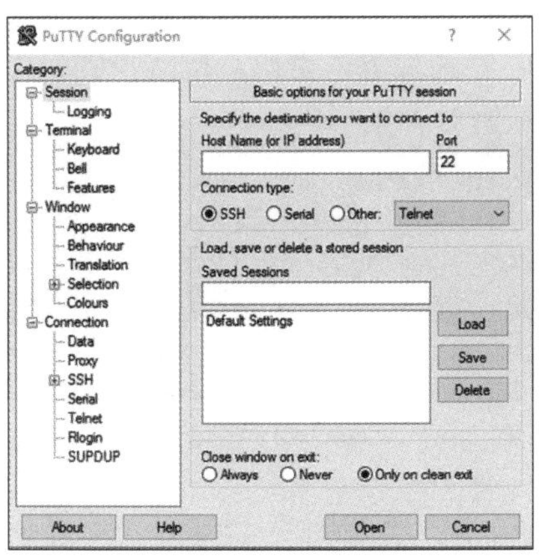

图 9.6 PuTTY 界面

在界面中的"Host Name(or IP address)"文本框中输入要远程登录的服务器的 IP 地址，

并单击下方的“Open”按钮，会弹出对话框提示是否接受主机的私钥，单击“Accept”按钮后，进入登录界面，输入用户名和密码，即可成功远程登录服务器，如图 9.7 所示。

实例 2： 使用主机名登录。

有时候在实际使用中，需要远程管理的服务器比较多，使用 IP 地址登录既不方便记忆，又不方便管理，因此使用主机名登录。使用主机名登录服务器需要解析主机名和 IP 地址的对应关系，也就是使用 DNS 服务器。在生产环境中，则会使用/etc/hosts 文件实现解析。

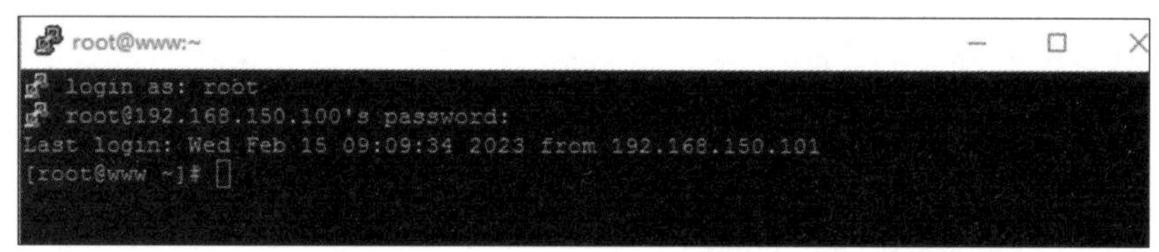

图 9.7　成功远程登录服务器

编辑/etc/hosts 文件如下。

```
[root@client1 ~]# cat /etc/hosts
127.0.0.1 localhost localhost.localdomain localhost4 localhost4.localdomain4
::1       localhost localhost.localdomain localhost6 localhost6.localdomain6
192.168.150.100 www.****.com server
```

说明： 文件中最后一行即新增加的设置：第一项是服务器的 IP 地址，第二项是服务器的主机名，第三项是服务器主机名的别名或缩写。设置完成后，使用主机别名测试登录，命令及结果如下。

```
[root@client1 ~]# ssh root@server
root@server's password:
Last login: Wed Feb 15 09:24:41 2023 from 192.168.150.101
```

实例 3： SSH 免密登录。

在前面的实例中可以看到，每次登录都需要输入密码进行登录验证，这样不仅麻烦，还无法实现一些特殊远程管理场景。例如，在 ansible 批量远程管理实践中，可能需要在一台计算机上对成百上千台服务器发出远程指令。在这种情况下，就需要使用 SSH 免密登录功能。实现远程登录的原理为将管理客户端的公钥复制到要远程管理的服务器上，这样在客户端可以直接访问服务器，不需要输入密码，配置步骤如下。

步骤 1： 生成公钥对和私钥对。

```
[root@client1 ~]# ssh-keygen
Generating public/private rsa key pair.
Enter file in which to save the key (/root/.ssh/id_rsa):
Enter passphrase (empty for no passphrase):
Enter same passphrase again:
Your identification has been saved in /root/.ssh/id_rsa.
Your public key has been saved in /root/.ssh/id_rsa.pub.
The key fingerprint is:
SHA256:bsrDZfdf3nU6cgKXN8IQ0Z283Poh1QDOQWpNIQQAv0M
root@client1.linuxserver.com
The key's randomart image is:
+---[RSA 2048]----+
```

```
|    .....o++*= . |
|    .    .B..=  |
|     E   o.+. +.|
|    . . ..   o.o|
|     o S  o ... |
|      oo o =.+. |
|    . oo. + o.o=|
|    .oo    + o+=|
|     o.     =o.o|
+----[SHA256]-----+
```

步骤 2： 将公钥复制到服务器。

```
[root@client1 ~]# ssh-copy-id root@server
/usr/bin/ssh-copy-id: INFO: attempting to log in with the new key(s), to filter out any that are already installed
/usr/bin/ssh-copy-id: INFO: 1 key(s) remain to be installed -- if you are prompted now it is to install the new keys
root@server's password:

Number of key(s) added: 1

Now try logging into the machine, with:   "ssh 'root@server'"
and check to make sure that only the key(s) you wanted were added.
```

步骤 3： 测试 SSH 免密登录。

```
[root@client1 ~]# ssh root@server
Last login: Wed Feb 15 09:27:24 2023 from 192.168.150.101
[root@www ~]#
```

说明： 由上述测试结果可以看出，当客户端再次登录服务器时，可以直接连接，不需要输入密码。

9.4.4　VNC 服务器的配置

VNC 由两部分组成，一部分是客户端的应用程序（VNC Viewer）；另一部分是服务器端的应用程序（VNC Server）。本教材采用 TigerVNC 来实现 VNC 远程管理。

步骤 1： 安装 TigerVNC。

```
[root@www ~]# yum install tigervnc-server -y
```

说明： 低版本系统中的 VNC 服务器配置文件为/etc/sysconfig/vncservers，并需要进行配置；CentOS 7 操作系统中的 VNC 服务器的配置文件为/lib/systemd/system/vncserver@.service，并且该配置文件为示例文件，不需要配置。

安装完成后按照如下步骤配置 VNC 服务器。

步骤 2： 配置 VNC 密码。

```
[root@www ~]# vncpasswd
Password:
Verify:
Would you like to enter a view-only password (y/n)? y
Password:
```

```
Verify:
```

说明：登录 VNC 服务器的用户为当前用户，而密码则需要单独设置一个登录 VNC 服务器的密码。细心的读者可以发现，本实例一共设置了两个密码：第一个密码为具备全部权限的密码，第二个密码为只读密码。当用户使用只读密码登录 VNC 服务器时，不具备修改权限。

步骤 3：启动 VNC 服务。

```
[root@www ~]# vncserver
New 'www.****.com:1 (root)' desktop is www.****.com:1
Creating default startup script /root/.vnc/xstartup
Creating default config /root/.vnc/config
Starting applications specified in /root/.vnc/xstartup
Log file is /root/.vnc/www.****.com:1.log
```

步骤 4：配置防火墙放行 VNC 端口。

```
[root@www ~]# firewall-cmd --add-port=5900/tcp
success
[root@www ~]# firewall-cmd --add-port=5901/tcp
Success
```

步骤 5：查看监听端口。

```
 [root@www ~]# netstat -tlnp | grep Xvnc
tcp      0    0 0.0.0.0:5901          0.0.0.0:*          LISTEN      4181/Xvnc
tcp      0    0 0.0.0.0:6001          0.0.0.0:*          LISTEN      4181/Xvnc
tcp6     0    0 :::5901               :::*               LISTEN      4181/Xvnc
tcp6     0    0 :::6001               :::*               LISTEN      4181/Xvnc
```

步骤 6：测试 VNC 登录。在本教材中使用 VNC Viewer 的 Windows 客户端进行远程连接测试。VNC 登录界面如图 9.8 所示。

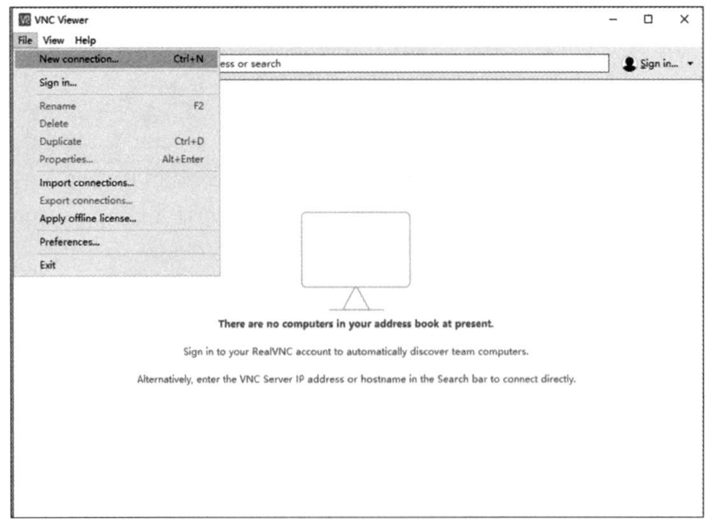

图 9.8 VNC 登录界面

在 VNC 登录界面中选择“File”→“New connection”命令，在弹出的“server-Properties”界面的“General”选项卡中设置 VNC 服务器参数，如图 9.9 所示。

在上面参数配置中需要注意，除了设置 VNC 服务器的 IP 地址，还需要在后面输入一个编号。因为 VNC 服务器允许多个用户同时使用图形化界面登录，为了区分这些用户，VNC 服务器会给每个用户分配一个编号。第一个用户编号为 1，对应 5901 端口；第二个用户编号为 2，对应 5902 端口，剩下的以此类推。因此，在实际应用中，需要考虑目前系统已经存在的 VNC 用户数量及分配的编号和相应端口，从而合理开放防火墙端口号，并设置 VNC 连接参数。

设置完成后，单击“OK”按钮，会弹出一个安全性警告对话框，提示未加密的连接警告，如图 9.10 所示。

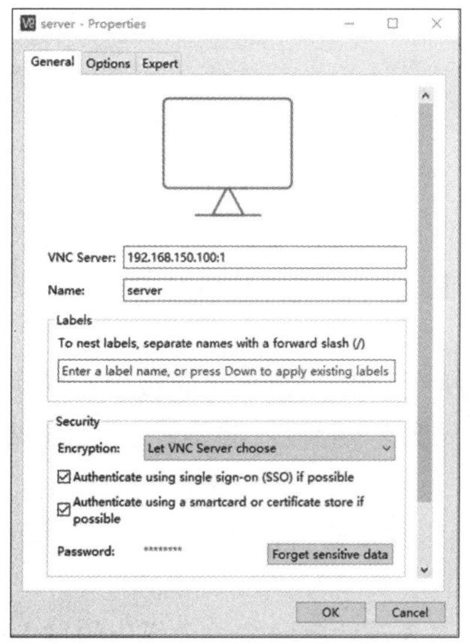

图 9.9　设置 VNC 服务器参数

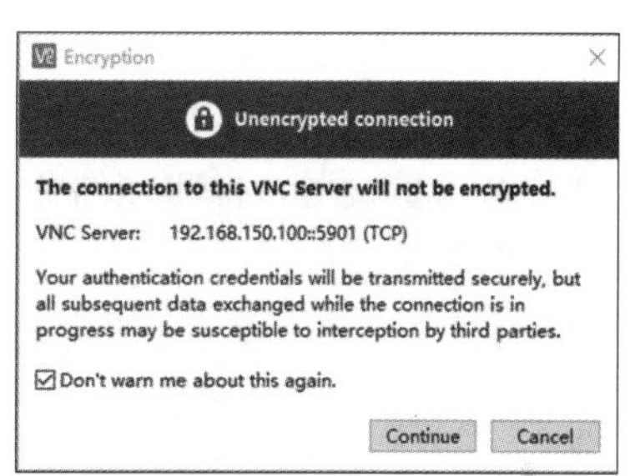

图 9.10　提示未加密的连接警告

在单击“Continue”按钮后，在接下来的界面中输入设置的 VNC 密码，如图 9.11 所示。请注意这里是实例中步骤 1 中设置的 VNC 密码，不是服务器的系统密码，这样就可以以图形化的方式访问 Linux 服务器了。

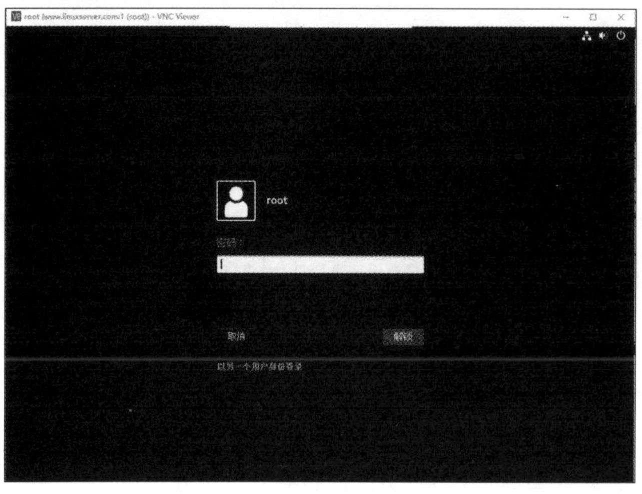

图 9.11　输入设置的 VNC 密码

接下来只要正常输入用户的密码，就可以使用远程图形化界面访问远程 Linux 服务器了。

9.5 小结

本章介绍了一些企业中常用的服务器，日志服务器用于管理系统和应用程序产生的日志，DHCP 服务器用于自动分配 IP 地址，NTP 服务器多用于集群间或主机的时间同步，远程管理服务器则提供了通过字符终端及图形界面方式对服务器进行远程管理的方法。

9.6 课堂思政

本章中介绍了日志服务器，日志服务在安全运维中非常重要。2016 年 11 月 7 日，第十二届全国人民代表大会常务委员会第二十四次会议通过的《中华人民共和国网络安全法》第三章第一节第二十一条规定如下。

国家实行网络安全等级保护制度。网络运营者应当按照网络安全等级保护制度的要求，履行下列安全保护义务，保障网络免受干扰、破坏或者未经授权的访问，防止网络数据泄露或者被窃取、篡改：

（一）制定内部安全管理制度和操作规程，确定网络安全负责人，落实网络安全保护责任；

（二）采取防范计算机病毒和网络攻击、网络侵入等危害网络安全行为的技术措施；

（三）采取监测、记录网络运行状态、网络安全事件的技术措施，并按照规定留存相关的网络日志不少于六个月；

（四）采取数据分类、重要数据备份和加密等措施；

（五）法律、行政法规规定的其他义务。

《中华人民共和国网络安全法》中的日志保存要求对于保护组织的网络安全至关重要。通过遵守这些要求，可以及时发现和应对安全事件、追溯和调查潜在的安全风险、确保合规性、改进安全措施及收集证据。

同学们在将来的学习和工作中，一定要学习《中华人民共和国网络安全法》，保存好日志，并对日志进行管理与维护。

实训 9 其他常用服务器的配置与管理

一、实训目的

- 掌握在 Linux 操作系统中搭建与配置日志服务器的方法。
- 掌握在 Linux 操作系统中配置 DHCP 服务器的方法。
- 掌握在 Linux 操作系统中配置 NTP 服务器的方法。
- 掌握在 Linux 操作系统中配置 SSH 服务器的方法。

- 掌握在 Linux 操作系统中配置 VNC 服务器的方法。

二、项目背景

小 A 需要学习一些企业中常用的服务器的原理及配置方式，包括日志服务器、DHCP 服务器和 NTP 服务器、远程管理服务器等。在学习完成后，小 A 可以根据企业需求，搭建和维护相应的服务器用于企业的日常业务。

三、实训内容

主要实训内容包括：查看系统日志信息；搭建日志服务器；将客户端产生的日志记录到服务器上；配置 DHCP 服务器，修改 DHCP 的配置文件，并给固定主机分配固定 IP 地址；配置 NTP 服务器，将 NTP 服务器的时间与上游 NTP 服务器同步，同时作为内网的同步服务器；配置 SSH 和 VNC 服务器，方便管理员通过字符终端和图形界面方式对服务器进行远程管理。

四、实训步骤

任务 1：搭建日志服务器

1．配置日志服务器。

2．将客户端的日志记录在服务器中。

项目 2：搭建 DHCP 服务器

1．搭建 DHCP 服务器。

2．客户端 1 可以获取到服务器 IP 地址池中的 IP 地址。

3．给客户端 2 分配一个固定的 IP 地址。

项目 3：配置 NTP 服务器

1．安装 NTP 服务器。

2．将国家授时中心的服务器作为上游 NTP 服务器。

3．将内网中的客户端的时间都和 NTP 服务器同步。

项目 4：配置远程管理服务器

1．配置 SSH 主机名登录。

2．配置 SSH 免密登录。

3．安装 TigerVNC 服务器。

4．使用 VNC Viewer 实现远程图形化登录。

10 第 10 章 企业应用

未来广告公司已经完成了常用服务器的描述与配置，但仍有一些网络应用无法使用，如网络数据存储、数据库服务器的应用等。因此，公司考虑使用 iSCSI 技术将服务器与磁盘阵列连接在一起，新增 MariaDB 数据库来实现数据存储与管理，并在阿里云中部署 LNMP 综合网站架构。本章将详细介绍 iSCSI 技术、MariaDB 数据库技术、LNMP 部署，逐步搭建企业服务与应用的环境。

10.1 iSCSI 网络驱动器设备

如果系统需要大量的磁盘空间，但是身边却没有网络附加存储或外接的存储设备，仅有个人计算机，该怎么办？此时，通过网络的小型计算机系统接口（Small Computer System Interface，SCSI）LNMP 磁盘就能够提供帮助，这就是将来自网络的数据仿真成本机的 SCSI 设备，因此可以进行如 LVM 等方面的操作，而不是单纯使用服务器端提供的文件系统，对实际应用存储相当有帮助。

10.1.1 iSCSI 技术概述

iSCSI 技术概述

iSCSI（Internet Small Computer System Interface，互联网小型计算机系统接口）技术是一种新型存储技术，该技术是将现有的 SCSI 接口与以太网技术相结合，使服务器可以与使用 IP 网络的存储装置互相交换资料。

iSCSI 结构基于客户端/服务器模型，其主要功能是在 TCP/IP 网络上的主机系统（启动器 initiator）和存储设备（目标 target）之间进行大量的数据封装和可靠传输过程。此外，iSCSI 提供了在 IP 网络封装 SCSI 命令，用于在 TCP 上切换运行。

在实际生产环境中，一般都使用集群搭建服务器，如果两台或多台服务器都使用独立磁盘，则使用 iSCSI 技术可以实现远程磁盘功能，集群的服务器都挂载在同一个远程存储设备上，本地实现数据读写，这样也就减少了一个同步数据的任务，大大减轻了服务器的资源消耗。

iSCSI 结构将存储装置与使用的主机分为两部分，分别如下。

（1）iSCSI target：存储设备端，用于存放磁盘或独立磁盘冗余阵列（Redundant Arrays of Independent Disks，RAID）的设备。可以将 Linux 主机仿真成 iSCSI target，提供其他主机使用的磁盘。

（2）iSCSI initiator：使用 target 的客户端，通常是服务器。只有装有 iSCSI initiator 的相关功能后才能使用 iSCSI target 提供的磁盘。

10.1.2 创建 RAID

既然要使用 iSCSI 技术为远程用户提供共享存储资源，则首先要保障用于存放资源的服务器的稳定性与可用性，否则一旦在使用过程中出现故障，维护的难度相较于本地磁盘设备要更复杂、困难。因此本教材采用 RAID 组来确保数据的安全性。

RAID 将多个磁盘组成一个阵列，当作单一磁盘使用。它将数据以分段（striping）的方式存放在不同的磁盘中，在存取数据时阵列中的相关磁盘一起工作，大幅度降低了数据的存取时间，也就是提高了 I/O 速度，同时提高了空间利用率。

创建 RAID 的步骤如下。

步骤 1：在虚拟机中添加 4 块 20GB 的新硬盘，用于创建 RAID5 和备份盘，添加硬盘界面如图 10.1 所示。

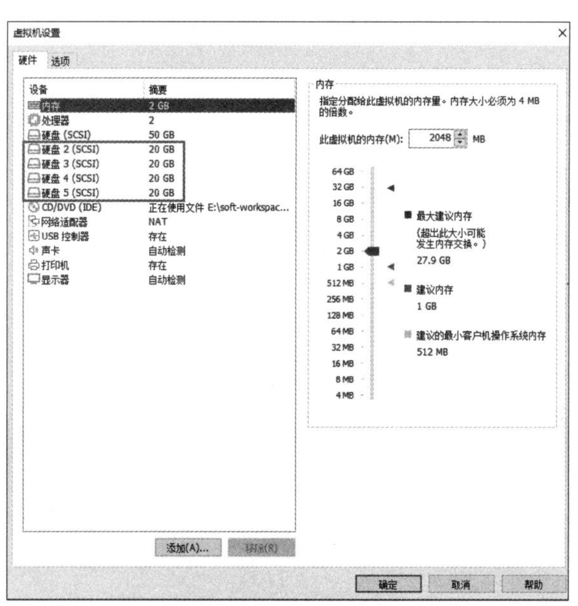

图 10.1 添加硬盘界面

步骤 2：启动虚拟机系统，使用“mdadm”命令创建 RAID。

```
[root@iscsiserver ~]# mdadm -Cv /dev/md0 -n 3 -l 5 -x 1 /dev/sdb /dev/sdc
/dev/sdd /dev/sde
mdadm: layout defaults to left-symmetric
mdadm: layout defaults to left-symmetric
mdadm: chunk size defaults to 512K
mdadm: size set to 20954112K
mdadm: Defaulting to version 1.2 metadata
```

```
mdadm: array /dev/md0 started.
```

说明：“-C”参数表示创建阵列，“-v”参数表示显示创建阵列的过程，“/dev/md0”是生成的阵列组名称，“-n 3”参数是创建磁盘阵列时所需要的磁盘个数，“-l 5”参数是磁盘阵列的级别，“-x 1”参数是磁盘阵列的备份盘个数。命令后面需要逐一写出使用的磁盘名称。

步骤 3：使用“mdadm -D”命令可以查看创建成功的新设备文件/dev/md0，新设备是一块 RAID5 级别的磁盘阵列，还有一块备用盘为硬盘数据保障安全性。

```
[root@iscsiserver ~]# mdadm -D /dev/md0
/dev/md0:
           Version : 1.2
     Creation Time : Thu Sep  8 14:14:24 2022
        Raid Level : raid5
        Array Size : 41908224 (39.97 GiB 42.91 GB)
     Used Dev Size : 20954112 (19.98 GiB 21.46 GB)
      Raid Devices : 3
     Total Devices : 4
       Persistence : Superblock is persistent

       Update Time : Thu Sep  8 14:15:35 2022
             State : clean
    Active Devices : 3
   Working Devices : 4
    Failed Devices : 0
     Spare Devices : 1

            Layout : left-symmetric
        Chunk Size : 512K

Consistency Policy : resync

              Name : iscsiserver:0  (local to host iscsiserver)
              UUID : e7681be2:7c722632:fce40ecd:a91b5a02
            Events : 18

    Number   Major   Minor   RaidDevice State
       0       8       16        0      active sync   /dev/sdb
       1       8       32        1      active sync   /dev/sdc
       4       8       48        2      active sync   /dev/sdd

       3       8       64        -      spare   /dev/sde
```

说明：UUID 值是设备的唯一标识符。

10.1.3 配置 iSCSI 服务端

iSCSI 技术在工作形式上分为服务端（target）与客户端（initiator）。iSCSI 服务端用于存放硬盘存储资源，作为前面创建的 RAID 的存储端，能够为用户提供可用的存储资源。

在 VMware Workstation 克隆两台虚拟机，并分别命名为“iscsiserver”与“iscsiclient”。启动两台主机，设置网络连接方式均为 NAT，服务器的 IP 地址为 192.168.150.100，客户端的 IP 地址为 192.168.150.101，两台主机可以互相 ping 通。在两台虚拟机中均配置本地或网络 YUM 仓库。

使用 iSCSI 服务端部署网络存储

修改主机名的命令如下。

```
[root@LinuxServer ~]# hostnamectl  set-hostname  iscsiserver
[root@LinuxServer ~]# exit
[root@ iscsiserver ~]#
```

配置 iSCSI 服务端的方法如下。

步骤 1：通过“yum”命令安装 iSCSI 服务端程序及配置命令工具。安装完成后，启动 iSCSI 服务端程序 targetd，并设置 targetd 服务为开机自启动。

```
[root@iscsiserver ~]# yum -y install target targetcli
已加载插件：fastestmirror, langpacks
Loading mirror speeds from cached hostfile
……（部分已省略）
已安装：
  targetcli.noarch 0:2.1.53-1.el7_9        targetd.noarch 0:0.8.6-1.el7
作为依赖被安装：
  lvm2-python-libs.x86_64 7:2.02.187-6.el7_9.5
  pyparsing.noarch 0:1.5.6-9.el7
  python-configshell.noarch 1:1.1.26-1.el7
  python-kmod.x86_64 0:0.9-10.el7
  python-rtslib.noarch 0:2.1.74-1.el7_9
  python-setproctitle.x86_64 0:1.1.6-5.el7
  python-urwid.x86_64 0:1.1.1-3.el7
作为依赖被升级：
  device-mapper.x86_64 7:1.02.170-6.el7_9.5
  device-mapper-event.x86_64 7:1.02.170-6.el7_9.5
  device-mapper-event-libs.x86_64 7:1.02.170-6.el7_9.5
  device-mapper-libs.x86_64 7:1.02.170-6.el7_9.5
  lvm2.x86_64 7:2.02.187-6.el7_9.5
  lvm2-libs.x86_64 7:2.02.187-6.el7_9.5
完毕！
[root@iscsiserver ~]# systemctl start targetd
[root@iscsiserver ~]# systemctl enable targetd
```

步骤 2：配置 iSCSI 服务端共享资源。

“targetcli”是用于管理 iSCSI 服务端存储资源的专用配置命令，它能够提供类似“fdisk”命令的交互式配置功能，将 iSCSI 共享资源的配置内容抽象成“目录”的形式，只需将各类配置信息填入相应的“目录”中即可。这里的难点主要在于认识每个“参数目录”的作用。当把配置参数正确地填写到“目录”中后，iSCSI 服务端就可以提供共享资源服务。

执行“targetcli”命令后就能看到交互式的配置界面。在该界面中可以使用很多 Linux 命令。例如，使用“ls”命令可以查看目录参数的结构，使用“cd”命令可以切换到不同的目录。/backstores/block 是 iSCSI 服务端配置共享设备的位置。需要把刚创建的 RAID5 级别的磁盘阵列文件/dev/md0 加入配置共享设备的“资源池”中，并将该文件重新命名为“block1”，这样用户就不会知道是由服务器中的哪块硬盘来提供共享存储资源，而只会看到一个名为“block1”的存储设备。

```
[root@iscsiserver ~]# targetcli
Warning: Could not load preferences file /root/.targetcli/prefs.bin.
targetcli shell version 2.1.53
Copyright 2011-2013 by Datera, Inc and others.
For help on commands, type 'help'.
/> ls
o- / ......................................... [...]
  o- backstores .............................. [...]
  | o- block ..................... [Storage Objects: 0]
  | o- fileio .................... [Storage Objects: 0]
  | o- pscsi ..................... [Storage Objects: 0]
  | o- ramdisk ................... [Storage Objects: 0]
  o- iscsi ................................ [Targets: 0]
  o- loopback ............................. [Targets: 0]
/> cd /backstores/block
/backstores/block> ls
o- block ........................... [Storage Objects: 0]
/backstores/block> create block1 /dev/md0
Created block storage object block1 using /dev/md0.
/backstores/block> cd /
/> ls
o- / ........................................ [...]
  o- backstores ............................. [...]
  | o- block .................... [Storage Objects: 1]
  | | o- block1 .......... [/dev/md0 (40.0GiB) write-thru deactivated]
  | |   o- alua ..................... [ALUA Groups: 1]
  | |     o- default_tg_pt_gp .......... [ALUA state: Active/optimized]
  | o- fileio ................... [Storage Objects: 0]
  | o- pscsi .................... [Storage Objects: 0]
  | o- ramdisk .................. [Storage Objects: 0]
  o- iscsi ............................... [Targets: 0]
  o- loopback ............................ [Targets: 0]
```

说明：“create block1 /dev/md0”的作用是使用磁盘阵列/dev/md0 创建一个名为“block1”的存储块，该存储块存放在/backstores/block 目录下。

步骤 3：生成 iSCSI target 名称，以及配置共享资源。

iSCSI target 名称是由系统自动生成的，这是一串用于描述共享资源的唯一字符串。稍后用户在扫描 iSCSI 服务端时即可看到这个字符串，因此不需要记住它。系统在生成这个 iSCSI target 名称后，还会在/iscsi 参数目录中创建一个与其字符串同名的新“目录”，用来存放共享资源。把步骤 2 中加入 iSCSI 共享资源池中的硬盘设备添加到这个新目录中，这样用户在登录 iSCSI 服务端后，可使用硬盘设备提供的共享存储资源。

```
/> cd iscsi
/iscsi> create
```

```
    Created target iqn.2003-01.org.linux-iscsi.iscsiserver.x8664:sn.
951eb98d85d3.
    Created TPG 1.
    Global pref auto_add_default_portal=true
    Created default portal listening on all IPs (0.0.0.0), port 3260.
    /iscsi> ls
    o- iscsi .................................... [Targets: 1]
      o- iqn.2003-01.org.linux-iscsi.iscsiserver.x8664:sn.
951eb98d85d3 ................................ [TPGs: 1]
        o- tpg1 .............................. [no-gen-acls, no-auth]
          o- acls ................................... [ACLs: 0]
          o- luns ................................... [LUNs: 0]
          o- portals ................................ [Portals: 1]
            o- 0.0.0.0:3260 ................................ [OK]
    /iscsi> cd iqn.2003-01.org.linux-iscsi.iscsiserver.x8664:sn.951eb98d85d3/
    /iscsi/iqn.20....951eb98d85d3> cd tpg1/luns
    /iscsi/iqn.20...5d3/tpg1/luns> create /backstores/block/block1
    Created LUN 0.
    /iscsi/iqn.20...5d3/tpg1/luns> ls
    o- luns ........................................ [LUNs: 1]
      o- lun0 ............... [block/block1 (/dev/md0) (default_tg_pt_gp)]
```

说明：“create”的作用是创建需要共享的设备。“create /backstores/block/block1”的作用是将共享资源池中的硬件设备添加到该目录中，以提供共享存储资源。

步骤 4：设置访问控制列表。

iSCSI 协议是通过客户端名称进行验证的，也就是说，用户在访问共享存储资源时不需要输入密码，只要 iSCSI 客户端的名称与服务端中设置的访问控制列表中某名称的条目一致即可，因此需要在 iSCSI 服务端的配置文件中写入一串能够验证用户信息的名称。acls 参数目录用于存放能够访问 iSCSI 服务端共享存储资源的客户端名称。

```
    /iscsi/iqn.20...5d3/tpg1/luns> cd ..
    /iscsi/iqn.20...b98d85d3/tpg1> cd acls
    /iscsi/iqn.20...5d3/tpg1/acls> create iqn.2003-01.org.linux-iscsi.iscsiserver.
x8664:sn.951eb98d85d3:client
    Created Node ACL for iqn.2003-01.org.linux-iscsi.iscsiserver.x8664:sn.
951eb98d85d3:client
    Created mapped LUN 0.
    /iscsi/iqn.20...5d3/tpg1/acls>
```

说明：在 iSCSI target 名称的后面追加上类似“:client”的参数，既能保证客户端的名称具有唯一性，又便于管理和阅读。

步骤 5：设置 iSCSI 服务端的监听 IP 地址和端口号。

在配置文件中手动定义 iSCSI 服务端的信息，即在 portals 参数目录中写上服务器的 IP 地址，并由系统开启服务器的 192.168.150.100 和 3260 端口对外提供 iSCSI 共享存储资源服务。

```
    /iscsi/iqn.20...5d3/tpg1/acls> cd ..
    /iscsi/iqn.20...b98d85d3/tpg1> cd portals/
    /iscsi/iqn.20.../tpg1/portals> create 192.168.150.100
    Using default IP port 3260
    Could not create NetworkPortal in configFS   #报错
```

```
/iscsi/iqn.20.../tpg1/portals> ls
o- portals ........................... [Portals: 1]
  o- 0.0.0.0:3260 ............................... [OK]
/iscsi/iqn.20.../tpg1/portals> delete 0.0.0.0 3260
Deleted network portal 0.0.0.0:3260
/iscsi/iqn.20.../tpg1/portals> create 192.168.150.100
Using default IP port 3260
Created network portal 192.168.150.100:3260.
```

说明：在“create 192.168.150.100”开启端口和 IP 地址监听时报错，报错原因是启用端口 3260 和 IP 地址监听时，系统已经存在了一个端口和 IP 地址，需要使用“delete 0.0.0.0 3260”来手动删除，并重新启用端口和 IP 地址监听即可。

步骤 6：重启 iSCSI 服务端程序并配置防火墙策略。

在参数文件配置完成后，可以浏览刚配置的信息，确保与下面的信息基本一致。确认信息无误后，输入“exit”命令来退出配置。注意，千万不要习惯性地按“Ctrl+C”组合键结束进程，这样不会保存配置文件。最后重启 iSCSI 服务端程序，设置 firewalld 防火墙策略，使其放行 3260/tcp 端口号的流量。

```
/iscsi/iqn.20.../tpg1/portals> ls /
o- / ....................................... [...]
  o- backstores ............................. [...]
  | o- block ....................... [Storage Objects: 1]
  | | o- block1 ............ [/dev/md0 (40.0GiB) write-thru activated]
  | |   o- alua ..................... [ALUA Groups: 1]
  | |     o- default_tg_pt_gp ........ [ALUA state: Active/optimized]
  | o- fileio ...................... [Storage Objects: 0]
  | o- pscsi ....................... [Storage Objects: 0]
  | o- ramdisk ..................... [Storage Objects: 0]
  o- iscsi ................................ [Targets: 1]
  | o- iqn.2003-01.org.linux-iscsi.iscsiserver.x8664:sn.951eb98d85d3
..................................... [TPGs: 1]
  |   o- tpg1 ...................... [no-gen-acls, no-auth]
  |     o- acls ........................... [ACLs: 1]
  |     | o- iqn.2003-01.org.linux-iscsi.iscsiserver.x8664:sn.
951eb98d85d3:client ..................... [Mapped LUNs: 1]
  |     |   o- mapped_lun0 ............ [lun0 block/block1 (rw)]
  |     o- luns ............................ [LUNs: 1]
  |     | o- lun0 ....... [block/block1 (/dev/md0) (default_tg_pt_gp)]
  |     o- portals ......................... [Portals: 1]
  |       o- 192.168.150.100:3260 ...................... [OK]
  o- loopback ............................. [Targets: 0]
/iscsi/iqn.20.../tpg1/portals> exit
Global pref auto_save_on_exit=true
Configuration saved to /etc/target/saveconfig.json
[root@iscsiserver ~]# systemctl restart targetd
[root@iscsiserver ~]# firewall-cmd --permanent --add-port=3260/tcp
success
[root@iscsiserver ~]# firewall-cmd --reload
success
```

10.1.4 配置 iSCSI 客户端

iSCSI 客户端是用户使用的软件，用于访问远程服务器的存储资源。配置 iSCSI 客户端的方法如下。

步骤 1： 使用“yum”命令安装 iSCSI 客户端程序 initiator。

```
[root@iscsiclient ~]# yum -y install iscsi-initiator-utils
Loaded plugins: fastestmirror, langpacks
Loading mirror speeds from cached hostfile
……（部分已省略）
已安装：
  iscsi-initiator-utils.x86_64 0:6.2.0.874-22.el7_9
作为依赖被安装：
  iscsi-initiator-utils-iscsiuio.x86_64 0:6.2.0.874-22.el7_9
Complete!
```

步骤 2： 添加 iSCSI 服务端的访问控制列表名称到 iSCSI initiator 名称文件。

编辑 iSCSI 客户端中的 iSCSI initiator 名称文件，把 iSCSI 服务端的访问控制列表名称填写进来。iSCSI 协议是通过客户端的名称进行验证的，而该名称也是 iSCSI 客户端的唯一标识，而且必须与 iSCSI 服务端配置文件中访问控制列表中的信息一致。

```
[root@iscsiclient ~]# vim /etc/iscsi/initiatorname.iscsi
InitiatorName=iqn.2003-01.org.linux-iscsi.iscsiserver.x8664:sn.951eb98d85d3:client
```

说明： 本步骤如果不配置，则系统会在客户端尝试访问共享存储设备时，提示验证失败。

步骤 3： 重启 iSCSI 客户端 iscsid 服务程序并将其加入开机启动项。

```
[root@iscsiclient ~]# systemctl restart iscsid
[root@iscsiclient ~]# systemctl enable iscsid
```

步骤 4： 发现共享存储资源。

iscsiadm 是用于管理、查询、插入、更新或删除 iSCSI 数据库配置文件的命令行工具，用户需要先使用这个工具扫描并发现远程 iSCSI 服务端，再查看找到的 iSCSI 服务端上有哪些可用的共享存储资源。

```
[root@iscsiclient ~]# iscsiadm -m discovery  -t st -p 192.168.150.100
192.168.150.100:3260,1 iqn.2003-01.org.linux-iscsi.iscsiserver.x8664:sn.951eb98d85d3
```

说明: （1）“-m discovery”参数的目的是扫描并发现可用的存储资源，“-t st”参数为执行扫描操作的类型，“-p 192.168.150.100”为 iSCSI 服务端的 IP 地址。

（2）可以通过“man iscsiadm | grep \\-mode”命令来查看帮助。

步骤 5： 登录 iSCSI 服务端。

在使用“iscsiadm”命令发现了远程 iSCSI 服务端上可用的存储资源后，需要登录 iSCSI 服务端。

```
[root@iscsiclient ~]# iscsiadm -m node -T iqn.2003-01.org.linux-iscsi.iscsiserver.x8664:sn.951eb98d85d3 -p 192.168.150.100 --login
Logging in to [iface: default, target: iqn.2003-01.org.linux-iscsi.iscsiserver.x8664:sn.951eb98d85d3, portal: 192.168.150.100,3260] (multiple)
Login to [iface: default, target: iqn.2003-01.org.linux-iscsi.iscsiserver.x8664:
```

```
sn.951eb98d85d3, portal: 192.168.150.100,3260] successful.
```

说明：“-m node”参数表示将客户端所在主机作为一台节点服务器，“-T”参数为要使用的存储资源，“-p”参数为 iSCSI 服务端的 IP 地址，“--login”参数表示登录。

步骤 6：使用共享存储资源。

iSCSI 客户端登录成功后，iSCSI 客户端上会多出一个/dev/sdb 设备文件，可以像使用本地主机上的硬盘一样使用/dev/sdb 设备文件。

```
[root@iscsiclient ~]# file /dev/sdb
/dev/sdb: block special
[root@iscsiclient ~]# mkfs.xfs /dev/sdb
meta-data=/dev/sdb            isize=512    agcount=16, agsize=654720 blks
        =                     sectsz=512   attr=2, projid32bit=1
        =                     crc=1        finobt=0, sparse=0
data     =                    bsize=4096   blocks=10475520, imaxpct=25
        =                     sunit=128    swidth=256 blks
naming   =version 2             bsize=4096   ascii-ci=0 ftype=1
log      =internal log          bsize=4096   blocks=5120, version=2
        =                     sectsz=512   sunit=8 blks, lazy-count=1
realtime =none                  extsz=4096   blocks=0, rtextents=0
[root@iscsiclient ~]# mkdir /iscsi
[root@iscsiclient ~]# mount /dev/sdb /iscsi
[root@iscsiclient ~]# df -h
Filesystem             Size  Used Avail Use% Mounted on
/dev/mapper/centos-root   50G  10.3G   46G   9% /
devtmpfs               894M     0  894M   0% /dev
tmpfs                  910M     0  910M   0% /dev/shm
tmpfs                  910M   11M  900M   2% /run
tmpfs                  910M     0  910M   0% /sys/fs/cgroup
/dev/sda1             1014M  179M  836M  18% /boot
/dev/mapper/centos-home   47G   33M   47G   1% /home
tmpfs                  182M   32K  182M   1% /run/user/0
/dev/sr0            10.3G  10.3G     0 100% /run/media/root/CentOS 7 x86_64
/dev/sdb                 40G   33M   40G   1% /iscsi
```

说明：本教材中使用的是一次性挂载共享存储资源，如果想要长久使用，则需要使用 UUID 自动挂载共享存储资源。

由于/dev/sdb 是一块网络存储设备的文件，而 iSCSI 协议是基于 TCP/IP 网络传输，所以在自动挂载时，需要在配置文件中添加“_netdev”参数，表示在系统联网后再进行挂载操作，以免系统开机时间过长或开机失败。自动挂载方式如下。

```
[root@iscsiclient ~]# blkid | grep /dev/sdb
/dev/sdb: UUID="1c87ec75-9258-4f67-bf87-4a634b435f35" TYPE="xfs"
[root@iscsiclient ~]# vim /etc/fstab
UUID="1c87ec75-9258-4f67-bf87-4a634b435f35" /iscsi xfs defaults,_netdev 0 0
[root@iscsiclient ~]# mount -a
```

当不需要使用 iSCSI 共享资源设备时，可以使用“iscsiadm”命令的“-u”参数将其设备卸载。

```
[root@iscsiclient ~]# iscsiadm -m node -T iqn.2003-01.org.linux-
```

```
iscsi.iscsiserver.x8664:sn.951eb98d85d3 -u
    Logging out of session [sid: 1, target: iqn.2003-01.org.linux-iscsi.iscsiserver.x8664:sn.951eb98d85d3, portal: 192.168.150.100,3260]
    iscsiadm: Could not logout of [sid: 1, target: iqn.2003-01.org.linux-iscsi.iscsiserver.x8664:sn.951eb98d85d3, portal: 192.168.150.100,3260].
    iscsiadm: initiator reported error (28 - device or resource in use)
    iscsiadm: Could not logout of all requested sessions
```

10.2 MariaDB 数据库管理系统

MySQL 数据库项目自从被 Oracle 公司收购后，从开源软件转变成了“闭源”软件，这导致 IT 行业中的很多企业及厂商纷纷选择使用 MariaDB 数据库管理系统。MariaDB 数据库管理系统也因此快速占据了部分市场份额。

10.2.1 数据库管理系统

数据库管理系统是位于用户与操作系统之间的一层数据管理软件，它为用户或应用程序提供了访问数据的方法，包括数据库的建立、修改、删除、查找、维护等操作。

数据库管理系统通过把计算机中具体的物理数据转换成适合用户理解的抽象逻辑数据，有效地降低了数据库管理的技术门槛，因此即便是从事 Linux 运维工作的工程师也可以对数据库进行基本的管理操作。本教材的技术主线依然是 Linux 操作系统，本节内容主要介绍企业中基于 Linux 操作系统使用 MariaDB 数据库的方法，以及数据库服务器的搭建，如果读者想精通数据库管理技术，则需要认真研读与数据库相关的书籍。

10.2.2 MariaDB 简介

MySQL 是一款市场占有率非常高的数据库管理系统，不但技术成熟、配置步骤相对简单，而且具有良好的可扩展性。但是，自 2009 年 Oracle 公司收购了 MySQL 的母公司 SUN 后，MySQL 数据库项目也被纳入了 Oracle 公司旗下。为了避免 Oracle 公司将 MySQL 闭源，而无开源的类 MySQL 数据库可用，所以 MySQL 社区采用分支的方式来避开这个风险，MariaDB 数据库就这样诞生了。MariaDB 数据库的名字来源于 MySQL 创始人女儿的名字，使用方法与 MySQL 相同，并且向后兼容，由 MySQL 的创始人负责维护。MariaDB 和 MySQL 的区别如表 10.1 所示。

MariaDB 简介

表 10.1　MariaDB 和 MySQL 的区别

序号	MariaDB	MySQL
1	纯开源	采用双重许可授权
2	在 GPL、LGPL 或 BSD 下发布	以 GNU（通用公众许可证）的条款发布
3	确实与日俱增，但还有待证明	是目前全球使用最广泛的数据库

续表

序号	MariaDB 数据库	MySQL 数据库
4	由一家小公司开发，前景不确定	由 Oracle 公司开发，是一个成熟的数据库
5	不提供密码复杂性插件功能	提供密码复杂性插件功能
6	暂不可用 Memcached 接口	不可用 Memcached 接口

10.2.3 初始化 MariaDB 服务

搭建 MariaDB

在 VMware Workstation 中克隆一台虚拟机，并将其命名为“mariadbserver”。启动虚拟机，设置网络连接方式为 NAT，IP 地址为 192.168.150.100。在虚拟机中配置本地或网络 YUM 仓库。

修改服务器的主机名为“mariadbserver”。

```
[root@LinuxServer ~]# hostnamectl  set-hostname  mariadbserver
[root@LinuxServer ~]# exit
[root@ mariadbserver ~]#
```

初始化 MariaDB 服务的操作方法如下。

步骤 1：使用“yum”命令安装 MariaDB 的软件包 mariadb 和 mariadb-server。安装完成后启动 MariaDB 服务，并设置为开机自启动。

```
[root@ mariadbserver ~]#yum -y install mariadb mariadb-server
已加载插件：fastestmirror, langpacks
Loading mirror speeds from cached hostfile
……（部分已省略）
已安装：
  mariadb.x86_64 1:5.5.68-1.el7    mariadb-server.x86_64 1:5.5.68-1.el7
作为依赖被安装：
  perl-DBD-MySQL.x86_64 0:10.023-6.el7
作为依赖被升级：
  mariadb-libs.x86_64 1:5.5.68-1.el7
完毕！
[root@mariadbserver ~]# systemctl start mariadb
[root@mariadbserver ~]# systemctl enable mariadb
Created   symlink   from   /etc/systemd/system/multi-user.target.wants/
mariadb.service to /usr/lib/systemd/system/mariadb.service.
```

说明：在确认 MariaDB 数据库程序安装完成并成功启动后，请不要立即使用。为了确保数据库的安全性和正常运转，需要先对数据库程序进行初始化操作。

步骤 2：数据库初始化操作。

操作内容如下。

（1）设置 root 管理员在数据库中的密码值，注意，该密码并非 root 管理员在系统中的密码，这里的密码值默认应该为空，可以直接按回车键。

（2）设置 root 管理员在数据库中的专有密码。

（3）删除匿名用户，并使用 root 管理员从远程登录数据库，以确保数据库上运行的业务的安全。

（4）删除默认的测试数据库 test，并取消对它的一系列访问权限。

（5）刷新授权列表，让初始化的设定立即生效。

```
[root@mariadbserver ~]# mysql_secure_installation
NOTE: RUNNING ALL PARTS OF THIS SCRIPT IS RECOMMENDED FOR ALL MariaDB
     SERVERS IN PRODUCTION USE!  PLEASE READ EACH STEP CAREFULLY!
In order to log into MariaDB to secure it, we'll need the current
password for the root user.  If you've just installed MariaDB, and
you haven't set the root password yet, the password will be blank,
so you should just press enter here.
Enter current password for root (enter for none):  #当前数据库密码为空，直接按回车键
OK, successfully used password, moving on...
Setting the root password ensures that nobody can log into the MariaDB
root user without the proper authorisation.
Set root password? [Y/n] y  #设置 root 管理员的数据库密码，y 代表 yes，n 代表 no
New password:                   #输入密码，密码是密文，所以无法显示出来
Re-enter new password:          #再次输入密码
Password updated successfully!
Reloading privilege tables..
 ... Success!
By default, a MariaDB installation has an anonymous user, allowing anyone
to log into MariaDB without having to have a user account created for
them.  This is intended only for testing, and to make the installation
go a bit smoother.  You should remove them before moving into a
production environment.
Remove anonymous users? [Y/n] y          #删除匿名用户
 ... Success!
Normally, root should only be allowed to connect from 'localhost'.  This
ensures that someone cannot guess at the root password from the network.
Disallow root login remotely? [Y/n] y  #禁止 root 管理员远程登录
 ... Success!
By default, MariaDB comes with a database named 'test' that anyone can
access.  This is also intended only for testing, and should be removed
before moving into a production environment.
Remove test database and access to it? [Y/n] y    #删除 test 数据库并取消对它的访问权限
 - Dropping test database...
 ... Success!
 - Removing privileges on test database...
 ... Success!
Reloading the privilege tables will ensure that all changes made so far
will take effect immediately.
Reload privilege tables now? [Y/n] y    #刷新授权列表，让初始化后的设定立即生效
 ... Success!
Cleaning up...
All done!  If you've completed all of the above steps, your MariaDB
installation should now be secure.
Thanks for using MariaDB!
```

步骤 3： 配置防火墙策略。设置防火墙，使其放行对数据库服务程序的访问请求，数据库服务程序默认会占用 3306 端口，并且在防火墙策略中将服务名称统一为“mysql”。

```
[root@mariadbserver ~]# firewall-cmd --permanent --add-service=mysql
success
[root@mariadbserver ~]# firewall-cmd --reload
success
```

10.2.4 使用 MariaDB 服务

MariaDB 服务初始化完成后，可以使用 mysql 命令登录数据库。

```
[root@mariadbserver ~]# mysql -u root -p
Enter password:  #在此处输入 root 管理员在数据库中的密码
Welcome to the MariaDB monitor.  Commands end with ; or \g.
Your MariaDB connection id is 10
Server version: 5.5.68-MariaDB MariaDB Server
Copyright (c) 2000, 2018, Oracle, MariaDB Corporation Ab and others.
Type 'help;' or '\h' for help. Type '\c' to clear the current input
statement.
MariaDB [(none)]>
```

说明：“-u”参数用来指定以 root 管理员的身份登录，“-p”参数用来验证该用户在数据库中的密码值。

成功登录数据库后，可以使用数据库，常使用的功能有管理用户及授权、创建数据库与表单、管理表单和数据等。接下来详细讲解常用功能的操作方法。

企业中应用的 MariaDB

步骤 1： 管理用户及授权。

为了保障数据库系统的安全性，以及让其他用户协同管理数据库，可以先创建多个专用的数据库管理用户，再分配合理的权限，以满足工作需求。创建用户的方法为先使用 root 管理员登录数据库管理系统，再使用“CREATE USER 用户名@主机名 IDENTIFIED BY ‘密码’;”格式的命令创建数据库管理用户。

```
MariaDB [(none)]> CREATE USER linux@localhost IDENTIFIED BY 'linux';
Query OK, 0 rows affected (0.02 sec)
```

创建完成的用户信息可以使用“SELECT”命令查询。

```
MariaDB [(none)]> use mysql;
Reading table information for completion of table and column names
You can turn off this feature to get a quicker startup with -A
Database changed
MariaDB[mysql]> SELECT HOST,USER,PASSWORD FROM user WHERE USER='linux';
+-----------+-------+-------------------------------------------+
| HOST      | USER  | PASSWORD                                  |
+-----------+-------+-------------------------------------------+
| localhost | linux | *6F3CAE7C3BBB2A5B5D933738682953BC21AEBEE7 |
+-----------+-------+-------------------------------------------+
1 row in set (0.00 sec)
```

说明：“HOST”“USER”“PASSWORD”分别是 Linux 用户的主机名称、用户名和

密码。

目前，linux 用户只是一个普通用户，没有数据库的任何操作权限。需要数据库管理员 root 给普通用户授权。现在使用 root 用户登录后，针对 MySQL 数据库中的 user 表单向用户授予查询、更新、删除及插入等权限。

授权命令的常用格式如表 10.2 所示。

表 10.2　授权命令的常用格式

命令	作用
GRANT 权限 ON 数据库.表单名称 TO 用户名@主机名	对某个特定数据库中的特定表单授权
GRANT 权限 ON 数据库.* TO 用户名@主机名	对某个特定数据库中的所有表单授权
GRANT 权限 ON *.* TO 用户名@主机名	对所有数据库及所有表单授权
GRANT 权限 1,权限 2 ON 数据库.* TO 用户名@主机名	对某个数据库中的所有表单授予多个权限
GRANT ALL PRIVILEGES ON *.* TO 用户名@主机名	对所有数据库及所有表单授予全部权限（谨慎操作）

```
[root@mariadbserver ~]# mysql -u root -p
Enter password:  #输入 root 管理员在数据库中的密码
MariaDB [(none)]> use mysql;
Reading table information for completion of table and column names
You can turn off this feature to get a quicker startup with -A
Database changed
MariaDB [mysql]> GRANT SELECT,UPDATE,DELETE,INSERT ON mysql.user TO linux@localhost;
Query OK, 0 rows affected (0.00 sec)
```

授权完成后可以查看 linux 用户的权限。

```
MariaDB [mysql]> SHOW GRANTS FOR linux@localhost;
+--------------------------------------------------------------------+
| Grants for linux@localhost                                         |
+--------------------------------------------------------------------+
| GRANT USAGE ON *.* TO 'linux'@'localhost' IDENTIFIED BY PASSWORD '*6F3CAE7C3BBB2A5B5D933738682953BC21AEBEE7' |
| GRANT SELECT, INSERT, UPDATE, DELETE ON `mysql`.`user` TO 'linux'@'localhost' |
+--------------------------------------------------------------------+
2 rows in set (0.00 sec)
```

由上述查看结果可知，linux 用户已经拥有了针对 MySQL 数据库中 user 表单的一系列权限，此时可以通过 linux 用户登录，验证是否拥有了查询、更新、删除及插入等权限。

```
[root@mariadbserver ~]# mysql -u linux -p
Enter password:  #输入用户 Linux 在数据库中的密码
MariaDB [(none)]> use mysql;
Reading table information for completion of table and column names
You can turn off this feature to get a quicker startup with -A
Database changed
MariaDB [mysql]> show tables;
+----------------------+
| Tables_in_mysql      |
+----------------------+
```

```
| user                 |
+----------------------+
1 row in set (0.00 sec)
```

步骤 2：创建数据库与表单。

在 MariaDB 数据库管理系统中，一个数据库可以存放多个数据表，数据表是数据库中最重要、最核心的内容。可以先根据用户的需求自定义数据表结构，再在其中合理地存放数据，以便后期轻松地维护和修改。常用数据库命令及对应的作用如表 10.3 所示。

表 10.3　常用数据库命令及对应的作用

用法	作用
CREATE DATABASE 数据库名称	创建新的数据库
DESCRIBE 表单名称	描述表单
UPDATE 表单名称 SET attribute=新值 WHERE attribute > 原始值	更新表单中的数据
USE 数据库名称	指定使用的数据库
SHOW databases	显示当前已有的数据库
SHOW tables	显示当前数据库中的表单
SELECT * FROM 表单名称	从表单中选取某个记录值
DELETE FROM 表单名 WHERE attribute=值	从表单中删除某个记录值

现在尝试先创建一个名为“linuxdb”的数据库，再查询数据库列表。

```
[root@mariadbserver ~]# mysql -u root -p
Enter password:
MariaDB [(none)]> create database linuxdb;
Query OK, 1 row affected (0.00 sec)
MariaDB [(none)]> show databases;
+--------------------------+
| Database                 |
+--------------------------+
| information_schema       |
| linuxdb                  |
| mysql                    |
| performance_schema       |
+--------------------------+
4 rows in set (0.00 sec)
```

通过切换到某个指定的数据库中，可以创建数据表单。例如，在新建的 linuxdb 数据库中创建表单 myclass，并进行表单的初始化，即定义存储数据内容的结构。定义 3 个字段，其中，长度为 6 个字符的字符型字段“name”用来存放姓名，整型字段“age”和“number”分别用来存放学生的年龄和学号。当执行完下述命令之后，就可以看到表单的结构信息。

```
MariaDB [(none)]> use linuxdb;
Database changed
MariaDB [linuxdb]> create table myclass (name char(6),age int,number int);
Query OK, 0 rows affected (0.00 sec)
MariaDB [linuxdb]> describe myclass;
+--------+--------+---------+--------+----------+-------+
| Field  | Type   | Null  | Key   | Default   | Extra |
+--------+--------+---------+--------+----------+-------+
```

```
| name   | char(6) | YES  |     | NULL |       |
| age    | int(11)  | YES  |     |NULL  |       |
| number | int(11) | YES  |      | NULL |       |
+--------+---------+---------+--------+---------+-------+
3 rows in set (0.00 sec)
```

步骤 3： 管理表单及数据。

现需要在 myclass 表单中插入一条学生信息，需要使用"insert"命令，并在命令中写清表单名称及对应的字段。执行如下命令之后即可完成写入操作。

```
MariaDB [linuxdb]> insert into myclass(name,age,number) values('zhangsan','18','001');
Query OK, 1 row affected, 1 warning (0.00 sec)
MariaDB [linuxdb]> select * from myclass;
+----------+-------+---------+
| name    | age  | number |
+----------+-------+---------+
| zhangsan |   18 |      1|
+----------+-------+---------+
1 row in set (0.00 sec)
```

说明： 上述命令表示向 myclass 表单中插入一条"name"为"zhangsan"、"age"为"18"、"number"为"001"的信息，并通过"select"命令查看信息。

接下来使用"update"命令来实现数据表单内容的修改。

```
MariaDB [linuxdb]> update myclass set age=19;
Query OK, 1 row affected (0.01 sec)
Rows matched: 1  Changed: 1  Warnings: 0
MariaDB [linuxdb]> select name,age from myclass;
+----------+-------+
| name    | age  |
+----------+-------+
| zhangs |   19 |
+----------+-------+
1 row in set (0.00 sec)
```

说明： 上述命令表示将 myclass 数据表单中的"age"修改为 19，并查看信息。

还可以使用"delete"命令删除某个数据表单中的内容。

```
MariaDB [linuxdb]> delete from myclass;
Query OK, 1 row affected (0.00 sec)
MariaDB [linuxdb]> select * from myclass;
Empty set (0.00 sec)
```

说明： 上述命令表示删除 myclass 数据表单中的所有内容，并查看信息。

10.2.5　数据库的备份与恢复

"mysqldump"命令用于备份数据库数据，格式为"mysqldump [参数] [数据库名称]"。

说明： 其中参数与 MySQL 命令大致相同。"-u"参数用于定义登录数据库的用户名；"-p"参数表示密码提示符。

数据库的备份和恢复

实例：把 linuxdb 数据库内容导出成一个文件，并保存到 root 管理员的家目录中。

```
[root@mariadbserver ~]# mysqldump -u root -p linuxdb > /root/linuxdb.dump
Enter password:        #输入 root 管理员在数据库中的密码
```

说明：上述操作为数据库的备份，将数据库内容导出到服务器中。

接下来进入 MariaDB 数据库管理系统，彻底删除 linuxdb 数据库，此时 myclass 数据表单也被彻底删除。重新建立 linuxdb 数据库。

```
[root@mariadbserver ~]# mysql -u root -p
Enter password:
MariaDB [(none)]> drop database linuxdb;
Query OK, 1 row affected (0.00 sec)
MariaDB [(none)]> show databases;
+---------------------------+
| Database                  |
+---------------------------+
| information_schema  |
| mysql               |
| performance_schema |
+---------------------------+
3 rows in set (0.00 sec)
MariaDB [(none)]> create database linuxdb;
Query OK, 1 row affected (0.00 sec)
```

首先使用重定向符把刚刚备份的数据库文件导入 MySQL 命令，然后执行该命令，最后登录 MariaDB 数据库，查看 linuxdb 数据库及 myclass 数据表单。

```
[root@mariadbserver ~]# mysql -u root -p linuxdb < /root/linuxdb.dump
Enter password: #输入 root 管理员在数据库中的密码
[root@mariadbserver ~]# mysql -u root -p
Enter password: #输入 root 管理员在数据库中的密码
MariaDB [(none)]> use linuxdb;
Reading table information for completion of table and column names
You can turn off this feature to get a quicker startup with -A
Database changed
MariaDB [linuxdb]> show tables;
+----------------------+
| Tables_in_linuxdb |
+----------------------+
| myclass        |
+----------------------+
1 row in set (0.00 sec)
MariaDB [linuxdb]> describe myclass;
+--------+------------+---------+-------+----------+---------+
| Field  | Type     | Null  | Key  | Default  | Extra  |
+--------+------------+---------+-------+----------+---------+
| name   | char(6) | YES  |      | NULL   |        |
| age    | int(11) | YES  |      | NULL    |        |
| number | int(11)  | YES  |      | NULL    |        |
+--------+------------+---------+-------+----------+---------+
3 rows in set (0.00 sec)
```

说明：使用“show tables”命令可以查看当前数据库中的表单，使用“describe myclass”命令可以查看表单结构，说明数据库恢复成功。

10.3　阿里云 LNMP 的环境搭建

本节将介绍如何在阿里云环境中快速搭建 LNMP 环境。LNMP 分别代表 Linux、Nginx、MySQL 和 PHP。其中，Nginx 是一款小巧而高效的 Web 服务器软件，基于以上三种开源软件可以在 Linux 操作系统中快速、方便地搭建出 LNMP Web 服务环境。

LNMP 概念及其原理

10.3.1　注册登录阿里云

本节实验环境需要阿里云平台支撑，所以实验前需要先注册阿里云账号并登录，如图 10.2 和图 10.3 所示。

图 10.2　注册阿里云账号界面　　　　图 10.3　登录阿里云账号界面

10.3.2　使用云起实验室连接 ECS 服务器

使用阿里云免费提供的云起实验室可以实现快速搭建 LNMP 环境。云起实验室首页如图 10.4 所示。

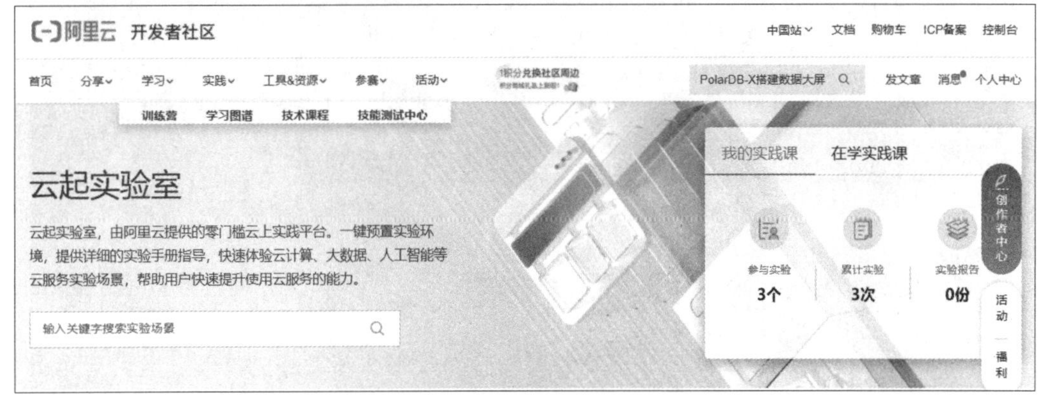

图 10.4　云起实验室首页

通过搜索找到“快速搭建 lnmp 环境”，如图 10.5 所示。

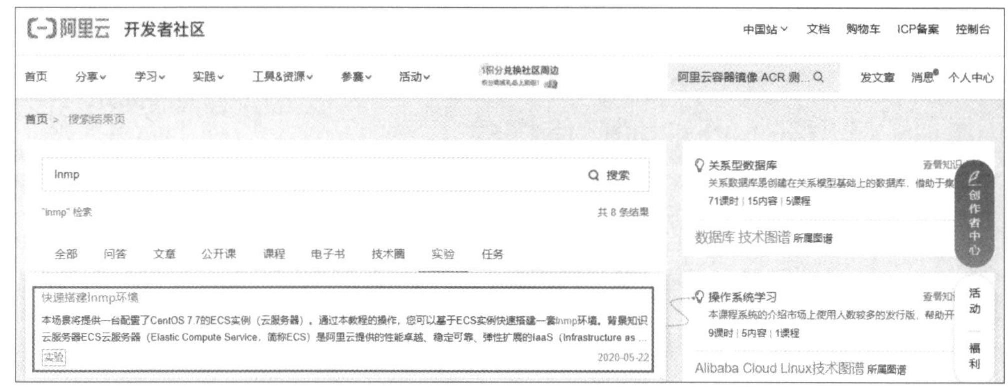

图 10.5　搜索界面

单击“实验”按钮，进入快速搭建 LNMP 环境界面，如图 10.6 所示。单击界面中的“开始实验”按钮，打开 LNMP 环境实验界面。

图 10.6　快速搭建 LNMP 环境界面

单击“创建资源”按钮，免费创建当前实验所需的云产品资源，创建资源界面如图 10.7 所示。

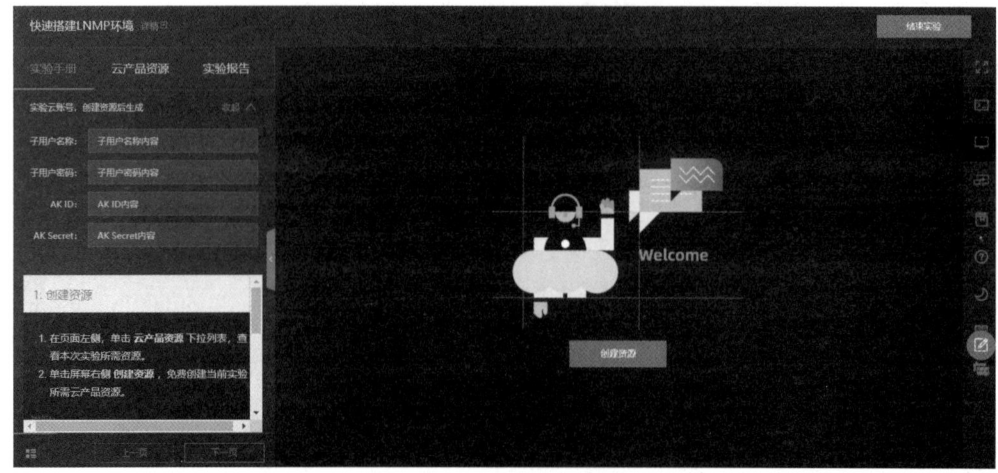

图 10.7　创建资源界面

通过“云产品资源”选项卡可以查看本次实验所需资源，如图 10.8 所示。

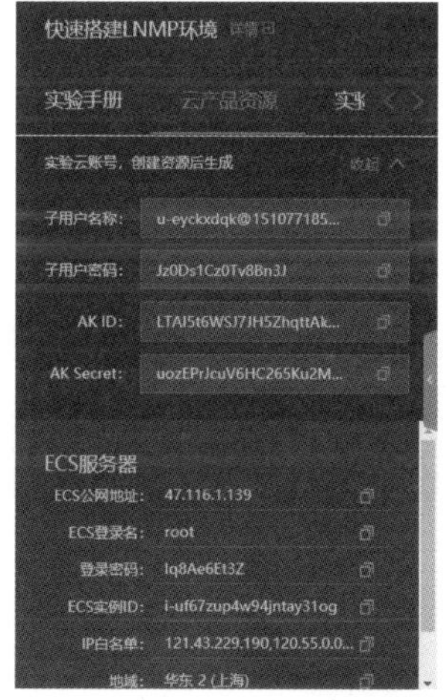

图 10.8 “云产品资源”选项卡

成功创建资源后，默认会打开 Web Terminal 操作服务器终端操作界面。也可以单击右侧按钮，切换到 Web Terminal 操作界面，如图 10.9 所示。

图 10.9 切换到 Web Terminal 操作界面

10.3.3 安装并配置 MySQL

步骤 1：执行如下命令，下载并安装 MySQL 官方的 Yum 仓库。

```
wget -i http://dev.mysql.com/get/mysql57-community-release-el7-10.noarch.rpm
yum -y install mysql57-community-release-el7-10.noarch.rpm
yum -y install mysql-community-server --nogpgcheck
```

步骤 2：执行如下命令，启动 MySQL 数据库。

```
systemctl start mysqld
```

步骤 3：执行如下命令，查看 MySQL 运行状态。

```
systemctl status mysqld.service
```

步骤 4：执行如下命令，查看 MySQL 初始密码。

```
grep "password" /var/log/mysqld.log
2022-09-16T08:12:08.479053Z 1 [Note] A temporary password is generated
```

```
for root@localhost: Wu-36scNQFhB
```

说明："Wu-36scNQFhB"是初始密码。

步骤 5：执行以下命令，登录 MySQL 数据库。

```
mysql -uroot -p
```

步骤 6：执行以下命令，修改 MySQL 默认密码。

```
set global validate_password_policy=0;
#修改密码安全策略为低（只校验密码长度，至少 8 位）。
ALTER USER 'root'@'localhost' IDENTIFIED BY '12345678';
```

步骤 7：执行以下命令，授予 root 用户远程管理权限。

```
GRANT ALL PRIVILEGES ON *.* TO 'root'@'%' IDENTIFIED BY '12345678';
```

步骤 8：输入"exit"命令退出 MySQL 数据库。

10.3.4 安装 Nginx

步骤 1：安装 Nginx 运行所需要的插件 gcc、pcre、zlib。gcc 是 Linux 操作系统中的编译器，它可以编译使用 C、C++、Ada、Object C 和 Java 等语言。pcre 是一个 perl 库，Nginx 的 HTTP 模块使用 pcre 来解析正则表达式。zlib 是一个文件压缩和解压缩的库，Nginx 使用 zlib 对 HTTP 数据包进行 gzip 压缩和解压缩。

```
yum -y install gcc
yum install -y pcre pcre-devel
yum install -y zlib zlib-devel
```

步骤 2：下载 Nginx 安装包。

```
wget http://nginx.org/download/nginx-1.17.10.tar.gz
```

步骤 3：解压缩 Nginx 安装包。

```
tar -zxvf nginx-1.17.10.tar.gz
```

步骤 4：编译并安装 Nginx。

```
cd nginx-1.17.10
./configure
make && make install
```

步骤 5：启动 Nginx。

```
cd /usr/local/nginx/
sbin/nginx
```

步骤 6：测试 Nginx 启动。在浏览器地址栏中输入 ECS 服务器的公网地址，如 47.116.1.139，如果出现如图 10.10 所示的测试界面，则表示 Nginx 安装与启动成功。

图 10.10　测试界面

10.3.5　安装 PHP

步骤 1： 安装 PHP。

```
yum -y install php php-mysql php-fpm
```

步骤 2： 在 nginx.conf 文件中增加对 PHP 的支持。

```
vim /usr/local/nginx/conf/nginx.conf
```

进入 Vim 编辑器后，按“I”键进入编辑模式，在 server 的根路由配置中新增文件 index.php。

```
location / {
     root   html;
     index  index.html index.htm index.php;
}
```

并在根路由下面新增以下配置。

```
if (!-e $request_filename) {
    rewrite ^/(.*)$ /index.php/$1 last;
}

location ~ .*\.php(\/.*)*$ {
    fastcgi_pass   127.0.0.1:9000;
    include       fastcgi.conf;
    fastcgi_index  index.php;
}
```

按“Esc”键进入命令模式，输入“:wq”保存并退出 Vim 编辑器。

步骤 3： 重启 php-fpm 服务。

```
systemctl restart php-fpm
```

步骤 4： 重启 Nginx 服务。

```
/usr/local/nginx/sbin/nginx -s reload
```

步骤 5： 检查 PHP 安装。

在 Nginx 的网站根目录下创建 PHP 探针文件 phpinfo.php。

```
echo "<?php phpinfo(); ?>" > /usr/local/nginx/html/phpinfo.php
```

访问 PHP 探针页面。在浏览器地址栏中输入 ECS 服务器的公网地址“/phpinfo.php”，如果出现如图 10.11 所示的 PHP 环境配置界面，则表示 PHP 环境配置成功。

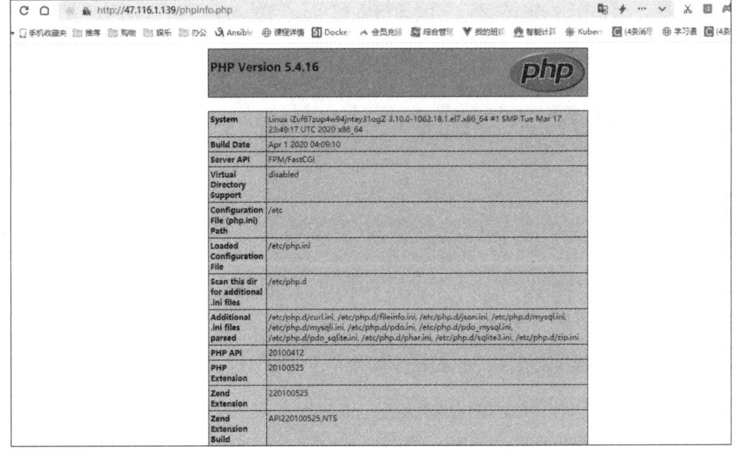

图 10.11　PHP 环境配置界面

10.4 小结

本章介绍了 iSCSI 网络共享存储的基础知识，分步骤描述了 VMware Workstation 中 iSCSI 服务端和客户端的环境设置，介绍了 MariaDB 服务的基础配置，讲解了如何初始化与使用 MariaDB 服务，详细描述了使用阿里云环境搭建 LNMP 环境的操作方法。

10.5 课堂思政

2022 年 4 月 27 日，习近平总书记在致首届大国工匠创新交流大会的贺信中指出："我国工人阶级和广大劳动群众要大力弘扬劳模精神、劳动精神、工匠精神，适应当今世界科技革命和产业变革的需要，勤学苦练、深入钻研，勇于创新、敢为人先，不断提高技术技能水平，为推动高质量发展、实施制造强国战略、全面建设社会主义现代化国家贡献智慧和力量。"

工匠精神是什么？它是人们在长期的物质生产过程中形成的一种职业素养和职业品质，是中华民族 5000 多年的历史文化在生产生活中的积淀。无数大国工匠执着、坚守，对自己的工作和产品精雕细琢，他们拥有精益求精的匠心。勇于挑战进口设备的典型王树军，填补了和谐机车车载设备理论上空白的王振平，从机修钳工成长为数控设备维修专家的"中国质量工匠"刘云清……他们都是"工匠精神"的传人。今天，我们向他们致敬和学习，学习他们"追求卓越"的精神，学习他们"坚持细节"的态度，学习他们"坚持不懈"的毅力。

本章的重点内容是解决企业中的 iSCSI 网络驱动器设备、数据库管理系统的应用及使用阿里云环境搭建 LNMP 环境的方法。企业作为市场主体，为技能人才施展才华、发展事业提供了广阔舞台。请读者在今后的工作与学习中培育和弘扬"工匠精神"，树立爱岗敬业、精益求精的职业精神，走"技能成才、技能报国"之路。

实训 10 企业应用环境的搭建与应用

一、实训目的

- 掌握 iSCSI 服务的基本原理。
- 能够搭建、配置与管理 iSCSI 服务器。
- 掌握 MariaDB 数据库服务的基本原理。
- 能够搭建、配置与管理 MariaDB 服务。
- 能够使用阿里云环境搭建 LNMP 环境。

二、项目背景

小 A 在跟大鸟老师进行交谈后，了解到企业中常用的服务有 iSCSI 网络存储、MariaDB 数据库服务、LNMP 环境，在向大鸟老师进行了一番请教后，小 A 了解了 iSCSI 和 MariaDB 的基本原理，知道了 LNMP 环境。于是小 A 决定要自己动手搭建与配置企业常用服务器。

三、实训内容

- 部署 iSCSI 网络存储服务端。
- 部署 iSCSI 客户端访问存储资源。
- 搭建 MariaDB 服务。
- 完成数据库的备份与恢复。
- 使用阿里云环境搭建 LNMP 环境。

四、实训步骤

【实训环境和条件】

1．VMware Workstation 15.5 及以上版本的虚拟机软件。

2．两台 CentOS 7 虚拟机，一台作为服务器，另一台作为客户端。

3．注册阿里云账号。

【实训内容】

1．设置两台虚拟机均使用 NAT 方式联网。

2．配置 iSCSI 服务端的 IP 地址为 192.168.150.11，配置 iSCSI 客户端的 IP 地址为 192.168.150.12。保证两台虚拟机互通。

3．配置 iSCSI 服务端共享存储资源和访问控制列表；在客户端中安装 initiator，发现共享存储资源，登录 iSCSI 服务端后使用共享存储资源。

4．配置 MariaDB 服务端的 IP 地址为 192.168.150.21，配置 MariaDB 客户端 IP 地址为 192.168.150.22。保证两台虚拟机互通。

5．在 MariaDB 服务端安装软件包，并初始化 MariaDB 服务；在 MariaDB 客户端登录数据库，创建数据库与表单，并管理表单及数据。

6．登录阿里云，使用云起实验室搭建 LNMP 环境。

参考文献

[1] 王海宾，张静，刘霞，等．手把手学习 Linux 服务器配置与管理[M]．北京：电子工业出版社，2016．

[2] 王海宾，张静．Linux 应用基础与实训——基于 CentOS 7[M]．北京：电子工业出版社，2020．

[3] 高志君．Linux 系统管理与服务器配置——基于 CentOS 7[M]．2 版．北京：电子工业出版社，2022．

[4] 李志杰．Linux 服务器配置与管理[M]．北京：电子工业出版社，2020．

[5] 潘军．Linux 服务器配置与管理（基于 CentOS 7.2）[M]．北京：中国铁道出版社，2021．

[6] 宋丽娜，杨云，吴敏．Linux 系统管理与服务器配置（CentOS 7.6&RHEL 7.6）[M]．北京：机械工业出版社，2021．

[7] 赵良涛，姜猛，肖川，等．Linux 服务器配置与管理项目教程（微课版）[M]．北京：中国水利水电出版社，2019．

[8] 吴永袁，王霄．从零开始 Linux 运维实践[M]．北京：清华大学出版社，2022．

[9] 高俊峰．Linux 高效运维实战[M]．北京：人民邮电出版社，2020．

[10] 鸟哥．鸟哥的 Linux 私房菜——基础学习篇[M]．4 版．北京：人民邮电出版社，2018．

[11] 鸟哥．鸟哥的 Linux 私房菜——服务器架设篇[M]．3 版．北京：机械工业出版社，2012．

[12] 杨国辉．[问计高校思政]加强思政教育的网络舆论引导，2016，中共中央新闻网 http://theory.people.com.cn/n1/2016/1213/c49157-28944440.html．

反侵权盗版声明

电子工业出版社依法对本作品享有专有出版权。任何未经权利人书面许可，复制、销售或通过信息网络传播本作品的行为；歪曲、篡改、剽窃本作品的行为，均违反《中华人民共和国著作权法》，其行为人应承担相应的民事责任和行政责任，构成犯罪的，将被依法追究刑事责任。

为了维护市场秩序，保护权利人的合法权益，我社将依法查处和打击侵权盗版的单位和个人。欢迎社会各界人士积极举报侵权盗版行为，本社将奖励举报有功人员，并保证举报人的信息不被泄露。

举报电话：（010）88254396；（010）88258888
传　　真：（010）88254397
E-mail:　　dbqq@phei.com.cn
通信地址：北京市海淀区万寿路 173 信箱
　　　　　电子工业出版社总编办公室
邮　　编：100036